對本書的讚譽

Anthony Chaudhary 清楚地概述機器學習訓練過程，包括標註工作流程的細微差異。對於想要掌握基礎並深入瞭解的讀者來說，這是一本實貴的讀物。

—*Sergey Zakharchenko*，*Doxel* 資深工程師

這本書是一本全面性的指南，引導讀者穿梭於機器學習資料的領域。從挑選可訓練的資料到為生產過程精煉，這本書是拓展資料知識的好讀物。

—*Satyarth Praveen*，*Lawrence Berkeley National Lab*
電腦系統工程師

長期以來，資料都可視為是任何一間公司最珍貴的資產之一，但原始資料和可操作資料之間仍存在些許差異。機器學習引入了資料利用的全新方式，同時也帶來新的複雜性。利用這些資料以訓練的能力，主要取決於準備和組織它們的方式，這本書正能提供這些實用指引。

—*Vladimir Mandic*，機器學習顧問、
前 *Dell/EMC* 資料保護軟體和雲端部門技術長

Anthony Chaudhary 細心剖析並呈現人工智慧流程中常遭忽視之處，且將其作為一個獨立範式而有新穎的概念化。對於那些想在真實世界推動機器學習的人來說，一定要讀這本書。

—*Ihor Markevych*、*Cognistx AI* 首席工程師

擁有好的訓練資料對於訓練強固的機器學習系統來說至關重要。這本適合初學者的書籍，提供從一開始就獲得好資料集的絕佳概覽方法。

—*Igor Susmelj*，*Lightly* 共同創辦人

Anthony Chaudhary 為讀者提供在現代機器學習系統中，訓練資料這個角色絕佳且易於接近的資源。任何對資料標註專案感興趣的人，都一定要看這本書。

—*Zygmunt Lenyk*，*Five AI Limited* 資深研究工程師

Anthony 精采展示機器學習資料準備的複雜細節和過程。這本書為那些受人低估，但在訓練資料領域中導航的組織，提供清晰的路線圖。

—*Pablo Estrada*，*Diffgram* 資深軟體工程師

除非親身體驗諸如注意事項、陷阱、未計畫的複雜性和取捨等錯誤之前，都會以為資料標記的過程聽起來既簡單又明瞭。這本書提供深入範例，所以您不需要經歷這些，它提供產生高品質訓練資料的 *360* 度全面視角方式，可在啟動新專案時瞭解需要注意的危險。

—*Anirudh Koul*，*Pinterest* 機器學習資料科學負責人

《機器學習的訓練資料》對於高層管理人員以及 *AI* 工程師來說有其必讀性。*Sarkis* 的寫作富有洞察力和智慧，點出能節省企業時間和金錢的重要資訊。每位大型語言模型的實務工作者，都將透過這個優秀的資源，而明顯提升他們的 *LLM*。

—*Neal Linson*，*InCite Logix* 資料和分析長，*LLM* 超級明星

這本書闡明機器學習的一個重要層面：用於模型訓練的資料。讀者可以找到關於機器學習模型和演算法的資源，但模型只有在其訓練資料良好的情況下才能好好使用。這本書呈現基於資料的模型訓練全貌，並透過幾個案例研究凸顯行業的最佳實務。

—*Prabhav Agrawal*，*Meta* 機器學習工程師

在機器學習文獻中，這本書提供一種清新視角，超越典型機器學習演算法，深入探討經常被忽視但至關重要的訓練資料世界。它為資料管理提供實貴基礎，對於 *ML* 領域的任何人來說都不可或缺。

—*Tarun Narayanan V.*，*NASA Frontier Development Lab* 人工智慧研究員

機器學習的訓練資料
從標註到資料科學的人類監督

Training Data for Machine Learning
Human Supervision from Annotation to Data Science

Anthony Chaudhary 著
楊新章 譯

O'REILLY®

目錄

前言

任何足夠先進的技術都與魔法無異。

—亞瑟•克拉克（Arthur C. Clarke）

您的工作、職業生涯或日常生活可能已經或即將受到人工智慧（artificial intelligence，AI）的影響。這本書將幫助您建立並提升對 AI 的關鍵部分：訓練資料的概念和對機制的理解。

您的生活真的會受到影響嗎？先來測試一下。您是否從事科技行業，正在開發軟體產品？您的工作或公司的產品是否有任何形式的重複性任務？即您或您的產品使用者會在一定週期內做的事情？只要這些問題中有一個答案是肯定的，就表示 AI 和機器學習（machine learning，ML）有潛力承擔更多的工作量，使您或您的使用者能夠專注於更具大方向的工作，從而影響到您。如果您想跟上這波新的 AI 浪潮，本書將介紹許多讓 AI 在實務上真正可行的細節，將有助於讓您目前的工作更為成功，並讓您得以扮演以 AI 為中心的新角色。

說到工作，您也知道剛開始新工作的頭幾天或幾週情況：壓力大、瘋狂、不可預測，對吧？然後突然間，工作還有所有日常事情物進入正軌並有其意義，再難以想像的事情都一成不變，因為您已學會融入及適應。在還算短的時間內，您就從那個把咖啡灑在老闆襯衫上的人，成為整個系統有具有生產力的一部分。

AI 的工作方式也類似。不同的是，AI 的老闆就是您！從一開始和之後的訓練都是您的責任。就像新團隊成員一樣，首次訓練 AI 時，會有不可預測的結果。隨著時間過去和更頻繁的訓練與監督，它就會越來越好。事實上，這種變化發生得如此之快，以至於顛覆一切可行和不可行的自動化假設。所有 AI 系統，從自駕車到農業雜草偵測、醫學診斷、安全、運動分析等等，都需要這種概論式的監督。

我將揭開 AI 最基本層面的神祕面紗：將對人類有意義之事，轉化為 AI 可讀的形式，也就是所謂的訓練資料（training data），從生成式 AI 到完全監督系統的一切，這都非常重要。我會幫助您理解圍繞著訓練資料的各種表達法和概念，涵蓋它在實務上的運作方式，包括運算、工具、自動化和系統設計；同時，也會將這一切與實用案例研究和建議結合起來。

您的知識是使 AI 能夠運作的魔法，AI 則能擴展您的影響力，做出更多創造性工作，增強知識效能。在學會訓練 AI 後，您就是受益者。

本書目標讀者

這本書是訓練資料的基礎概覽，非常適合剛接觸或剛開始瞭解訓練資料的人閱讀。

至於中階實務工作者，後面章節會提供他處所沒有的獨特價值和見解；簡而言之，就是內行人才知道的知識。我將強調主題專家、工作流程管理者、訓練資料負責人、資料工程師和資料科學家感興趣的特定領域。

此處不需要電腦科學（computer science，CS）知識，但瞭解 CS、機器學習或資料科學，會更易於理解大部分章節。我也會盡最大努力，讓這本書對資料標註者，包括那些主題專家來說易於理解，因為他們在訓練資料中方面扮演著關鍵角色，這也包括監督系統。

對技術專業人士和工程師來說

您可能一直在尋找發布或改善系統的方法，或者已經找到新的 AI 功能，且希望將其應用於您的領域。這本書將引導您完成這些過程，並解答更細的問題，例如應該使用的媒體類型、配置系統方式，以及重要的自動化措施等。

作法百百種，本書旨在提供平衡的涵蓋範圍、凸顯權衡取捨、並成為您訓練資料需求的主要參考資源。一直在更新的新概念有的時候會讓人覺得制式且嚴肅，因此，可以的話，我會盡最大的努力，讓這本書的風格帶點一般公開文件少有的隨意與輕鬆。

如果您是一位專家，這本書可以作為參考、知識更新的來源、並幫助您向團隊中的新成員傳達核心概念。如果您已在這一領域已擁有一些知識，但仍想通盤性的確認，這本書也能擴展您的方法工具包，並為常見觀點提供新的視角。如果您是十足的菜鳥，這將是入門的最佳資源。

對經理和主管來說

簡單說，這本書會提供您無法從其他地方獲得的內容，它增加新穎的獨特性和密集的背景知識，將幫助您及團隊獲得洞察，可能讓您提前數月甚至數年達成目標。

此外，這本書的一大重點在致力於人員和流程。訓練資料提出了新穎的人機互動概念，並涉及跨學科互動的各種層次，而它們將為您在這個令人興奮的 AI 領域成功，提供寶貴的新見解。

第 6 章〈理論、概念與維護〉、第 7 章〈人工智慧轉型與應用案例〉和第 9 章〈案例研究和故事〉對您來說尤其重要。其餘章節則將幫助您熟悉能夠識別成功和失敗的細節，並有助於路徑修正。

對主題專家和資料標註專家來說

標註者（annotator）是訓練資料的日常生產中最關鍵角色之一。2020 年世界經濟論壇報告指出，需求增加的前三大工作角色都涉及資料分析和 AI [1]。找到處理訓練資料的方法，是您現在應該增加的一種有價值技能，也是一個新的職涯機會。

雇主要求所有員工瞭解 AI 甚至是訓練資料的基礎知識已越來越常見。例如，一家大型汽車製造商要求應徵資料標註者的申請者必須：「瞭解我們的學習演算法使用標籤方式，以便更能判斷那些艱澀的邊緣案例。」[2] 不管您的行業或背景如何，若能將您和團隊的知識奠基在訓練資料上，都將有很大的機會來擴展知識範圍，和提升公司生產力。

雖然任何人都可以監督他們熟悉的領域，但像醫生、律師和工程師這樣的主題專家（subject matter expert，SME）尤其具有價值。主題專家既可以直接監督 AI，也可以提供詳細的指令和訓練，以達成更有效的資源利用。如果您是一位主題專家，閱讀這本書至關重要，甚至更要仔細地瞭解您的工作融入 AI 大局的辦法、可供使用的工具和槓桿，以及設置其他人可以遵循的流程方法。

這本書除了提供標準素材，例如詳細指令之外，同時也會提供對經過測試機制的洞察，例如一個稱為綱要（*schema*）的概念。透過閱讀這本書，您將深入理解建立和維護有效 AI 系統所需的一切知識。

1 〈The Future of Jobs Report 2020〉（*https://oreil.ly/m6uXd*），《World Economic Forum》，2020 年 10 月（第 30 頁，圖 22）。

2 「Data Annotation Specialist」，特斯拉（Tesla）網站，2020 年 11 月 5 日存取。

對資料科學家來說

作為資料科學家，您扮演著擔任他人顧問的重要角色：幫助他們理解實際使用資料的方式。即使是最先進且整合的 AutoML 系統，通常也需要有人來解釋和理解它們的輸出意義，並能夠在出現問題時除錯。這本書將幫助您與不同的標註和技術合作夥伴有更好的互動。

任何資料都可以訓練或視為訓練資料。「apple」指的是水果，但「Apple」是一家公司，就跟許多名詞一樣，訓練資料也有多重意義。這本書聚焦於監督式（supervised）訓練資料，指的是由人類直接參與豐富化資料。雖然標註的細節可能並不總是與您的日常工作相關，但更廣泛的理解，可以進一步確保達到最佳的最終結果。

為了設下期望，這本書會聚焦於現代訓練資料，特別是至少涉及人類角色的監督式系統。即使一般認為非監督式（unsupervised）的生成式 AI 背景下，人類對齊（alignment）也扮演著關鍵角色。雖然關於監督式、自監督式（self-supervised）、半監督式（semi-supervised）、非監督式等概念的界限或實用性仍不斷改變，但似乎很多實際應用案例可以透過一定程度的監督而達成，而且某種形式的監督可能還會存在很長一段時間。

閱讀時，請考慮以下主題。如何更深入地與標註和技術合作夥伴互動？如何參與包括建立和維護的資料蒐集過程？如何協助將建模需求與綱要對齊，反之亦然？如何幫忙確保對模型來說，這是最好的訓練資料？如果要從這本書獲得一個重要的收穫，我希望它能讓您以新視角來看待「資料標註」，也就是在其自身技術領域中，所謂的訓練資料。

我寫這本書的原因

在與 Diffgram 合作時，我注意到那些「懂了」和不懂的人之間，有著非常大的差距，這就好像觀察到某人在不知道數字系統存在的情況下，仍試圖學習乘法一樣。他們搞不懂訓練資料最基本的基礎；但糟糕的是，他們常常不知道自己搞不懂！

一開始，我只是寫一些相對簡短、最多只有幾頁的短文，主題也很局限。但這些文章能幫忙填補知識缺口，儘管我只是在自己的小領域，分享我剛好知道的事物，但仍然感覺有許多部分缺漏。我需要寫些更全面的東西，一本書聽起來是個合理的選擇；但是，我有什麼資格寫書？

開始寫這本書時，我有很多疑慮。我已經在這個領域工作了大約 3 年，但我仍然覺得自己計畫要寫的某些素材是「理想化」的目標，而不僅僅是總結已經知道的內容。回顧這 5 年，我今天寫這小節時，仍然覺得只是略微觸及這個領域的表面而已。

然而，此時此刻，我不得不回顧並明白，在我所知道的人中，很少人在擴大業務時，仍然能像我這樣深入理解技術。這表示我是少數具有這種特性的人：深入理解這個領域的技術、瞭解其進步歷程、能夠用非工程師的術語解釋這些主題，並且有意願花時間記錄，和將這些知識分享給他人。

我真的相信，訓練資料是存在已久的技術領域中，最重大的概念性轉變之一。監督式訓練資料橫跨每個行業和幾乎每個產品，在接下來的幾十年裡，我相信它將以今日幾乎無法想像的方式塑造我們的生活，希望這本書能在您的旅程中提供幫助。

本書架構

首先，我將介紹訓練資料的用途、使用機會、它很重要的原因，以及實際應用中的訓練資料，即第 1 章〈訓練資料導論〉。實際專案需要訓練資料工具，而實際使用它們時將有助於理解概念，為了開始，第 2 章〈快速上手〉將提供一個動手和開始工作的框架。

一旦掌握大方向概念和工具，就該談談綱要，也就是對所有商業知識編碼的範式。綱要是訓練資料最重要的概念之一，因此詳細的處理方式，能真正有助於建立這種理解，見第 3 章〈綱要〉。接下來是第 4 章〈資料工程〉和第 5 章〈工作流程〉，這些關鍵的工程概念能將系統建立起來，並投入生產。

接著過渡到概念和理論：第 6 章〈理論、概念與維護〉、AI 轉型：第 7 章，〈人工智慧轉型與應用案例〉，和第 8 章〈自動化〉，並以實際案例研究作為結束：第 9 章〈案例研究和故事〉。

主題

本書分為 3 個主題，如下所示。

基礎和入門

瞭解訓練資料的重要之因及其內容，掌握基本術語、概念和各種表達法形式。我從監督式與傳統機器學習方法之間的相似性和差異開始設置背景，然後解析所有關於抽象化、人員、流程等方面的內容。這是最基本的基礎。

概念和理論

此處會更具體地研究系統和使用者操作，以及流行的自動化方法。這裡稍微偏離基礎，以擴展到不同的觀點。

綜合應用

把基礎性和理論的需求放在心上，探索具體實作，進一步擴展趨勢來涵蓋尖端研究主題和方向。

關於本書的術語，您偶爾會看到同時使用訓練資料和 AI 資料這兩個詞。AI 資料是指 AI 所使用的任何類型資料，所有訓練資料也都是 AI 資料。

我比較偏向以舉例方式讓內容更容易理解和記憶，除非有其必要性，我都會刻意避免技術性術語。如果您是專家，請忽略已經熟悉的任何內容；至於非專家，請考慮到許多技術細節就只是細節，能有助於理解，但並非必需。

我的目標是盡可能專注於監督式訓練資料，這也包括會稍微涉獵到深度學習和機器學習知識，但通常這些都超出本書範圍。訓練資料是一個跨行業的通用概念，同樣適用於許多行業。所呈現的大多數概念同樣適用於多個領域。

儘管我有親身經歷 ML 和 AI 的演進，不過這不是一本歷史書；我只會引用一些發展過程來解釋當前主題。

圍繞訓練資料建構的軟體引入各種假設和限制。我試圖挖掘隱藏的假設，並強調在特定圈子中廣為人知，但對大多數人來說卻是全新的那些概念。

本書使用慣例

本書使用以下排版慣例：

斜體字（*Italic*）

　表示新的術語、URL、電子郵件地址、檔名和延伸檔名。

定寬字（`Constant width`）

　用於程式列表，以及在段落中參照的程式元素，例如變數或函數名稱、資料庫、資料型別、環境變數、敘述和關鍵字。

定寬斜體字（*Constant width italic*）

顯示應該由使用者提供的值，或根據上下文（context）決定的值所取代的文字。

代表一般性注意事項。

致謝

我想感謝 Pablo Estrada、Vitalii Bulyzhyn、Sergey Zakharchenko 和 Francesco Virga 對 Diffgram 的付出，使我能夠寫這本書並對早期版本提供回饋。我還想感謝 Vladimir Mandic 和 Neal Linson 導師的鼓勵和建議，還要感謝 Xue Hai Fang、Luba Kozak、Nathan Muchowski、Shivangini Chaudhary、Tanya Walker 和 Michael Sarkis 的堅定支持。

也要感謝提供寶貴回饋意見的審閱者，包括 Igor Susmelj、Tarun Narayanan、Ajay Krishnan、Satyarth Praveen、Prabhav Agrawal、Kunal Khadilkar、Zygmunt Lenyk、Giovanni Alzetta 和 Ihor Markevych。

當然還有歐萊禮的出色工作人員，特別是 Jill Leonard，在整個開發過程中他都與我和這本書同在，並感謝 Aaron Black 的及時錦囊妙計。

第一章

訓練資料導論

資料無處不在，包括影片、影像、文字、文件，以及地理空間和多維資料等。然而，原始資料對於監督式機器學習（ML）和人工智慧（AI）來說幾乎沒有多大的用處。我們要如何利用這些資料？如何記錄智慧，使其能透過 ML 和 AI 複製？答案就是訓練資料的藝術，也就是讓原始資料變成有用的一門學問。

您將在本書中學到：

- 全新的訓練資料（AI 資料）概念
- 訓練資料的日常實務
- 如何提高訓練資料效率的方法
- 轉變團隊，使其更加專注於 AI / ML 之辦法
- 實際案例研究

在探討這些概念之前，首先需要瞭解基礎知識，本章將就此解析。

訓練資料涉及將原始資料塑形、改造、整理和消化成新的形式：從原始資料中創造全新意義以解決問題。這些創造和破壞的行為位於專業知識、商業需求和技術要求的交叉點，是橫跨多個領域的多元化活動。

這些活動的核心是標註（annotation）。標註會產生機器學習模型所需耗用的結構化資料，沒有標註，就等於這些原始資料是非結構化的，通常價值較低，且經常不適用於監督式學習。這就是為什麼訓練資料對於現代機器學習的應用場景，包括電腦視覺（computer vision）、自然語言處理（natural language processing）和語音辨識（speech recognition）等來說，是必不可少的。

為了具體說明這個觀點，以下將詳細審視標註過程。標註資料時，實際上是在捕捉人類的知識，過程通常如下：一個媒體元素，例如影像、文字、影片、3D 設計或音訊，會伴隨一組預定義的選項，即標籤（label）而呈現。人類將審視這些媒體並決定最適當的答案，例如，指出影像中的某個區域是「好」或「不好」的，這個標籤提供了應用機器學習概念所需的背景（如圖 1-1）。

但要如何達到這個階段呢？如何做到在正確時間，向正確的人展示具有正確預定義選項集的正確媒體元素？有許多概念會引領我們直達標註或知識捕捉實際發生的那一刻，而正是這些概念整體構成訓練資料的藝術。

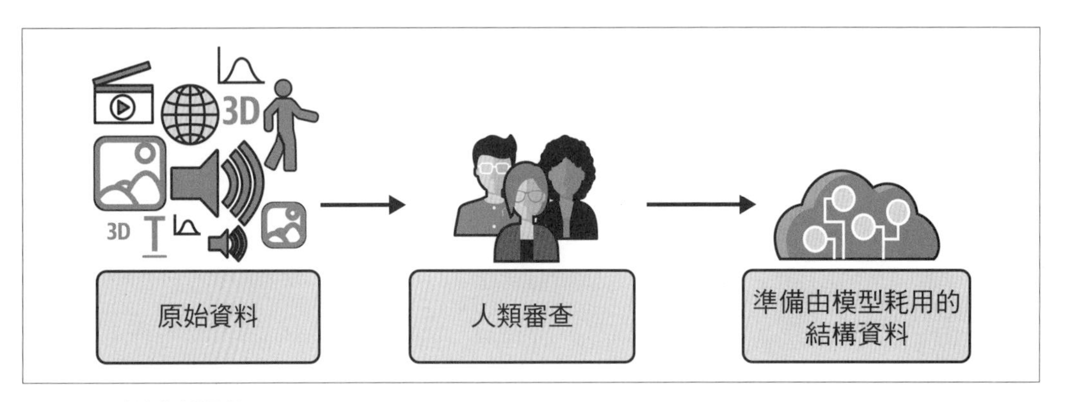

圖 1-1　訓練資料過程

本章將介紹訓練資料的內容、重要之因，並深入探討許多關鍵概念，好為本書其他部分打下基礎。

訓練資料的意圖

訓練資料的目的因不同的應用案例、問題和情境而異。以下來探索一些最常見的問題，例如您可以用訓練資料做什麼事？它和什麼息息相關？一般人用訓練資料是想達成什麼目標？

可以用訓練資料做什麼事？

訓練資料是 AI / ML 系統的基礎，是讓這些系統運作的支柱。

透過訓練資料，可以建立和維護現代 ML 系統，例如用來建立下一代的自動化程序、改善現有產品、甚至創造全新產品。

為了達到最大的效用，會以一種 ML 程式能耗用的方式，來升級和結構化原始資料。有了這些訓練資料，就能夠建立和維護所需的新資料和結構，如標註和綱要，好讓原始資料發揮用處。透過這樣的建立和維護過程，將擁有優質的訓練資料，並邁向通往優良整體解決方案的道路。

在實務上，常見的使用案例會圍繞著幾個關鍵需求：

- 改善現有產品例如效能，即使 ML 目前並未納入其中
- 生產新產品，包括以有限或「一次性」方式執行的系統
- 研究與開發

訓練資料貫穿了 ML 程式的所有部分：

- 想要訓練模型？需要訓練資料。
- 想要提高效能？需要更高品質、不同或更多的訓練資料。
- 想要做出預測？剛剛產生的就是未來的訓練資料。

訓練資料在執行 ML 程式之前就出現；就輸出和結果而言是出現在執行過程中，甚至在分析和維護中也會出現。此外，對訓練資料的關注通常是長期的，例如，在模型執行後，維護訓練資料是維護模型的重要部分。雖然在研究環境中，單一訓練資料集可能一直保持不變，例如 ImageNet，但在產業界，訓練資料極為動態且經常變化。這種動態性質使得對訓練資料有深刻理解變得更加重要。

本書的主要關注事項是建立和維護新穎資料。在某一時刻，資料集是訓練資料經過複雜過程後的產物，例如，訓練／測試／驗證分割（Train / Test / Val split）就是源自原始新穎資料集的衍生物，而這個新穎資料集本身只是一個快照，是對更廣泛訓練資料過程的單一視角。就像程式設計師可能決定列印或記錄一個變數一樣，列印出來的變數只是一個輸出；它並不能解釋獲得所期望的值所需的複雜函數集。本書的目標之一，就是解釋獲得可用資料集背後的複雜過程。

標註，即人類直接對樣本標註的行為，是訓練資料中的「最高」部分。所謂最高，是指人類標註工作是在現有資料，例如，來自 BLOB 儲存、現有資料庫、元資料、網站等集合之上進行的。[1] 人類標註也是在自動化概念如預標記，和其他產生新資料，如預測和標籤過程之上的最終真理。這些「高階」人工作業、現有資料和機器作業的結合，構成本章之後將概述的訓練資料更廣泛概念核心。

1 在大多數情況下，即使那些資料是在某個時間點之前由人類建立的，也會視為「樣本」。

和訓練資料息息相關的是？

本書涵蓋各種人員、組織和技術方面的考量，也將詳細探討這些概念，但在此之前，先來思考一下訓練資料所關注的領域。

例如，如何確保綱要，即您的標註與在使用案例中的意義之間的映射，能夠準確地表達問題？如何確保用與問題相關的方式來蒐集和使用原始資料？如何應用人類的驗證、監控、控制和修正？

當涉及如此廣泛的人為成分時，如何反覆達成並維持可接受的品質水準？又要如何與其他技術，包括資料來源和您的應用程式整合？

為了協助組織這些事項，可以將訓練資料的整體概念大致劃分為以下主題：綱要、原始資料、品質、整合和人類角色。接下來，將一一深入探討這些主題。

綱要

綱要（schema）透過標籤、屬性、空間表達法，以及與外部資料的關聯而形成。標註者在標註時會使用綱要，它是人工智慧的支柱，在訓練資料的每個層面都至關重要。

概念上，綱要是人類的輸入，和它在使用案例中的意義之間的映射，定義了 ML 程式能夠輸出的內容，是將眾人辛勤工作綁定在一起的連接紐帶，至關重要；因此，它的重要性不言而喻。

對特定需求來說，一個好的綱要必須有用且相關。通常最好建立一個全新、客製化的綱要，然後不斷地根據您的特定案例對其迭代。借鑑特定領域資料庫的靈感，或填補某些細節層面很正常，但請確保這樣的前提是在為一個新穎綱要提供指導，不要期望在另一個背景下的現有綱要，能夠在沒有進一步更新的情況下適用於特定的 ML 程式。

為什麼根據特定需求而非某些預定義的集合來設計它很重要呢？

首先，綱要既適用於人工標註，也適用於機器學習的使用。一個現有的特定領域綱要，可能是為了在不同背景下的人類使用，或在傳統的非機器學習背景下的機器使用而設計的，這會造成兩件事情可能看起來都產生了相似輸出，但實際上卻是以完全不同的方式形成，例如，兩個不同的數學函數可能都輸出了相同的值，但卻是基於完全不同的邏輯執行。綱要輸出可能看起來很相似，但其中的差異，對於讓標註和機器學習的使用更為友善來說，非常重要。

其次，如果綱要不實用，即使模型預測很棒，它們還是不實用；綱要設計的失敗很可能會導致整個系統的失敗。原因在於，機器學習程式通常只能基於綱要所包含的內容提出預測[2]，機器學習程式產生比原始綱要更相關、更優秀的結果，是非常罕見的案例；預測出一個人或一群人在觀察相同原始資料時也無法預測出來的事物，同樣也極為少見。

綱要出現令人質疑的價值很普遍。因此，真的必須停下來思考：「如果自動地用這個綱要標註資料，它對我們來說真的有用嗎？」以及「觀察原始資料的人，能否合理地從綱要中找到符合的選項？」

前幾章會涵蓋綱要的技術層面，並將在後面的章節，以實際範例回顧綱要的問題。

原始資料

原始資料（raw data）是任何形式的二進位大型物件（Binary Large Object，BLOB）資料，或預先結構化的資料，可做為標註過程的單一樣本來處理，範例包括影片、影像、文字、文件，以及地理空間和多維資料。將原始資料視為訓練資料的一部分時，最重要的是，原始資料的蒐集和使用方式要與綱要相關。

想知道原始資料與綱要相關性的概念，可以先設想在收音機上聽、在電視上看，以及親自在賽事現場觀看運動賽事的差異，不管是透過哪種媒體都是同一場比賽，但在不同情境下，接收到的資料量會大不相同。原始資料蒐集的情境，無論是透過電視、收音機還是親自在場，都框定了原始資料的潛力，舉例來說，如果您想要第一時間知道現在球在誰手上，電視的原始資料可能就比收音機的原始資料更為適合。

和軟體相比，人類擅長自動進行情境相關聯想，並處理帶有雜訊的資料，我們經常借助當下感官所無法感知的資料來源，做出各種假設。這種能夠理解位於人所能直接感知到的視覺、聲音等媒介之上情境的天賦，使我們常忘記軟體在這方面的能力其實極為有限。

軟體只擁有那些透過資料或程式碼而程式化的情境。這意味著，處理原始資料的真正挑戰在於克服人類對情境的假設，以提供正確資料。

所以該如何做到這一點？其中一種比較成功的方法是從綱要開始，然後將原始資料蒐集的想法映射到該綱要上，鏈接方式可視為問題→綱要→原始資料。綱要的要求永遠由問題或產品來定義，這樣就可以一直簡單地檢查：「給定綱要和原始資料後，人類就能做出合理的判斷嗎？」

2　不涉及我們關注範疇之外的進一步推斷。

與綱要有關的思考，也包括新的資料蒐集方法，而不僅限於現有或最容易獲取的辦法。隨著時間的推移，可以對綱要和原始資料進行聯合迭代；這只是開始的第一步。將綱要與產品關聯的另一種方式，是將綱要視為代表產品，因此，套用「產品市場契合」（product market fit）這個用到爛的詞語來說，這裡可以稱為「產品資料契合」（product data fit）。

為了將上述抽象概念具體化，這裡將討論產業界的一些常見問題，在開發和生產過程中所使用的資料差異，是導致錯誤的最可能原因之一。這很普遍，因為在某種程度上它無法避免，這也是為什麼，能夠在迭代過程的早期獲取某種程度的「真實」資料是如此的重要。必須假設生產資料會有所不同，並將其作為整體資料蒐集策略的一部分來規劃。

資料程式只能看到原始資料和標註，即只有提供給它的內容。如果人類標註者依賴於所呈現樣本中無法理解的外部知識，則資料程式不太可能會擁有該情境，因此註定失敗。要牢記的是，所有需要的背景都必須出現在資料或程式的程式碼行中。

回顧一下：

- 原始資料需要與綱要相關。
- 原始資料應盡可能與生產資料相似。
- 原始資料應在樣本中包含所需一切情境。

標註

每個標註都是用來指明綱要中某種內容的單一範例。想像有兩個懸崖，中間有一個開放空間，左側代表綱要，右側是單一原始資料檔案，標註就是連接綱要和原始資料的那座橋，如圖 1-2 所示。

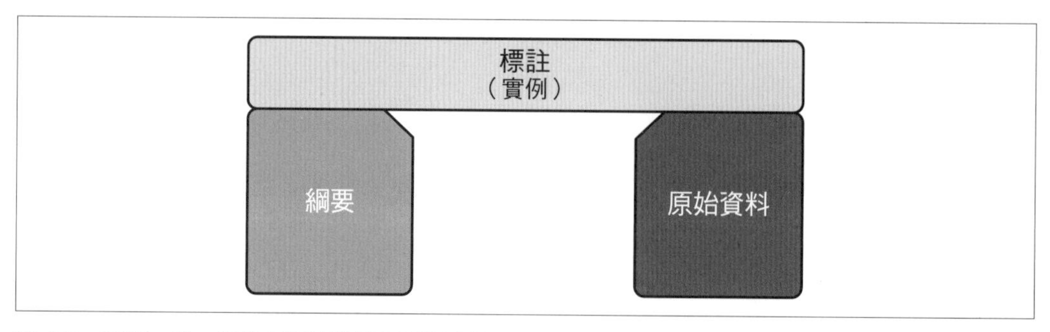

圖 1-2　綱要、單一標註和原始資料之間的關係

雖然綱要是「抽象」的，就表示它會參照和重用於多個標註之間，但每個標註都具有實際的特定值，能填補綱要中問題的答案。

標註通常是訓練資料系統中最常出現的資料形式，因為每個檔案通常有數十甚至數百個標註。標註也可稱為「實例」（instance），因為它是綱要中某項內容的單一實例。

技術上，每個標註實例通常包含一個鍵（key），用以將其與綱要，以及代表原始資料的檔案或子檔案內的標籤或屬性關聯。在實際應用中，每個檔案通常會包含一個實例的列表。

品質

訓練資料的品質當然會位於一個範圍內，這個情境中可接受的品質，不代表另一個情境也會接受。

因此，影響訓練資料品質的最大因素為何？前面已經談過其中兩項：綱要和原始資料，例如：

- 不良的綱要可能會比不良標註者導致更多品質問題。
- 如果概念在原始資料樣本中不清晰，對機器學習程式來說也不太可能多清晰。

通常，標註品質是下一個要注意的重要事項。標註品質很重要，但可能和您想的不一樣，具體來說，一般人傾向將標註品質視為「是否標註正確？」但「正確」往往超出討論範圍，想理解這一點，先假設正在標註紅綠燈，但所見樣本中的紅綠燈正因停電等原因關閉，而從綱要中可獲得的選項，都是啟動中的紅綠燈變體。可想而知，如果不更新綱要來包括「關閉」的紅綠燈，則生產系統將永遠無法使用於停電的紅綠燈情境。

再處理一個稍微難以控制的案例，若是紅綠燈實際上非常遠，或具有奇怪的角度，也會限制工作人員正確標註的能力。通常這些案例聽起來似乎應該不難管理，但實際上往往並非如此，因此更普遍地說，與標註品質有關的真正問題，最終都會回到綱要和原始資料的問題上。標註者在工作過程中會揭示出綱要和資料的問題。高品質的標註不僅僅是關於「正確」標註，更多的是要能有效地傳達這些問題。

再怎麼強調需要密切關注綱要和原始資料都不為過。然而，正確地標註仍然很重要，而其中一種作法是讓多個人查看同一樣本，這通常成本較高，並且必須有人解釋當同一樣本上有多個不同意見時的最終意義，更會進一步增加成本。對於產業可用案例來說，當綱要具有合理的複雜度時，對意見的元分析（meta-analysis）將是另一種時間消耗。

想像一群人在觀看運動比賽的即時重播。一種情境是試圖以統計方法採樣眾人意見，以獲得「最正確」的「證據」；而另一種情形是，找一名裁判單獨審查並做出裁決，裁判也有可能出錯，但無論如何，社會規範是讓裁判或類似過程單獨做出決定。

同樣的，在此通常會使用更具成本效益的方法。隨機採樣一定比例的資料進行審查迴圈，且標註者在綱要和原始資料契合度發生問題時要提出來。之後的章節會更深入討論這個審查迴圈和品質保證流程。

如果審查方法失敗，而且看起來仍然需要多個人來標註相同資料以確保高品質，就可能會面臨產品資料契合度不佳的問題，需要更改綱要或原始資料蒐集過程以解決。

放大綱要、原始資料和標註角度的格局，品質的其他重要層面包括資料的維護，以及和機器學習程式的整合點。此處的品質包括成本考慮、預期用途和預期失敗率。

總結一下，品質一開始由綱要和原始資料形成，接著加入標註者和相關流程，最後因維護和整合而圓滿。

整合

通常我們會在「訓練模型」上投入大量時間和精力。然而，由於訓練模型主要是一個技術性的資料科學概念，而可能造成不夠重視有效使用技術的其他重要層面。

該如何維護訓練資料？那些輸出有用訓練資料結果的機器學習程式，比如採樣、發現錯誤、減少工作量等，而不參與模型訓練的部分，應該怎麼辦呢？又要如何與會使用模型或機器學習子程式結果的應用程式整合？測試和監控資料集的技術呢？硬體呢？人類通知呢？如何將技術包裝進其他技術？

訓練模型只是一個元件。要成功建構一個機器學習程式或資料驅動程式，需要思考所有技術元件協同工作的方式。為了快速起步，需要瞭解不斷發展的訓練資料生態系統，與資料科學的整合是多面向的，不只是關於標註的某些最終「輸出」，也與持續的人類控制、維護、綱要、驗證、生命週期及安全等相關。一批輸出的標註就像單一 SQL 查詢的結果，是對複雜資料庫的單一、有限視角。

在整合時需要記住的幾個關鍵層面：

- 只有在某些東西，通常是較大的程式中可以耗用時，訓練資料才有用。
- 與資料科學的整合有許多接觸點，需要全盤性思考。
- 訓練一個模型只是整體生態系統的一小部分。

人類角色

人類可以透過控制訓練資料來影響資料程式。這包括決定到目前為止討論過的層面：綱要、原始資料、品質，以及與其他系統的整合。當然，當人類一一審視個別樣本時，也就參與了標註本身。

從建立初始訓練資料，到執行對資料科學輸出的人工評估，以及驗證資料科學結果，許多經手的人和階段都可見到這種控制的實現。所涉及的大量人員與傳統機器學習截然不同。

會有新的度量（metric），比如接受多少樣本、每項任務花費的時間、資料集的生命週期、原始資料的準確度或綱要的分布情況等等。這些層面可能與資料科學術語，如類別分布重疊，但也可視為單獨的概念來思考。例如，模型度量的基準是訓練資料的基本真實情況，所以如果資料錯誤，度量也會錯誤。正如第 255 頁「品質保證自動化」小節的討論，圍繞像標註者一致性這類事情的度量，可能會忽略綱要和原始資料範疇的更大問題。

人類監督（human supervision）所牽涉的遠遠超過量化度量，也關於質性理解。人類觀察、還有對綱要、原始資料、個別樣本等的人類理解非常重要，這種質性視角會延伸到商業和使用案例概念上。此外，這些驗證和控制，很快就會從容易定義的形式，轉變為偏向藝術形式或創作行為，更不用說那些圍繞著系統效能和輸出所可能產生的複雜政治和社會期望了。

處理訓練資料是一個創造的機會：以新穎的方式捕捉人類智慧和洞見，在新的訓練資料情境中定義問題，建立新的綱要、蒐集新的原始資料、並運用其他針對訓練資料的特定方法。

這樣創造與控制都前所未見，雖然已經建立各種人機互動樣式，但相較之下，人類與機器學習程式的互動則建立得較少，也就是對人類監督而言為資料驅動（data-driven）系統，讓人類可以直接修正資料和對資料進行程式設計。

例如說，一般都預期辦公室工作人員會使用文字處理軟體，但不會期望他們使用影片編輯工具。訓練資料需要專業知識，因此，就像今日的醫生也要會用電腦看診一樣，他們現在也必須學習使用標準標註樣式。而這隨著由人類控制的資料驅動程式出現會更為普遍，將持續增加這些互動的重要性和變化性。

訓練資料的機會

在瞭解許多基本原則後，現在來界定一些機會。如果您正在考慮將訓練資料加入機器學習／人工智慧程式，可能會想問以下問題：

- 什麼是最佳實務？
- 這樣做是「正確」的嗎？
- 本團隊如何更有效率地使用訓練資料？
- 以訓練資料為中心的專案可以開啟哪些商業機會？
- 我能否將現有的工作流程，如品質保證流水線，轉化為訓練資料？如果所有訓練資料都能放在一個地方，而不用從 A 到 B 再到 C 轉移資料，又會如何？要如何更熟練地使用訓練資料工具？

從廣義上講，一家企業可以：

- 透過推出全新 AI／ML 資料產品來增加收入。
- 透過 AI／ML 資料提高現有產品的效能，以維持現有收入。
- 減少安全風險，即減少 AI／ML 資料暴露和遺失的風險和成本。
- 將員工工作進一步推向自動化食物鏈以提高生產力。例如，透過持續從資料中學習，可以建立起 AI／ML 資料引擎。

所有這些元素都可以導致組織轉型，請見接下來的內容。

業務轉型

您的團隊和公司對訓練資料的心態很重要。第 7 章會有更多詳細討論，但現在，這裡有一些開始的重要思考方式：

- 將公司現在所有常規工作，都視為建立訓練資料的機會。
- 意識到未在訓練資料系統中捕獲的工作都會遺失。
- 將標註作為每個第一線工作者日常工作的一部分。
- 定義組織領導結構，以更能支援訓練資料工作。
- 以更大規模管理訓練資料流程。適用於單一資料科學家的做法，與適用於一個團隊的方式可能極為不同，對於擁有多個團隊的公司來說又是另一件事。

想做到這些，就要在團隊和組織內實作強大的訓練資料實務。為此，需要在公司內建立以訓練資料為中心的思維方式。這可能很複雜或需要時間，但值得投資。

要做到這一點，請將主題專家納入專案規劃討論中，他們將帶來寶貴的洞見，節省整個團隊接下來的時間。使用工具來維護原始資料蒐集、進入和退出的抽象化和整合也很重要，您將需要針對特定訓練資料目的的新程式庫，以便建構在現有研究上，擁有合適的工具和系統，能幫助團隊執行以資料為中心的思維方式。最後，確保整個團隊正在報告和描述訓練資料，瞭解工作內容、原因以及結果，會替之後的專案提供資訊。

這些聽起來可能令人生畏，現在就來進一步分解。首次使用訓練資料時，您將學到嶄新且特定於訓練資料的概念，改變思維方式，例如，添加新資料和標註將成為日常工作流程的一部分，也會更瞭解設置初始資料集、綱要和其他配置的知識。這本書將幫助您更熟悉新工具、新 API、新 SDK 等，而能夠將訓練資料工具整合到工作流程中。

訓練資料效率

在訓練資料中提高效率涉及多個層面，後續章節會更詳細探討，但現在，可以考慮以下問題：

- 如何建立和維護更好的綱要？
- 如何進一步捕獲和維護原始資料？
- 如何更有效率地標註？
- 如何減少需要標註的相關樣本數量，從而減少一開始時需要標註的數量？
- 如何讓大家更快地熟悉新工具？
- 如何使這些工作與我們的應用程式協同工作？整合點在哪裡？

就像大多數流程一樣，有許多領域可以提高效率，本書將說明健全訓練資料實務對此的助益。

工具熟練度

Diffgram、HumanSignal 等新工具現在提供許多達成訓練資料目標的方法，隨著這些工具越來越複雜，掌握它們的重要性也越來越明顯。您可能因為要尋找一個廣泛的概覽，或是為了優化特定痛點而拿起這本書，第 2 章就會討論工具和取捨。

流程改善機會

考慮一些人們想要改善的常見領域，例如：

- 標註品質差、成本過高、過於手動、錯誤率高
- 重複工作
- 主題專家的勞動成本過高
- 過多例行或乏味的工作
- 幾乎不可能獲得足夠的原始資料
- 原始資料量明顯超過任何合理的手動審查能力

您可能希望有更廣泛的業務轉型、學習新工具，或優化特定專案或流程。這自然會產生一個問題，接下來應該採取哪項最佳步驟，又為什麼要採取這一步？為了回答這個問題，先來談談訓練資料的重要性。

訓練資料的重要性

本節將介紹訓練資料對您的組織重要性，以及強大的訓練資料實務之必要性。這些是貫穿全書的核心主題，會一再出現。

首先，訓練資料決定了您的人工智慧程式和系統能力，沒有訓練資料，就沒有系統；有了訓練資料，機會只受限於您的想像力！好吧，實際上還有預算、硬體等資源，以及團隊專業知識的限制。但理論上，任何能形成綱要並用以記錄原始資料的事物，系統都可以重複。概念上，模型可以學習任何事物，這表示系統的智慧和能力取決於綱要的品質，還有您能教給它的資料數量及多樣性。實際上，有效的訓練資料在預算、資源等其他方面都平等的情況下，可以為您提供關鍵的優勢。

其次，訓練資料工作是位於資料科學工作之前的上游階段，這意味著資料科學依賴於訓練資料。訓練資料中的錯誤會流向資料科學，或者套句俗話，資料爛，結果就爛。圖 1-3 展示了這種資料流在實務工作中的樣子。

第三，訓練資料的藝術指的是建構人工智慧系統的思維轉變方式。與其過於關注改善數學演算法，不如與它們平行工作，繼續優化訓練資料以更匹配我們的需求。這是正在發生的人工智慧轉型的核心，也是現代自動化的核心。這是第一次，知識工作正在自動化中。

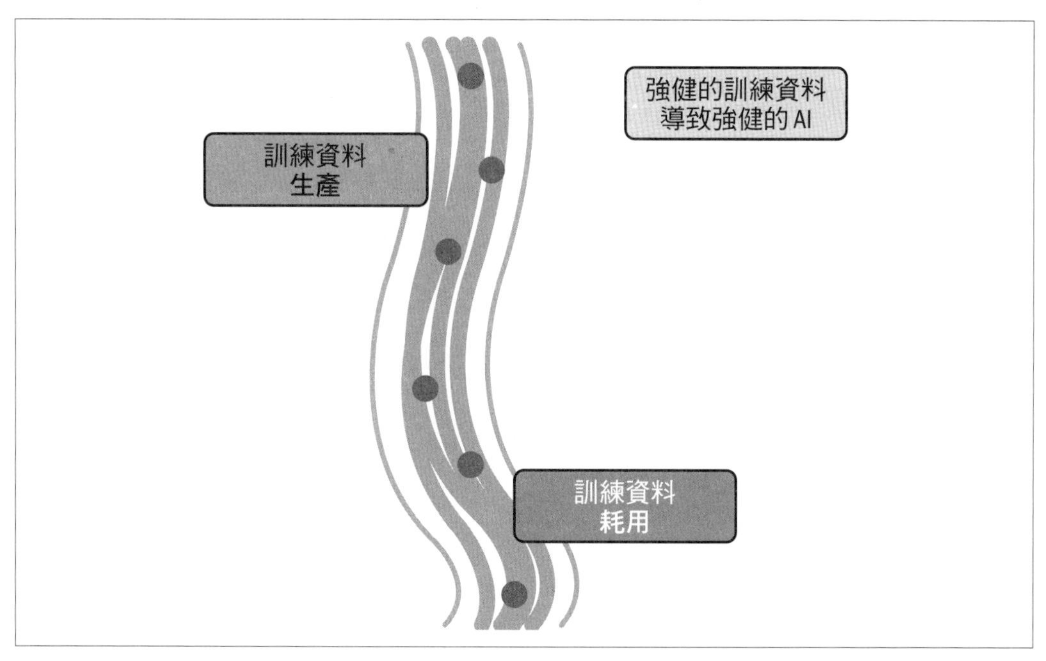

圖 1-3 訓練資料和資料科學的概念性位置

機器學習應用正成為主流

2005 年，一所大學的團隊利用基於訓練資料[3]的方法，設計出一輛名為 Stanley 的車輛，能夠在 175 英里（約 280 公里）長的沙漠越野賽道上自動駕駛，而贏得美國國防高等研究計畫局（Defense Advanced Research Projects Agency，DARPA）的大挑戰賽（*https://oreil.ly/byk0x*）。大約 15 年後，2020 年 10 月，一家汽車公司公開發表具有爭議性的全自動駕駛（*Full Self-Driving*，*FSD*）技術（*https://oreil.ly/lvmz9*），開啟消費者意識的新時代。2021 年，法說會（earnings call）上開始提及資料標註問題，換句話說，主流市場開始接觸到訓練資料。

3 引自 2023 年 9 月 8 日存取的維基百科「Stanley_(vehicle)」條目（*https://oreil.ly/SLAGV*）：Stanley 的特點是基於機器學習的障礙物偵測方法。為了修正 Stanley 在開發初期常犯的錯誤，史丹坦福賽車隊（Stanford Racing Team）建立一個記錄「人類反應和決策」的日誌，並將資料輸入到與車輛控制系統相關的學習演算法中；這項舉措大幅減少 Stanley 的錯誤。人類駕駛的電腦日誌也使 Stanley 在偵測陰影方面更加準確，而這正是 2004 年 DARPA 大挑戰中許多車輛失敗的原因。

這種商業化已不僅是一則人工智慧研究結果的頭條新聞，過去幾年中，看得出來對技術的需求急劇增加，我們期望與軟體對話以求理解，好自動獲得不錯的推薦結果和個性化內容。大型科技公司、新創企業和商業機構都越來越轉向人工智慧，以應對各式使用案例的爆炸性增長。

人工智慧的知識、工具和最佳實務正在迅速擴展，過去只屬於少數人的領域，現在正變成常識和預先建構的 API 呼叫。我們正處於過渡階段，從研發面的展示，轉向真實世界產業使用案例的早期階段。

對自動化的期望也在重新定義；對於新車買家來說，巡航控制（cruise control）已經從最初的「維持恆定速度」，演變為必須包括「車道維持、距離配速等」。這些並不是考量到未來，而是目前消費者和企業的期望，它們清楚地表明有必要擁有人工智慧策略，而且您的公司需要擁有機器學習和訓練資料的能力。

成功人工智慧的基礎

機器學習要求從資料中學習。過去，這表示建立日誌形式的資料集，或類似的表格資料，例如「Anthony 觀看了一段影片」。

這些系統持續具有重要價值，但也有一些限制，無法幫助我們實現現代以訓練資料來驅動的人工智慧可以做的事情，比如建構系統來理解電腦斷層掃描或其他醫學影像、理解足球戰術，或在未來操作車輛等。

新型人工智慧的理念，在於人類只要明確地說出：「這是一個球員傳球的例子」，「這是腫瘤的樣子」，或者「蘋果的這一部分已經腐爛了」就好。

這種表達形式類似於教室中老師向學生解釋概念的方式：透過文字和範例。老師可以幫忙填補教科書與學生之間的空白，讓學生能夠隨著時間建立多維度的理解。在訓練資料中，標註者的表現就像老師，填補綱要和原始資料之間的空白。

資料集（定義）

資料集就像一個資料夾，通常具有特殊意義，即在同一地方既有「原始」資料（如影像）又有標註，例如，一個資料夾可能有 100 張影像，再加上一個列出標註的文本檔案。實務上，資料集是動態的，並且經常以多種方式儲存。從機器學習的角度來看，資料集是模型將要耗用資料的真實分布，例如，透過擬合參數來學習。

訓練資料將長存

正如前面提到的，現代人工智慧／機器學習資料的使用案例正在從研發過渡到產業，我們就處於商業週期的起始階段。當然，具體情況會迅速變化，然而，將日常工作視為標註、鼓勵人們追求越來越獨特的工作，以及監督日益強大的機器學習程式等概念思維，都會長久存在。

在研究方面，演算法和使用訓練資料方法的想法也會不斷地改善。例如，對某些類型模型的趨勢來說，資料越少越有效益，因為模型學習所需的樣本越少，所建立的訓練資料就會越具有廣度和深度。另一方面，許多產業使用案例經常需要更多資料以達成商業目標，在這樣的商業背景下，會需要越來越多的人參與訓練資料，進一步對工具的需求產生壓力。

換句話說，研究和產業的擴展方向，會隨著時間的推移越來越重視訓練資料。

訓練資料控制機器學習程式

在任何系統中，重點都在於控制。哪裡有控制？在普通的電腦程式碼中，會以迴圈、if 敘述等形式的人類編寫邏輯來呈現，這種邏輯定義了系統。

在傳統的機器學習中，開始的步驟包括定義感興趣的特徵和一個資料集。然後演算法再產生一個模型。雖然看起來是演算法控制了一切，但真正控制的，是選擇特徵和資料，這決定了演算法的自由度。

在深度學習系統中，演算法會自行選擇特徵，它會試圖決定（學習）與給定目標相關的特徵。而該目標由訓練資料定義，所以實際上，訓練資料是目標的主要定義。

這是它的工作原理。演算法的一個內部部分損失函數（loss function），會描述演算法學習良好目標表達法的關鍵部分。演算法使用損失函數來確定它與訓練資料所定義的目標是否接近。

更技術性地的說法，損失是我們在模型訓練過程中想要最小化的錯誤。為了使損失函數具有人類意義，必須有一些外部定義的目標，例如與損失函數相關的商業目標，而這有可能一部分要透過訓練資料來定義。

在某種意義上，這是一個「目標中的目標」；訓練資料的目標最好能與商業目標關聯，而損失函數的目標，就是將模型與訓練資料相關聯。因此，總結一下，損失函數的目標是優化損失，但只能透過擁有一些先行參考點來做到這一點，而這個參考點將由訓練資料定義。因此，從概念上跳過損失函數這個中間人，訓練資料就是模型與人類定義目標相關性的「基本真實」（ground truth）；或者簡單地說：人類目標定義了訓練資料，然後訓練資料定義了模型。

新型使用者

在傳統的軟體開發中，終端使用者與工程師之間存在一定程度的依賴關係，終端使用者和工程師誰都說不準程式是否「正確」。

除非建造出原型，否則終端使用者很難說出自己的目標；因此，終端使用者和工程師互相依賴，可稱為循環依賴。改善軟體的能力，就來自於兩者之間能夠一起迭代的交互作用。

在訓練資料中，實際監督時，人類控制了系統的意義。資料科學家在處理綱要時控制它，例如在選擇像是標籤模板（label template）這樣的抽象化時。

舉例來說，如果我身為一名標註者而將一個腫瘤標記為癌症，但實際上它是良性的，我等於是以錯誤方式控制系統輸出，在這種情況下，可想而知永遠不可能有任何驗證能完全消除這種控制。資料的量加上缺乏專業知識，都會讓工程期間無法控制資料系統。

過去總有人以為資料科學家知道何謂「正確性」，因為是他們會定義一些「正確」的例子，然後，只要人類監督者大致遵循這個指南，也就可以知道正確性。這會馬上產生各種複雜情況的例子：一個說英語的資料科學家，要怎麼知道法語翻譯的正確性？資料科學家怎麼知道醫生對 X 光影像的醫學意見是否正確？簡單來說，答案就是沒辦法。隨著人工智慧系統的角色增長，主題專家越來越需要以超越資料科學的方式，控制系統。[4]

想一下這與傳統的「資料爛，結果就爛」概念有何不同。在傳統程式中，工程師可以透過例如單元測試（unit test），來保證程式碼是「正確的」，這並不意味著它給出終端使用者所期望的輸出，只是程式碼做了工程師認為它應該做的事情。所以要重新界定這件事，此處的承諾是「資料好，結果就好」，只要使用者投入的是黃金，他們就會得到黃金。

以訓練資料為背景編寫人工智慧單元測試很困難，部分原因是資料科學可用的控制如驗證集，仍然是基於個別人工智慧監督者所執行的控制，即標註。

此外，人工智慧監督者可能受限於工程為他們定義使用的抽象概念。然而，如果他們能夠自行定義綱要，就能進一步融入系統本身的結構中，從而進一步模糊「內容」和「系統」之間的界限。

4　可用統計方法協調專家意見，但這都是「額外的」；還是要先有現存意見。

這與傳統系統截然不同。例如，在社交媒體平台上，您的內容可能是價值所在，但仍然能清楚區分出實際系統，如輸入文字的框，看到的結果等，和發布內容，如文本、影像等。

現在根據形式和內容來思考，要如何再次適用控制？控制的例子包括：

- 抽象化，例如綱要，定義了一個控制等級。
- 標註，實際查看樣本，定義了另一個控制等級。

雖然資料科學可能會控制演算法，但訓練資料的控制常以一種「監督」角色，位於演算法之上。

真實的訓練資料

到目前為止，已經涵蓋很多概念和理論，但實務上的訓練資料可能是一件複雜且具有挑戰性的工作。

訓練資料為何困難？

資料標註看似簡單的特性，掩蓋了之下的龐大複雜性、全新考量、概念和藝術形式。因為它看起來，可能就像是人類選擇一個合適標籤、由機器處理資料、然後就得到了解決方案，對吧？但實際上並非如此。以下是一些可以證明這是困難的常見元素。

主題專家與技術人員以新的方式互相合作，這樣嶄新的社交互動引入了關於「人」的新挑戰。專家具有個人經歷、信仰、固有偏差和先前經驗，此外，來自不同領域的專家可能必須比平常更密切地合作。使用者正在操作新穎的標註介面，而他們對標準設計該有的樣式幾乎沒有共識。

其他挑戰還包括：

- 問題本身可能難以表述，且答案不清楚或解決方案定義不佳。
- 即使知識在某個人的腦海中再清晰不過，且此人也熟悉標註介面，但準確輸入該知識仍然可能既乏味又耗時。
- 經常會有大量的資料標註工作，其中還需要管理多個資料集，並且在儲存、存取和查詢新形式的資料方面還有一些技術性挑戰。
- 這是一個新學科，缺乏組織經驗和營運卓越性，而這些只能等時間累積。

- 擁有強大傳統機器學習文化的組織，可能難以適應這個根本不同，但在營運上又相當重要的領域。這樣的盲點在於，他們認為自己已經瞭解並實作機器學習，但實際上卻是使用一種完全不同的形式。
- 由於這是一種新的藝術形式，普遍觀念和概念尚未廣為人知。缺乏對適當訓練資料工具的認識、存取或熟悉度。
- 綱要可能很複雜，包括數千個元素，如巢套的條件結構；媒體格式也會帶來挑戰，包括系列、關係和 3D 導航。
- 大多數自動化工具都會引入新的挑戰和困難。

雖然挑戰眾多且有時很困難，但本書將逐一解決，為您和組織提供改善訓練資料的路線圖。

監督機器的藝術

到目前為止，我們已經涵蓋了一些關於訓練資料的基礎知識和幾個挑戰，現在，暫時從科學轉向藝術。標註表面上的簡單性掩蓋其中涉及的大量工作，標註之於訓練資料，就像打字之於寫作一樣。如果沒有人類元素來指導行動並準確執行任務，僅僅在鍵盤上打字並無法創造價值。

訓練資料是一個新的範式，以之為本正不斷出現越來越多的思維、理論、研究和標準，它涉及技術表達法、人的決策、流程、工具、系統設計，以及許多特定的新概念。

訓練資料最特別的一點是，它能捕捉使用者的知識、意圖、想法和概念，但不指明「如何」得出這些結論，例如，如果我標記一隻「鳥」，但不會告訴電腦是哪種鳥、有什麼歷史等，只會表明，牠是一隻鳥，這種傳達大方向意圖的想法，與大多數傳統程式設計觀點不同。本書會一再提醒，這種將訓練資料視為一種新形式的程式設計想法。

資料科學的新事物

雖然機器學習模型可能耗用特定的訓練資料集，但本書將解開圍繞著訓練資料的眾多抽象概念謎團。更廣泛地說，訓練資料並非資料科學，它們有不同目標，訓練資料產生結構化資料，資料科學則耗用它；訓練資料是將人類知識從真實世界映射到電腦中，資料科學則是將這些資料映射回真實世界。它們是硬幣的兩面。

就像應用程式會耗用模型一樣，只有資料科學耗用的訓練資料才能發揮作用；然而，這樣的使用方式不代表兩者相同，訓練資料仍然需要將概念映射到資料科學可用的形式，關鍵在於它們之間要有清晰定義的抽象化，而不只是隨意猜測術語。

將訓練資料視為所有其他專業實務的藝術，並由來自各行各業的主題專家實踐，似乎比將資料科學視為包羅萬象的起點更為合理。考慮到參與其中的許多主題專家和非技術人員，假設資料科學會凌駕於一切就顯得十分荒謬了！對於資料科學來說，訓練資料當然與標記資料（labeled data）同義，並且是整體關注點的一個子集合；但對許多其他人來說，訓練資料有它自己的領域。

試圖將任何事物歸納為新興領域或藝術形式也太自以為是，我都這樣安慰自己，我只是在替那些大家都在做的事貼標籤。事實上，如果我們將其視為自身藝術，且不再將其強行歸類到其他既有類別時，一切都會比較合理，第 7 章會更深入討論這一點。

由於訓練資料是新興的專門領域，其語言和定義仍在不斷發展中，以下術語都與之密切相關：

- 訓練資料
- 資料標記（data labeling）
- 人機監督（human computer supervision）
- 標註
- 資料程式

這些術語依據不同的情境，可以對應到多種定義：

- 訓練資料的整體藝術
- 標註的行為，例如繪製幾何形狀和回答綱要問題
- 定義在機器學習系統中想要達到的目標，即理想狀態
- ML 系統的控制，包括對現有系統的修正
- 依賴於受人類控制資料的系統

例如，我可以將標註視為訓練資料整體概念的一個特定子元件，也可以說「處理訓練資料」，意指標註行為。作為一個新興發展領域，有時談到資料標記（*data labeling*）可能只是指標註的基本概念，但有時又是指訓練資料的整體概念。

重點在於，不要過度執著於這些術語，而是要依據使用語境來理解其意義。

ML 程式生態系統

訓練資料會與日益增長的相關程式和概念生態系統互動。將資料從訓練資料程式傳送到機器學習建模程式，或者在訓練資料平台上安裝機器學習程式，都是常見的做法。生產資料，例如預測結果常常會傳送到訓練資料程式以驗證、審查和進一步控制，這些不同程式之間的連結還在持續擴展中，本書稍後將涵蓋攝取和串流資料的一些技術細節。

原始資料媒體類型

資料存在於許多媒體類型中。流行的媒體類型包括影像、影片、文字、PDF / 文件、HTML、音訊、時間序列、3D/DICOM、地理空間、感測器融合以及多模態（multimodal）。雖然流行的媒體類型在實務中往往會得到最好的支援，但理論上，任何媒體類型都可以使用。標註的形式包括屬性（詳細選項）、幾何形狀、關係等等，本書會一一詳細介紹這些內容，但重點是要注意，只要有某種媒體類型存在，就可能會有人試圖從中提取資料。

以資料為中心的機器學習

領域專家和資料輸入人員可能每天要花費 4 到 8 小時在訓練資料任務上，例如標註，這是項工作很耗時，所以可能成為他們的主要工作。有時候，整個團隊會花 99% 的時間在訓練資料上，而只有 1% 的時間用於建模過程，例如使用 AutoML 類型的解決方案，或擁有一個大型的專業團隊。[5]

以資料為中心的人工智慧（data-centric AI），意味著聚焦於將訓練資料視為重要的獨立項目：建立新資料、新綱要、新的原始資料捕獲技術，以及來自領域專家的新標註。這意味著開發以訓練資料為核心的程式，並深度整合訓練資料到程式的各個層面。如同先前的行動優先（mobile-first），現在則是資料優先。

在以資料為中心的思維中，可以：

- 使用或新增資料蒐集點，例如新的感測器、攝影機及文件捕捉方式等。
- 加入新的人類知識，例如來自領域專家的新標註。

5 我在這裡過度簡化了，說清楚一點，關鍵差異在於，雖然資料科學的 AutoML 訓練產品和託管本身可能很複雜，但實際上參與其中的人數較少。

採用以資料為中心作法的理由包括：

- 大部分的工作在於訓練資料，而資料科學層面則超出我們的控制範圍。
- 相較於只改善演算法，訓練資料和建模提供了更多自由度。

當我把以資料為中心的人工智慧觀念，結合把訓練資料的廣度和深度視為自身藝術的想法時，我看到的是一片廣闊的機會領域。您會用訓練資料來建構什麼？

失敗案例

對任何系統來說，有著各種錯誤但仍然能大致「運作」是很常見的，資料程式也是如此。例如，某些類型的失敗是預期中的，但其他則不是，接著就來深入探討一下。

資料程式會在其相關假設保持真實時運作，例如關於綱要和原始資料的假設。這些假設在建立時最為明確，但可以在資料維護週期中更改或修改。

以下要深入探討一個視覺範例，想像有一個擁有各種不同角度的停車場偵測系統，如圖 1-4 所示。如果基於俯視圖（左）建立一個訓練資料集，然後嘗試使用車輛等級的視角（右）來偵測，很可能就會遇到「意外」的錯誤類型。

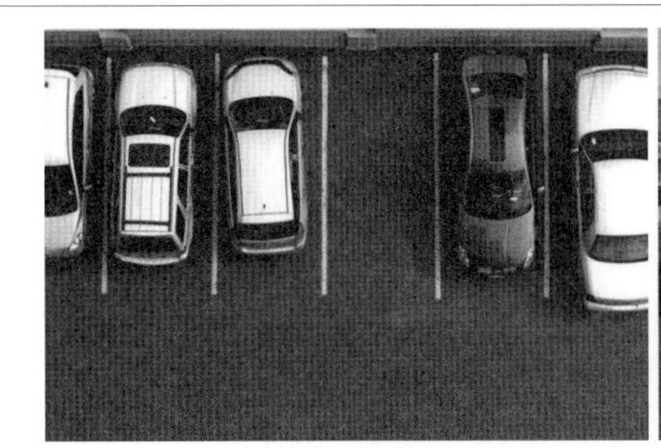

如果左圖是訓練資料，右圖是使用案例，就麻煩了！

圖 1-4　原始資料中主要差異的比較，可能導致意外的失敗

為什麼會發生失敗？如左圖所示，一個只在從上往下視角影像訓練的機器學習系統，在處理如右圖所示前方視角影像時，就會遇到困難。換句話說，如果系統在訓練過程中從未見過這樣的影像，它將無法理解從前方視角看的車輛和停車場概念。

雖然這是個一看就知道的問題，但也是這個非常類似的問題，導致美國空軍誤以為他們的系統比實際情況好許多，而有一次貨真價實的失敗（*https://oreil.ly/HyH0r*）。

要如何預防這樣的失敗？對於這個特定的問題，明顯的解決方案是確保用來訓練系統的資料與生產資料緊密相符。但那些沒有在書中具體列出的失敗呢？

第一步是瞭解訓練資料的最佳實務。早先在談論人類角色時，我說過與標註者和領域專家的溝通很重要，標註者需要能夠標記問題，特別是那些與綱要和原始資料對齊的問題。標註者具有獨特的定位，能夠發現接收的指令和綱要範圍之外的問題，例如，當「常識」告訴他們某事不對勁時。

管理員需要瞭解建立新穎且命名得當綱要方式的概念。原始資料應始終與綱要相關，且有必要維護資料。

失敗模式在開發過程中會隨著綱要、預期的資料使用，以及與標註者的討論中，一一浮現。

已部署系統中的失敗案例

因為這些系統有的還非常新，我們看到的訓練資料失敗案例可能都只是最輕微的一部分。

2020 年 4 月，Google 部署一個醫療 AI 以協助應對 COVID-19。[6] 他們用比生產期間可用的更高品質掃描資料來訓練它，因此，當人們實際使用時，常常需要重拍掃描資料，以試圖達到預期的品質水準。即使有了重拍的額外負擔，系統仍然拒絕大約 25% 的掃描資料，這就像一個電子郵件服務每二封就要求您重發，且每四封郵件就完全拒絕送出。

當然，這個故事有其細節，但從概念上來看，它說明開發和生產資料對齊的重要性，系統所訓練的資料，需要與實際現場使用的資料相似。換句話說，不要在開發集中使用「實驗室」等級的掃描資料，然後以為智慧手機的相機在生產中會一樣表現良好。如果生產時會使用智慧手機相機，訓練資料也應該來自於它。

6 可參閱 Will Douglas Heaven 於 2020 年 4 月 27 日在 *MIT Technology Review* 上發表的文章，〈Google's Medical AI Was Super Accurate in a Lab. Real Life Was a Different Story〉（*https://oreil.ly/2Phl2*）。

開發歷史也會影響訓練資料

在思考傳統軟體程式時，開發歷史會使它們偏向於特定的運作狀態。為智慧手機設計的應用程式具有特定的語境，並且在某些層面可能比桌面應用程式更好或更差，例如，試算表應用程式可能更適合於桌面使用，匯款系統則不允許隨機編輯。一旦編寫出這樣的程式後，要改變核心層面或「消除偏差」就會比較困難，因為匯款應用有許多基於使用者無法「撤銷」交易的假設。

無論是偶然的還是有意的，特定模型的開發歷史也會影響訓練資料。假設一個基於影響馬鈴薯作物的疾病，而設計的農作物檢查應用程式，從原始資料格式例如假設在特定高度捕捉的媒體到疾病類型、再到樣本量，都做出各種假設，這個系統可能就沒有那麼適合其他類型的農作物。最初的綱要可能做了一些會隨著時間而過時的假設，系統的歷史也會影響未來改變系統的能力。

與訓練資料不同的是……

訓練資料不是機器學習演算法，也不局限於特定的機器學習方法。

相反的，它是想要達成目標的定義，最基本的挑戰在於有效地識別，並將所需的人類意義映射到機器可讀的形式中。

訓練資料的有效性，主要取決於它與人類所賦予的意義相關性，以及它對真實模型使用的合理代表性；實務上，訓練資料的選擇，對於有效訓練模型的能力有著顯著影響。

生成式人工智慧

生成式人工智慧（Generative AI，GenAI）概念，如生成式預訓練轉換器（generative pre-trained transformer，GPT）和大型語言模型（large language model，LLM），在 2023 年初變得開始流行起來，這裡將簡要談及這些概念與訓練資料的關係。

本文撰寫時，這個領域正迅速發展。主要的商業參與者在公開共享的方面非常保守，因此有很多猜測和炒作，但很少共識。因此，當您閱讀到這部分時，某些生成式人工智慧內容很可能已經過時。

我們可以從非監督式學習（unsupervised learning）的概念開始，在 GenAI 背景下，非監督式學習的廣泛目標，是在沒有新定義的人造標籤的情況下工作。然而，LLM 的「預訓練」是基於人類來源的素材，因此，仍然需要資料，且通常是人類產生的資料，以獲得對人類有意義的東西。不同的是，在「預訓練」生成式 AI 時，資料最初不需要標籤就可以建立輸出，因此親暱地稱 GenAI 為非監督「怪物」。如圖 1-5 所示，這個「怪物」仍然需要人類監督以馴服。

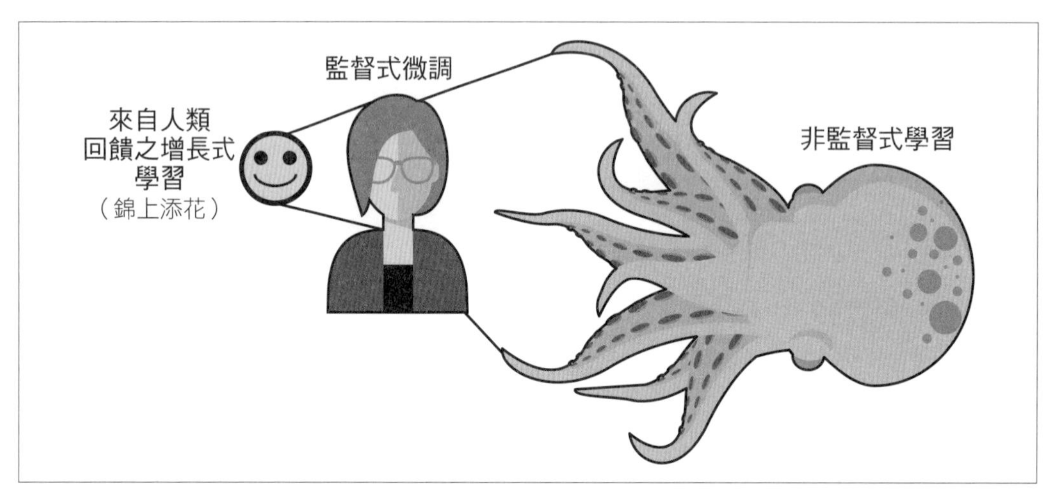

圖 1-5　非監督式學習與監督式微調和人類對齊的關係

廣泛而言，以下是生成式人工智慧（GenAI）與人類監督互動的主要方式：

人類對齊（*human alignment*）
: 人類監督對於建立和改善 GenAI 模型至關重要。

效率提升
: GenAI 模型可以用來改善繁瑣的監督任務，如影像分割。

與監督式人工智慧協力工作
: GenAI 模型可用於解讀、組合、提供介面，以及使用監督式輸出。

人工智慧的普遍認識
: 主要新聞媒體和公司法說會每天都提到人工智慧，大眾對人工智慧的興奮程度大幅提升。

下一節會進一步說明人類對齊概念。

也可以使用 GenAI 來幫忙提高監督式訓練資料的效率。在一般物件分割、廣泛接受類別的分類等方面「唾手可得」任務，在一些注意事項的前提下，都可以透過目前的 GenAI 系統達成。第 8 章討論自動化時，會涵蓋更多有關這個主題的內容。

與監督式人工智慧協力工作的部分大多超出本書範圍，除了簡要地指出這兩者間出乎意料的少見重疊之外，GenAI 和監督式系統都是重要的積木。

GenAI 的進步再次使人工智慧成為頭版新聞，因此，組織正在重新思考他們的人工智慧目標，並將更多精力投入到一般的人工智慧計畫中，而不僅僅是 GenAI。要發布 GenAI 系統，需要人類對齊；換句話說，就是訓練資料。要發布完整的人工智慧系統，通常需要 GenAI + 監督式人工智慧，學習本書中與訓練資料合作的技能，將幫助您達成這兩個目標。

人類對齊即是人類監督

在生成式人工智慧（GenAI）的語境中，本書所聚焦的人類監督經常可稱為人類對齊，這裡討論的絕大多數概念也適用於人類對齊，只有一些案例需要特定修改。

目標不僅是讓模型直接學會重複一個精確的表達法，而是要「指引」非監督結果。但最佳的人類對齊「方向」方法為何？這個問題尚有極大爭議，目前流行的人類對齊方法的具體範例包括：

- 直接監督（*direct supervision*），例如問答對（question and answer pair）、排行輸出，如從最好到最差等個人偏好，以及標記特定迭代的關注點，如「不適合工作場所」。這種方法是 GPT-4 聲名鵲起的關鍵。
- 間接監督（*indirect supervision*），如終端使用者的投票支持 / 反對、提供不限形式的回饋等。通常，這些輸入必須再經過一些額外處理才會呈現給模型。
- 定義一套「憲法式」（*constitutional*）的指令，為 GenAI 系統制定具體的人類監督（人類對齊）原則。
- 提示工程（*prompt engineering*），即定義「類似程式碼」的提示，或用自然語言設計程式。
- 與其他系統整合以檢查結果的有效性。

最佳方法或測量方式目前尚無共識。要指出的是，許多這些方法專注於文本、有限的多模態（但仍是文本）輸出和媒體產生。儘管這可能看起來相當廣泛，但它實際上只是人類將可重複的意義附加到任意現實世界的概念，只不過是更普遍且相對有限的部分。

除了缺乏共識外，這領域還有相互矛盾的研究。例如，兩個常見的極端觀點是，有些人聲稱觀察到新興行為，但另一些人則斷言所使用的基準是斷章取義，且是錯誤的結果，例如測試集與訓練資料產生混淆。雖然看起來很明顯人類監督與之有關，但在生成式人工智慧案例中，確切的等級、程度和技術仍是一個沒有結論的問題。事實上，一些結果顯示，小型的人類對齊模型與大型模型一樣好，甚至還更好。

儘管您可能會注意到術語上的一些差異，但本書中的許多原則同樣適用於 GenAI 對齊和訓練資料；具體來說，所有形式的直接監督都是訓練資料監督。在總結 GenAI 主題之前，有幾點要說明：本書不會具體涵蓋提示工程或其他 GenAI 特有的概念。然而，如果您正想要建立一個 GenAI 系統，仍然需要資料，而高品質的監督在可預見的未來，仍是 GenAI 系統的關鍵部分。

總結

本章介紹有關機器學習訓練資料的大方向概念，來回顧一下訓練資料如此重要之因：

- 消費者和企業越來越希望將機器學習內建於現有和新系統中，這提高訓練資料的重要性。
- 它是開發和維護現代機器學習程式的基礎。
- 訓練資料是一門藝術和新範式，是圍繞全新、以資料為驅動程式的一套理念，並由人類控制，與傳統機器學習不同，包括新的哲學、概念和實作方式。
- 它構成新的人工智慧 / 機器學習產品基礎，透過人工智慧 / 機器學習升級，來替代或改善成本，以維持現有業務收入，並為研發提供更多可能性。
- 身為技術專家或領域專家，它現在已是一項重要的技能。

訓練資料的藝術與資料科學不同，重點在於系統的控制，目標是讓系統本身學習。訓練資料不是一個演算法或單一資料集，而是跨越專業角色的範式，而這些角色涵蓋從領域專家到資料科學家，再到工程師等等。它是一種思考系統的方式，而這些系統開啟新的使用案例和機會。

在繼續閱讀之前，建議回顧本章的關鍵大方向概念：

- 關注的主要領域包括綱要、原始資料、品質、整合，以及人類角色。
- 傳統的訓練資料與發掘（discovery）相關；而現代訓練資料則是一門創造性藝術，是「複製」知識的手段。
- 深度學習演算法會根據訓練資料產生模型。訓練資料定義了目標，而演算法定義達成目標的辦法。
- 僅在「實驗室」中驗證的訓練資料很可能在實際場景中失敗。想避免的話，一開始就要使用現場資料、對齊系統設計以及期望迅速更新的模型。
- 訓練資料就像程式碼。

下一章將包括設置訓練資料系統的方法，及學習相關工具。

第二章

快速上手

引言

在處理資料時，有許多工具可供使用：有資料庫順暢地儲存資料，有網頁伺服器順暢地提供資料。現在，還有訓練資料工具順暢地處理訓練資料。

除了工具外，還有已建立的流程和期望，用於指導資料庫與應用程式的其他部分整合。但訓練資料呢？如何快速上手並運用訓練資料？本章將包含關鍵的考量因素，諸如安裝、標註設置、嵌入、終端使用者及工作流程等。

前文提過，順暢地處理訓練資料很重要；而之所以用「順暢」這個詞，是因為不必使用資料庫，就可以將資料寫入檔案並從中讀取。為什麼需要像 Postgres 這樣的資料庫來建構系統？這是因為 Postgres 帶來大量功能，如確保資料不會輕易損壞、可恢復、並且可以有效率地查詢。訓練資料工具也有類似的發展。

本章將介紹：

- 快速上手的方法
- 訓練資料工具的範圍
- 使用訓練資料工具所獲得的好處
- 取捨
- 一路以來的歷程

這部分主要聚焦於現今和您相關的事物，也包括一些簡短的歷史回顧，以說明這些工具的重要性。此外，我還將回答其他常見問題：

- 訓練資料工具的關鍵概念領域是什麼？
- 訓練資料工具在技術堆疊中的定位是什麼？

在深入之前要提及兩個重要主題，本章會看到它們的實際應用。

我經常使用工具這個詞，即使它可能是一個更大的系統或平台，此處，工具指的是任何幫助您達成訓練資料目標的技術，工具的使用是訓練資料日常工作的一部分，本書將抽象概念具體化為帶有工具的具體範例，在於高層概念和具體實作樣例之間的轉換，讓您獲得更全面性的瞭解。

熟能生巧，就像任何藝術一樣，您必須掌握該行業的工具。在訓練資料方面，有需要熟悉和理解的工具選項有很多種，我會談論一些取捨，如封閉或開放原始碼和部署選項，並探索流行的工具。

快速上手

以下部分是快速上手訓練資料系統的最簡單路線圖。為方便起見，會劃分為幾個小節，通常，這些任務可以指派給不同的人，而且許多任務可以平行完成。由於多種因素的影響，完全設置可能需要數月時間，規劃時應考慮這一點。

如果是從頭開始，則所有這些步驟都將適用；如果您的團隊已經有所進展，這裡提供的是一個清單，以查看現有流程是否夠具全面性。

總體來說，整體入門任務包括：

- 安裝
- 任務設置
- 標註者使用者設置
- 資料擷取設置
- 資料目錄設置
- 工作流程設置

- 初步使用
- 優化

以下以資訊豐富且基本的方式來介紹這些步驟，第 39 頁的「取捨」小節也將討論其他實際考慮因素，如成本、安裝選項、擴展、範疇和安全性。

如果這聽起來像是要做很多工作，那就是建立成功系統所需的現實情況。

這些步驟大多數都存在一些交叉重疊。例如，幾乎所有步驟都可以透過使用者介面（UI）/ 軟體開發套件（SDK）/ 應用程式介面（API）來完成。在適當的情況下，我會指出常見偏好。

安裝

訓練資料安裝和配置會由技術人員或團隊完成。

安裝的高層考量包括：

- 提供硬體，如雲端或其他
- 初次安裝
- 配置初始安全專案，如身分提供者
- 選擇儲存選項
- 容量規劃
- 維護試運行，如更新
- 提供初始超級使用者（super user）

大多數情況下，開發複雜、會影響收入產品的團隊都會自行安裝，這是資料重要性等級，和與終端使用者深度聯繫的現實問題。通常，資料設置的性質，比訓練資料平台本身的安裝更為靈活，因此資料設置值得擁有自己的小節，接下來會討論這個主題。現在，先來安裝 Diffgram，這是一款商業開放原始碼且功能齊全的軟體，可以從 Diffgram 網站（*http://diffgram.com*）下載。儘管不需要安裝它也能完成接下來的範例，但跟隨步驟並實際體驗這些練習會更有幫助。安裝歡迎畫面顯示於圖 2-1。

所有工具的安裝過程都會有所不同，請查看說明文件以獲取最新安裝選項和指南（*https://oreil.ly/6WX8Z*）。例如，Diffgram 具有多種安裝選項，包括「裸機」（Baremetal）、生產（production）和 Docker 等。

本書撰寫時，Docker 開發安裝提示如下（解譯器中的殼層（Shell））：

```
git clone https://github.com/diffgram/diffgram.git
cd diffgram
pip install -r requirements.txt
python install.py
```

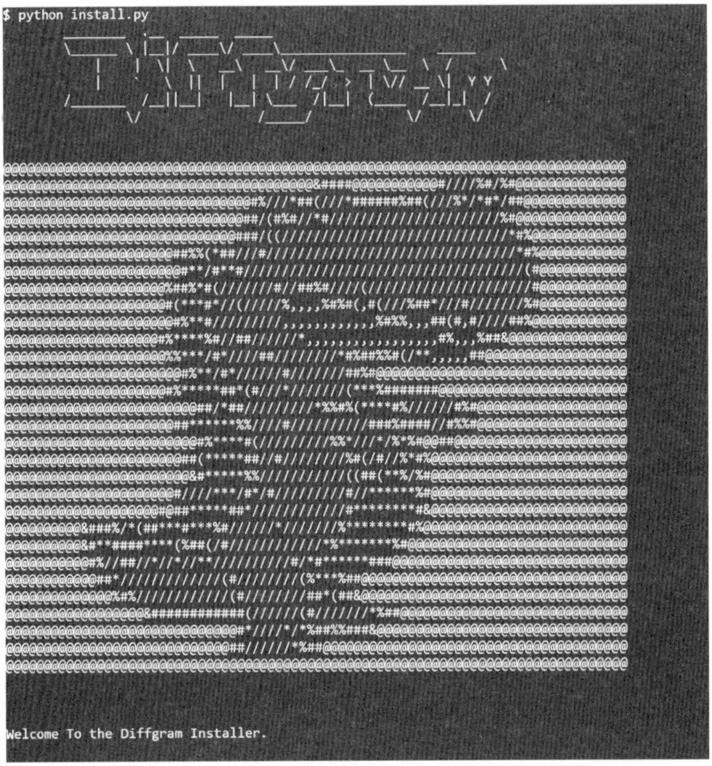

圖 2-1　Diffgram 開發安裝 ASCII 藝術範例，顯示您的路徑正確

任務設置

任務設置通常由管理員與資料科學、資料工程人員共同完成。

此階段採取的步驟包括：

- 初始綱要設置（資料科學和 / 或管理員）
- 初始人類任務設置（資料工程和 / 或管理員）

規劃圍繞著以相關方式進行的結構化綱要。隨著這些工具的發展，有越來越多的選項，而且正變得像資料庫設計一樣。根據複雜性，綱要可能透過軟體開發套件或應用程式介面載入。

標註的更多細節將於第 3 章和第 5 章介紹。

標註者設置

您的使用者（標註者），通常就是提供監督（標註）的最佳人選，畢竟，他們已經擁有想要的語境。您的使用者可以提供這種標註監督，而且和嘗試雇用越來越大的集中式標註團隊比較起來，他們可以提供更好的規模調整。這些標註者需要透過使用者介面（UI）/ 使用者體驗（UX）來輸入標註，達成這一點最常見的方式是透過「獨立」（stand-alone）入口網站（portal）工具。

入口網站（預設）

使用獨立入口網站通常最簡單，這意味著標註者可以直接前往您的安裝處，例如 *your_tool.your_domain.com* 或 *diffgram.your_domain.com* 以標註。然後，您可以選擇性地在您的應用程式中「深度連結」到標註入口網站，例如根據應用程式中的語境連結到特定任務。入口網站通常提供某種形式的標註使用者介面 / 使用者體驗的外觀和感覺客製化，以及基於綱要的功能變更。有了 OAuth 再加上這種客製化，可以維持無差別的外觀和感覺。

嵌入

工程團隊需要在應用程式中添加程式碼，以直接嵌入標註者設置到應用程式中，這是比較大的工作量，但可以提供更多靈活性和功能。當然，也必須考慮添加資料設置的開發團隊能力；將使用者引導到已知入口網站，或進行 API 整合以連接入口網站，會比深入整合和嵌入設置到您的應用程式中容易許多。

資料設置

必須以對系統有用的方式載入原始資料：

- 使用擷取工具
- 在您的客製化應用程式中整合
- SDK/API 使用

工作流程設置

資料必須能夠與機器學習程式連接。常見的方法包括手動流程、整合（例如 API），或命名的訓練資料工作流程。工作流程結合多個動作步驟，以建立特定於訓練資料的流程，與其他應用程式和流程整合是連接資料的常見方式。其中一些步驟可能是自動的，例如透過流水線。第 5 章會更詳細地介紹工作流程。

資料目錄設置

某種程度來說，必須能夠查看標註工作的結果，並且需要能夠在資料集層級上存取資料：

- 針對訓練資料的特定於領域（domain-specific）查詢語言越來越流行；或者，能夠瞭解原始 SQL 結構以直接查詢也有所幫助。
- 對特定目標如資料發掘、過濾等，使用特定於資料集的程式庫。
- 即使設置了工作流程，仍然有資料目錄類型的步驟需求。

初步使用

一定會有一段初步使用期，指標註者、您的終端使用者、資料科學家和機器學習程式等都在操作與使用資料的時期：

- 使用者的訓練，尤其是針對內部使用者部署時
- 使用者的回饋，尤其是針對終端使用者部署時

優化

一旦基礎設置完成，就可以進一步優化許多概念：

- 優化綱要、原始資料和訓練資料本身的日常事務工作
- 標註效率、人體工學等
- 直觀的標註熟練度
- 將資料載入機器學習工具、程式庫和概念中
- 為開放原始碼訓練資料專案做出貢獻
- 對於可用新工具的一般知識

工具概述

將訓練資料工具交付人工智慧／機器學習程式是必需步驟，關鍵領域包括標註、目錄化（cataloging）和工作流程：

標註

終端使用者使用標註工具標註資料。所涵蓋的範圍從標註為應用程式的一部分，到純粹的獨立標註工具。用最抽象的術語來說，這是「資料輸入」方面：

- 針對影像、影片、音訊、文字等的直觀標註使用者介面。
- 管理任務、品質保證等。

目錄化

目錄化是資料集的搜尋、儲存、探索、策劃和使用。這是「資料輸出」方面，通常涉及某種程度的人類參與，如查看資料集。目錄化活動的範例會貫穿整個模型訓練過程：

- 攝取原始資料、預測資料、元資料等。
- 探索從過濾無趣資料直至視覺式查看資料等種種事務。
- 除錯現有資料，如預測和人類標註。
- 管理資料生命週期，包括保留和刪除資料，以及個人身分資訊和存取控制。

工作流程

工作流程指訓練資料的處理和資料流，是標註、目錄化和其他系統之間的連接，例如整合、安裝、外掛程式等。這同時是資料輸入和輸出，但通常位於更多的「系統」層級：

- 技術的生態系統。
- 標註自動化：任何提高標註效能的事物，如預標記（pre-labeling）或主動式學習（active learning）。更多深入內容請參見第 6 章。
- 機器學習、產品、營運及管理層等團隊之間的協作。
- 串流向訓練：將資料送到您的模型。

有一些產品會在一個平台中涵蓋這些領域的大部分。

機器學習的訓練資料

通常，機器學習的建模和訓練資料工具是不同的系統。

整體系統原生性包含的 ML 程式支援越多，其靈活性和功能就越有限。

舉個例子，MS Word 文件可以建立表格，但會受制於文件編輯應用程式的限制，且與電子試算表應用程式帶來的公式功能截然不同，後者在計算方面有更多自由和靈活性，但它不是文件編輯器。

通常，最好的解決方法是透過良好的整合，使專注於訓練資料品質、ML 建模等事項的系統可以成為自己的系統，但仍與訓練資料緊密整合。

本章將聚焦於訓練資料的主要子領域，並刻意假設模型訓練由不同系統處理。

工具選擇不斷增長

有越來越多值得注意的平台和工具可用，有些旨在提供廣泛的覆蓋面，而其他則深入特定的使用案例。每個主要類別都有數十個值得留意的工具。

隨著這些商業工具的需求持續增長，我預計同時會有新工具湧入市場，也會和一些較成熟領域的整合。標註是較成熟領域之一；在這個背景下，資料探索（data exploration）則相對較新。

我鼓勵您持續探索可用選項，未來都可能為您的團隊和產品帶來不同和改善的結果。

人員、流程和資料

任何形式的員工時間通常都是最耗費成本之處。

良好部署的工具會帶來許多獨特的效率提升，許多可以疊加，從而在效能上創造數量級的提升。延續資料庫的類比，將它想成循序掃描（sequential scan）和索引（index）之間的區別，前者可能永遠無法完成，而後者很快！訓練資料工具使您升級到索引的世界，允許您執行一些關鍵任務：

- 直接在應用程式中嵌入監督。
- 在人機監督的背景下賦予人員、流程和資料一些能力。
- 圍繞共同核心，將訓練資料工作標準化。
- 點出訓練資料問題。

訓練資料工具同樣提供許多除了細節處理之外的好處。例如，資料科學家可以查詢標註者訓練的資料，而無需下載大量資料集，並在本地端手動篩選。然而，要使這一切能夠運作，首先必須設置一個訓練資料系統。

您的訓練資料學習並不是終點，而是持續的旅程。會提到這一點是為了讓大家明白，無論有多熟悉或花了多少時間，訓練資料永遠學不完。

嵌入式監督

收到垃圾郵件時，一般會將其標記為垃圾以教導系統，我們也會為拼字檢查器添加新字，這些都是終端使用者參與的簡單例子。隨著時間過去，越來越多的監督會盡可能推向終端使用者並嵌入系統中，如果這些使用者意識到他們正在標註，則其品質可能就能類似於獨立的標註入口網站；如果使用者沒意識到這個狀況，就會存在品質和其他風險，就像任何終端使用者資料蒐集一樣。

人機監督

隨著標註的日益普遍，思考它與人機互動（human–computer interaction，HCI）這樣的經典概念之間的關係可能很有用。HCI 是使用者與電腦程式的關係和互動方式，在訓練資料中，我想導入一個稱為人機監督（human computer supervision，HCS）的概念，它背後的思考是您正在監督「電腦」；這裡的「電腦」可以是機器學習模型或者更大的系統。監督發生在多個層次，從標註到批准資料集。

比較這兩者，在 HCI 中，使用者主要是「消費者」；而在 HCS 中，使用者更偏向「生產者」。除了互動之外，使用者正在產生監督，並由機器學習程式耗用。

這裡的關鍵對比是，與電腦的互動通常是確定性的。如果我更新某物，我就期望它是已更新的，但電腦監督就像人類監督一樣，是非確定性的，有一定程度的隨機性。作為監督者，我可以提供修正，但對於每個新實例，電腦仍然會做出自己的預測。還有一個時間元素，通常 HCI 是「當下」事件，而 HCS 則會在更長的時間尺度上運作，在期間監督會影響一個更模糊、還看不見的機器學習模型系統。

終端關注點的分離

訓練資料工具將終端使用者資料所捕獲的關注點，與其他概念分開來。例如，您可能希望新增終端使用者資料擷取的監督，而不必擔心資料流。

標準

訓練資料工具是有效發布機器學習產品的手段。為了達成這個複雜目的，訓練資料工具在現代軟體的任何領域中，都帶來最多元的觀點和假設。

工具有助於為這種雜訊帶來一些標準化和清晰度，且有助於快速引導那些原本可能沒有比較基準的團隊：

- 為什麼不讓終端使用者提供一些監督？
- 為什麼在可以自動版本控制時卻要手動進行？
- 為什麼要手動匯出檔案，而不是串流式傳輸所需的資料？
- 為什麼不同團隊要儲存略有不同標籤的相同資料，而不使用單一且統一的資料儲存？
- 為什麼要手動分配工作，而不是自動完成？

多種角色

每個群組都有自己的常見偏好，而群組中有許多不同角色參與其中。常見的群組和偏好包括：

- 標註者期望能夠像最好的繪圖工具一樣標註。
- 工程師希望它能夠客製化。
- 管理者期望有像專用任務管理系統那樣的現代任務管理。
- 資料工程師期望能夠攝取和處理大量資料，實質上使其成為自己的「提取轉換載入」（Extract Transform Load）工具。
- 資料科學家期望能夠像商業智慧（business intelligence）工具那樣對其分析。

鑑於這些角色，訓練資料工具涉及的功能類似於：Photoshop + Word + Premiere Pro + 工作管理員（Task Management） + 大數據特徵儲存 + 資料科學工具的部分功能。

沒有適當的訓練資料工具，就像試圖在沒有工廠的情況下生產汽車一樣。要達成完整設置的訓練資料系統，只能透過使用工具來完成。

我們經常會對熟悉的事物採取理所當然的態度，這只是一輛汽車、只是一列火車、或者只是一架飛機罷了，但它們每一個其實都是工程奇蹟！我們也同樣會忽視自己不理解的東西，如工程師會說：「銷售沒有那麼難」、「如果我是總裁」等等。

記住之前列出的不同角色，可以開始看到所需工業系統的廣度，以及透過支援直觀的標註工作和任務管理系統來服務這些角色的方法，如同一套與 Adobe Suite 或 MS Office 相當的標註介面。系統的許多不同功能必須協調工作，將其輸入和輸出直接用於其他系統，再加上整合的資料科學工具。

提供機器學習軟體的範式

就像 DevOps 思維提供交付軟體的範式一樣，訓練資料思維也提供交付機器學習軟體的範式。直截了當地說，這些工具提供：

- 與訓練資料合作的基本功能，例如標註和資料集，也就是那些沒有工具就難以完成的事情。
- 提供專案的基準線，以確保方向正確。您是否真的遵循訓練資料思維？
- 達成訓練資料目標的手段，例如管理成本、緊密的迭代式時間到資料（time-to-data）迴圈等。

取捨

如果您正在比較多個工具以供生產使用，需要考慮一些取捨。

本書其餘部分會繼續談論抽象概念。但這一小節，將暫停討論現實世界中的產業取捨，特別是與工具有關的部分。

成本

常見成本包括嵌入式整合、終端使用者輸入開發和客製化、商業軟體授權、硬體和支援。

除了商業成本，所有工具都有硬體成本。這主要是為了託管和儲存資料，一些工具會為使用特殊工具、電腦使用等收費。

常見的成本降低方法：

- 終端使用者輸入（嵌入式）在成本上遠低於雇用更多標註者。
- 儘可能地將自動化推送到前端。這樣可以減少伺服器端計算的成本，但代價是在本地端執行模型時，可能會導致本地端的延遲時間。
- 將真正的資料科學訓練成本與標註自動化分開。

常見的授權模型包括無限制、按使用者、按叢集或其他更具體的度量。

一些商業開放原始碼產品可能允許試用，以期能建立付費授權的案例，有些則對個人或教育用途免費。

大多數軟體即服務（software as a service，SaaS）訓練資料服務在免費等級中有嚴格限制。有些 SaaS 服務甚至可能有隱私條款，允許他們使用您的資料來建立對他們有利的「巨型」模型。

本地安裝與軟體即服務

與其他類型的軟體相比，訓練資料的資料量非常大，比許多其他典型使用案例多出數十到數千倍。其次，資料通常是敏感性的，例如醫療資料、身分證件或銀行文件等。第三，由於訓練資料就像軟體程式碼一樣，經常包含獨特的智慧財產權資訊和專業知識，因此保護它非常重要。所以總結一下，訓練資料是：

- 高容量
- 敏感
- 包含獨特的智慧財產權資訊

結果是，能夠在自己的硬體上安裝工具，與使用 SaaS 之間存在巨大差異。鑑於這些變數，可以在硬體上從頭開始安裝的訓練資料產品，將具有明顯優勢，請記住，「硬體」在此可能意味著在流行的雲端服務供應商中的叢集。隨著封裝選項的改善，在自己的硬體上開始執行也越來越容易。

這也是開放原始碼真正發光的另一個領域。雖然 SaaS 供應商有時會以更昂貴的版本在本地端部署，但檢查原始碼的能力通常極為有限；甚至完全沒有！此外，這些使用案例通常相當僵化：是一套預設的設置和要求的集合，會設計為可在任何地方執行的軟體，也可以更靈活地適應您的特定部署需求。

發展系統

有一個經典的辯論題目是「自行開發或購買」，我認為實際上應該是「客製化、客製化還是客製化？」因為在已經有這麼多優秀選項存在的情況下，從頭開始並不合理。一些選項如 Diffgram，提供完整的開發系統，允許您在基礎平台之上建構自己的智慧財產權，包括在應用程式中嵌入標註集合。還有一些選項提供越來越多的開箱即用客製化功能。還可以在開放原始碼選項上建立並擴展。

例如，也許您的資料需求意味著某個工具的擷取能力或資料庫不夠，或者您有一個獨特的 UI 需求。真正的問題是，應該自己做這件事，還是讓供應商來做？

循序性依賴發現

我喜歡思考的心智圖，是站在一個大山丘或高山的底部。從底部，我看不到下一座山丘，即使從那座山丘的頂部，視野也會受到下一座山的遮蔽，以致於在跨越第二座山之前看不到第三座山，如圖 2-2 所示。基本上，每一項新發現，都來自於先前的發現。

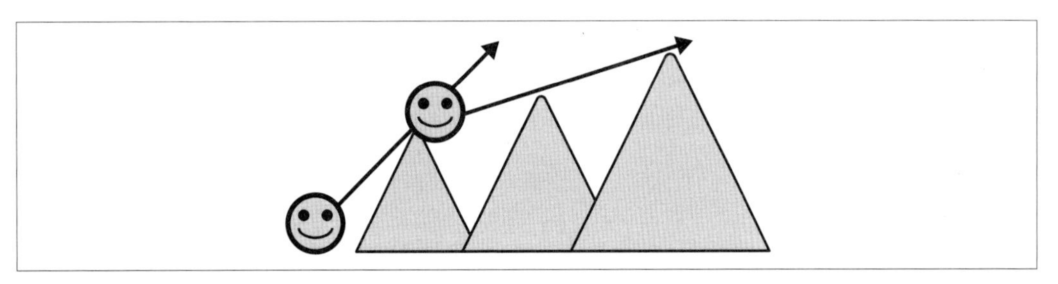

圖 2-2　越過山丘的視線：我只能看到下一座山

訓練資料工具可以幫助您在遇到這些山丘時順利地跨越它們，在某些情況下甚至可以幫助您「看到轉角」，並提供地形的鳥瞰圖。例如，我只有在意識到標註資料的方法，一般來說不符合資料科學家的需求後，才會明白要有資料查詢的需求，例如串流式地傳輸資料片段，而不是以檔案層級來匯出，這通常是在大型團隊或花很多時間後的經驗。也就是說，無論一開始的資料集組織有多好，之後仍然需要回頭探索。

訓練資料工具可能會讓您意外發現改善流程和推出更好產品的機會。它們提供一個基線流程，不會讓您以為自己重新發明了輪子，但最終卻發現市售系統早已做到這一點，而且還更加精緻。它們能協助您以更快、更小風險、更有效率地推出產品，來改善業務的關鍵績效指標（key performance indicator）。

當然，這些工具並非萬能，也有缺陷，像所有軟體一樣，它們有自己的小問題。就許多方面而言，這些工具還處於早期階段。

規模

迪士尼世界（Disney World）與地區型遊樂場的營運方式不同；但同樣的，在資料專案方面，適合迪士尼的方法也不一定就適合遊樂場，反之亦然。

正如第 8 章就要提到的，在極端情況下，完全設置好的訓練資料系統，會允許您實際上按需求來重新訓練模型。將資料完成時間（time-to-data），即從資料到達到模型部署之間的時間縮短為接近 0，這樣就具有戰術相關性，否則就是毫無價值。

用於介定常規軟體規模的術語，一般來說在監督式訓練資料方面沒有明確的定義為此，我花了一些時間來設想關於規模的期望。

為什麼定義規模有其用處？

首先，可以瞭解所處階段，以幫助指導研究方向；其次，可以瞭解為不同規模等級建造的不同工具，SQLite 與 PostgreSQL 的對比就是一個簡單的例子，它們各自代表簡單和複雜兩種不同的用途，小型、自我包含的單一檔案資料庫，與先進且強大的專用安裝，這兩者都有各自定位和用途。

大型專案中，最多的標註通常是來自嵌入式集合，超大型專案可能每月會有數十億次的標註。在這一點上，它不僅僅是訓練一個單一模型，更重要的是定義路線和客製化一組模型，甚至是特定使用者的模型。

另一方面，如果計畫使用小型專案 100% 的資料，資料發掘工具就可能可有可無，然而，基本的資料發掘和分析總是個好辦法。如第 1 章，嘗試使用完全不同角度拍攝的停車場偵測系統影像也意味著資料分布，就是一例，能說明理解原始資料，以及對齊訓練資料與生產資料的重要性。技術上，原始資料訓練資料的分布，也就是資料圍繞特定值聚集，或在更高維度空間中分布的方式，應該與生產分布對齊。

對於中等規模及以上的專案，如果您的團隊每天都需使用較複雜的工具，您可能會希望他們花幾小時的時間接受訓練，學習這些工具的最佳實務。

規模之所以難以處理，首先是因為大多數現有資料集並沒有真正反映與商業專案的相關性，或者可能受到誤導，例如，它們的蒐集過程，對一般商業資料集來說可能成本過高；這也是為什麼，以「資料集搜尋」開始沒有多大意義。大多數公開的資料集，與您的使用案例並不相關，且不會根據每位終端使用者的風格客製化。此外，大多數公司對他們的人工智慧專案深入技術細節都會高度保密，這與較普遍的專案有明顯不同。

所有專案都存在非常真實的挑戰，無論其規模大小為何。表 2-1 將專案分為三個類別，包含每個類別的常見特點。

表 2-1　資料規模比較

項目	小型	中型	大型
在一定時期內的標註量	數千	數百萬	數十億
媒體複雜性	通常單一，例如影像	可能是多模態的，例如影像對（駕照正反面）	高媒體複雜性，例如複雜的媒體類型或多模態
標註整合，例如將任務連接到訓練資料系統	不需要	看情況	可能需要
標註者（主題專家）	一個人或小團隊	終端使用者和中型團隊	主要是終端使用者，以及多個團隊
擁有資料工程、資料科學等角色的人員	一個人	許多扮演各種「資料角色」人物的團隊	多個團隊
建模概念	一個單一模型	一組命名模型	自動將資料路由到各種模型；按使用者客製化和建模
綱要複雜性	幾個標籤或幾個屬性；小於 100 個元素	屬性集合，可能是數千個元素	根據產品所需的複雜性
收入影響	沒有正式附加的金額或為純研究	數百萬或數千萬美元的工作受到影響	數億美元的工作受到影響
系統負載 QPS（每秒查詢）	小於 1 QPS	小於 1000 QPS	超過 1000 QPS
主要考量	開始使用的便利性及易用性；工具成本（工具預算可能沒有或很低）	工具的有效性；工具的支援與運行時間；開始考慮優化；可能正在規劃過渡到大型規模	嵌入式資料集合；資料量（「規模」）；客製化；安全性；跨團隊問題；假設每個團隊已經進行他們熟悉的優化

當然，有許多例外和細微差異，但如果您正試圖規劃一個專案，這是一個很好的起點。隨著您趨向於更大型的使用案例，以下將更為重要：

- 嵌入的終端使用者標註
- 正常系統規模的考量
- 以標準化的方式與多個團隊互動，例如與多種資料類型的類似過程

從小型過渡到中型規模

這也適用於從零開始規劃中型系統，以下為一些需要思考的事情：

- 工作流程
- 整合
- 使用更多資料發掘工具

正如您所見，規模有許多您在規劃方向時需要考慮的事項。這些考量並非都會適用或立即可行，但能夠意識到它們總是件好事。

大型規模的思考

如果您規劃大規模營運，有幾點需要牢記。

該如何將更多監督推向終端使用者？沒有嵌入計畫的中央團隊是一個變動成本，會隨著專案範圍、品質期望和使用者的增加而增加。但是，如果持續維護的重點放在與終端使用者的嵌入上，就可以將中央團隊視為固定的啟動和品質保證成本。

資料在系統中移動的速度如何？從新資料到升級的監督資料，再到新模型，需要多久時間？

在過去幾年中，商業工具市場發生巨大變化。過去完全無法獲得的工具，現在可能已經成為現成的選項，該是重新思考每個團隊所能增加的獨特價值絕佳時機了。比起自己處理所有底層工作來說，您是否可以更容易地客製化持續進行的專案？您真的需要自己建構嗎？重新思考與開放原始碼標準的一致性，對於那些可能在這些標準可用之前就已經組建的大型團隊來說尤為重要。

您是否真的需要重複這些資料？是否有更集中的方式來儲存這些資料，因為它們會在各個階段中移動？如果您繪製出機器學習和訓練資料的各個部分，可能會對資料不必要地傳輸，例如透過事件，或甚至在沒有變動時一再重複，而感到非常訝異。

您是否有現有以發掘為中心的傳統機器學習系統？它的概念和意識是否與這種新型態的人類監督相關？簡單來說，您可以將給定的資料儲存視為基礎層，而在此基礎上，資料分叉為監督案例和發掘案例。因此，如果您之前為整體機器學習架構制定的計畫，並沒有考慮到監督式標註，就會需要重新制定。

監督式機器學習是如此不同，試圖將其硬塞入現有架構將無法良好運作。相反地，團隊需要建立全新機器學習架構計畫，將監督式學習與其自身的架構、過程和邏輯路徑放在一起。總之，用來處理人類監督資料的專用路徑，是邁向更強大的大規模架構的重要一步。

需要多少人來發掘問題並修正模型？例如，最差的實務可能是：手動回饋過程、之後是中央人類標註者、再之後為機器學習工程師、最後是經理。在整個過程中，可能需要幾個月的時間才能發布模型的下一個迭代。想像一下，每次使用者想要在其拼字檢查字典中添加單字時，都必須召集整個中央團隊。

最佳實務是整合式標註、基於過程的重新訓練[1]、自動驗證以及中央 QA 團隊的抽查。只要這對您的情境是合理的，這會是從「一次性」人類監督資料集，過渡到持續性人類監督交付過程的一部分。請注意，持續的更新人類監督、持續的模型訓練、持續的部署等，可能都是不同但也可能相關的事情，取決於不同情境。

您對於終端使用者監督資料的分享政策為何？是否有明確流程來決定何時，以及如何將共享資料集投入生產？例如，這可能是編寫在應用程式中的專門邏輯，讓您的使用者、超級使用者等得以擁有控制權。或者對於系統等級的資料而言，可能類似於拉取請求的核准過程。您可能已經有了模型部署流程，同樣重要的是要檢視用來實際訓練的資料。

要評估資料的投資報酬率（return on investment，ROI），特別是對於資料的增量性增加或刪除。在大規模情況下，考慮新資料相對於商業目標的 ROI 將會很有實用性和有益，例如，可以問：實際使用多少百分比的資料？這個資料集影響了多少收益？

資料的實際形態如何？例如，如果您對每一張影像、音訊檔案等請求 / 回應循環，這真的有意義嗎？相反地，資料是否可以在中央位置查詢，然後進行串流？

組織需要確保他們的資料治理政策，實際上有在團隊間實作。資料集在儲存時，應該要和其組成的個別元素考慮相同的到期控制（expiration control）意識。管理者需要使團隊與他們需要解決問題的工具配置保持一致。

安裝選項

選擇套件、儲存和資料庫是安裝配置的關鍵部分。

1 自動重新訓練系統進入生產階段的程度有其爭議性，且應取決於具體情況。就像幾乎任何自動化一樣，更大的自動化需要更廣泛的系統級驗證、社會理解和緊急控制措施。對於資料科學和系統級角色來說，有必要詳細處理這方面的事，但這已超出本書的範圍。

封裝

訓練資料工具有多種封裝方式。程式碼的封裝方式有時是對其目標受眾的指示，如小型、中型或大型專案。以下簡要介紹一些常見的封裝方式（套件）：

特定於單一語言之套件

有些工具可能只會安裝一個封裝，例如 Python 套件，通常，這些是單點「外掛程式」而非完整系統。這些工具通常只適用於小型專案。

Docker

許多工具會要求使用 Docker 容器、多個容器或類似的作法。Docker 是一種軟體封裝方式，Docker Compose 則是指將多個套件組合在一起的方式。理論上，只要提供 Docker 映像，就可以按照您認為適合的方式來管理。

Kubernetes (K8s)

K8s 是用於編排（orchestrate）容器的工具，雖然還有許多其他選擇，但這是生產環境的預設推薦作法。主要的雲端服務供應商對於 Kubernetes 的實作有明顯不同，具體來說，在某個平台可能需要數小時的工作，但在其他平台卻很容易。訓練資料通常代表著前所未有的資料量，因此對資料存取、儲存和使用的期望也是前所未見的，並且通常不符合許多預先優化的雲端案例。

儲存空間

您需要考慮將系統部署在世界上的哪個角落。如果您在另一個國家有使用者，這對您效能和安全目標有何影響？如果雲端儲存選項不可用，哪些類型的本地端選項能滿足您的需求？

資料庫

Diffgram 預設使用 PostgreSQL，但還有許多其他資料庫可供選擇。通常至少會有三組不同人員參與設置和使用系統的過程：

- 管理員
- 技術人員（工程師、資料科學家）
- 標註者

資料配置

需要注意對各種特定媒體類型的配置。例如，對於影片，需要決定是否按需（on demand）儲存單一圖框（frame）。更普遍地，可能需要選擇儲存哪些「成品」（artifact），例如縮圖或為網頁優化的版本：

版本控制解析度

　需要保存多少版本的先前標註？是否應該記錄每次的更改？在某些系統中，這有可能是關鍵性的，但也可能只是一個有用的功能。依照經驗，開啟完整版本控制，可能會導致至少 80% 的資料庫由這些過時的標註組成。

資料生命週期

　是否必須在特定時間內刪除資料？或者必須保留一定的時間長度？一段時間後，某些資料是否可以自動歸檔？團隊非得做出這些決定不可。

標註介面

想當然耳，會需要一個介面來讓人類用以指導和監督機器。無論是基於入口網站的還是嵌入式標註介面都在不斷演進。在某些層面，介面趨向於具有相對類似的功能集合，但這仍然是一個非常主觀的領域。在我看來，最重要的事情之一，是介面嵌入並呈現給終端使用者的方式。這樣，使用者就能在最相關的語境中提供有意義的監督。

標註介面的討論很有挑戰性，因為介面類型的複雜度和對尚未完成的標準化期望各異。例如，圍繞著屬性，如常規表單的標註，通常會比對影片和 3D 系統標註更簡單。然而，「表單」本身可能相當複雜，即使在影片範疇內，從僅僅能夠播放影片作為參考點、到標記特定時刻以及其他更複雜的情況，都各有不同的期望範圍。

回到專案規模概念，對於小型專案來說，整體風格感和開箱即用的體驗可能很重要。但對於大型專案來說，將客製化嵌入式介面，並更可能根據特定需求而工程化，例如選擇哪些元件該出現在哪裡、顏色和樣式（CSS）主題等。因此，對於大型專案而言，工具的客製化、工程化和進一步開發等等能力很重要。

模型整合

您的訓練資料系統需要與機器學習模型系統溝通，在 Diffgram 中，這會透過 API 整合或工作流程完成，後續章節會再說明。雖然有時模型系統可能提供一些表面上類似的視圖，如帶有定界框（bounding box）的輸出，但它們通常不支援嚴肅的訓練資料工作。模型整合與串流式傳輸資料相關，但它們是不同的概念。

多使用者與單使用者系統之對比

像 Diffgram 這樣的現代系統預設是多使用者。單使用者系統例如 sloth，通常不屬於現代訓練資料範疇，可能只專注於純使用者介面部分。需要多使用者能力的主要原因，是方便獲得專業知識，和處理更大量資料。此類系統可以由單一使用者作為有限的原型來操作，或可能為了測試，而在單一本地端機器上執行。本章的許多內容都是基於多使用者和團隊的系統上。

整合

訓練資料工具的整合分為幾個廣泛類別：

- 系統等級，一次性設置
- 外掛程式
- 可安裝在框架或您的訓練資料平台硬體上執行的東西

訓練資料工具的某些部分隱藏在技術堆疊中，而其他部分則展現給終端使用者。

最基本的概念是您必須能夠獲取原始資料和預測，並輸出標註。需考慮的包括：

- 硬體。它能在我的環境中執行嗎？能與我的儲存供應商一起工作嗎？
- 軟體基礎架構。我能否使用想要的訓練系統、分析工具、資料庫等？
- 應用程式和服務。它與我的系統，包括後端和前端整合得如何？
- 外掛程式
- 可用的客製化整合，即透過 API 和 SDK 是什麼？
- 如何將資料來回傳送到訓練資料系統？

一些系統提供了更高程度的整合。整合過程基於 UI 的互動不只是為了設置金鑰而已，還包括拉取和推送資料。

範疇

隨著這個生態系統持續發展，工具設計要服務的使用者和資料範疇的界限也正在擴大。一般來說，工具可能偏向單一使用者，也有可能真正面向許多使用者。

如圖 2-3 所示，一種思考方式是將其視為一個連續體，有兩個主要極端：單點（point）解決方案和套裝（suite）解決方案。

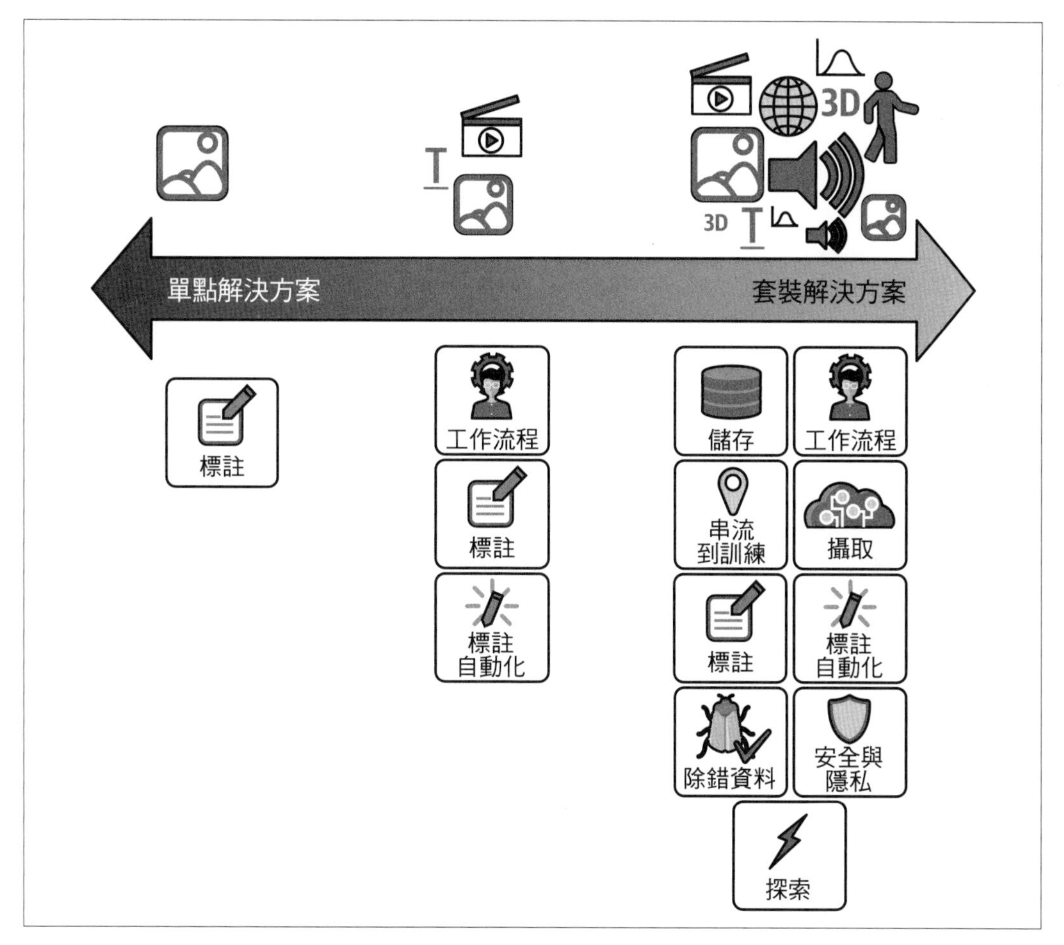

圖 2-3　單點解決方案與套裝解決方案的連續體

本書會解釋其中一些圖示。任何系統當然都會有某種輸入和輸出的概念，因此，使用「擷取」圖示時，是用來指出在大公司中整個團隊共同工作的東西；「安全與隱私」這樣的圖示指的則是安全功能，例如模糊化識別特徵、個人識別資訊（PII）等，而不是一般的安全概念。

平台和套裝解決方案

對於中型和大型團隊，以及有多個團隊的公司來說，平台和套裝解決方案是最佳選擇。在這個類別中，不同的服務供應商會採取各種不同的方法，從廣泛的角度來看，理解這些系統在「心理學」上的主要差異，可以在選擇時提供幫助。

一些公司將訓練資料視為一個獨立的學科

　即使他們擁有其他整合的資料科學產品和服務等，也會明確劃分哪些是訓練資料，哪些不是。而其他組織可能不會有這樣的概念區分。

一些公司提供多種媒體類型和橫向支援

　通常，如果是一個更廣泛的系統，就會涵蓋更多甚至所有的媒體類型。同樣地，對於橫向支援，如儲存、串流、訓練或探索等，某些解決方案可能會提供更多的覆蓋範圍。但請記住，即使是最先進和最大的平台也有其缺口。

廣度和深度

　為了進一步擴展對媒體類型的支援，有一些解決方案可能涵蓋許多媒體類型，但只有相對淺薄的支援強度。隨著解決方案趨向光譜的這端，它在每個類別中的提供深度都將持續增長。

客製化

　這裡的主要產品差異在於，這些工具的開發者往往假定它們會客製化，無論是透過配置來提供更多內建的客製化選項，還是透過程式碼來提供更多的掛鉤（hook）和端點（endpoint）以自然客製化。因此，有相當多的選項可用。

決策過程

現在您已經瞭解了整體情況，我將帶您瞭解範例決策過程。一般來說，為大規模而設計的系統需要考慮幾個關鍵因素：

客製化

幾乎所有東西都可以由使用者配置，從標註介面的外觀到工作流程結構等。

安裝

預設安裝將由顧客執行或至少由顧客監督。擁有加密密鑰的人，和資料不用時的儲存處等，都將是討論的一部分，可想而知會針對此而有專門且明確的安全討論。

硬體

需要的效能期望和容量規劃。任何軟體，無論可擴展性多高，仍然需要更多硬體來擴展。

使用案例

應預期會有許多使用者、團隊、資料類型等。

資料科學整合

通常過度預先封裝的模型訓練會無法支援大規模需求。相反的，應專注於與您的專屬資料科學團隊整合。

注意事項

在使用任何系統時，都需要注意並規劃以下幾點：

- 這些系統可能非常複雜和強大，通常需要很多時間來設置、理解並優化以符合使用案例。即使是明顯的「黃金路徑」（golden path）也需要時間來優化。
- 直接與較小的系統比較可能毫無意義。例如，為了滿足更大系統的多利益相關者目標，譬如合規性，某些事情可能會比在輕量級情境下明顯地需要更長的時間。
- 即使潛在著更強的品質控制，大型系統也可能有更多的錯誤。由於其簡單的性質，在小型系統中可能很難破壞的東西，在較複雜的大型系統中也更有可能出現故障。

單點解決方案

相對於套裝解決方案，另一端是單點解決方案，以下將說明內容、使用方式以及應該考慮的事項：

- 明顯特徵：
  - — 訓練資料和資料科學功能經常混合在一起；例如，可能會宣傳為「端到端」或「更快地訓練模型」，這兩者都更指向資料科學概念而非訓練資料。
  - — 專注於單一或少量的媒體類型，例如僅限影像。
  - — 適用於單一使用者或小團隊；這種用法假設會影響到標籤建立者、易用性等功能。
  - — 以軟體即服務（software as a service）方式或在單機上本地部署。
- 使用方式：
  - — 對於大型專案來說，單點解決方案可以用於在投入更多資源於大規模平台之前的概念驗證。在某些情況下，它們可能就具有足夠的功能而可以直接使用。
  - — 一般來說，這些工具的本質比較簡單，所以設置和獲得「結果」會更快；但是，是否能獲得您想要的結果就不一定了。
  - — 內建一些形式的自動訓練，這並非全然不利；然而，通常中型及大型團隊會希望擁有更多控制權，因此可能偏好開發自己的訓練程式。
  - — 有時單點解決方案在其特定領域可能具有很高的品質。
- 注意事項：
  - — 這些工具通常會因為技術上或有意的政策，而限制了可達成的結果類型。例如，它們可能有訓練定界框的方法，但不適用於關鍵點（keypoint），反之亦然。這也適用於媒體類型；它們可能對影像有一套方法，但對文本則無。
  - — 通常不適用於資源較豐富的團隊。可能缺少許多主要功能領域，例如專用任務、工作流程函數、資料攝取、任意儲存和查詢等。
  - — 相對於較重量級的解決方案而言，通常不太具可擴展性或可客製化性。
  - — 安全性和隱私權通常有限。具體例子是，服務條款可能允許這些公司使用您建立的資料來訓練其他模型，或者有時如果組織未付費，專案可能預設為公開等。說到底，只能信任服務供應商能夠適切地處理您的資料。
  - — 雖然這些工具的品質可能很高，但將單點解決方案與其他工具組合在一起時，往往會創造額外工作量。這在大型企業中尤其常見，其中的工具可能適用於某個團隊，但無法適合於其他團隊。

- 成本考慮
  - 這些類型的工具通常會有長期累積的成本，可能會按每個標註收費。或者，訓練模型可能是免費的，但需要付費來部署模型（且沒有提供下載模型的選項）。

介於兩者之間的工具

通常，大多數工具趨向於光譜的一端，如前面提到的較小使用案例，或者稍後將要介紹的較大使用案例。還有一些工具位於這兩端之間。

通常，解決方案中有一些關鍵事項值得關注：

- 要更意識到應把訓練資料作為獨立的概念。
- 要更意識到有多種解決方案路徑，不要追求「唯一正確的路徑」，而要更具靈活性。
- 這些工具通常覆蓋更廣泛的應用範疇。例如，它們可能會提供更多的整合選項和靈活性。
- 對企業更友善的概念。可能會提供本地端安裝或由顧客控制的安裝選項，也會更注重客製化和功能，而不是「黃金路徑」的思維方式。

這些工具可能會提供一些關於新增資料的合約式保證。如果您的團隊已經超出小型工具的使用範圍，但尚未有資源使用更大型的工具，這些工具或許能夠提供嚴謹的結果，並適合您的團隊使用。

使用套裝解決方案並不一定就是更好的選擇。然而，對於較小的工具來說，要「升級」到更高等級通常很困難，而大多數更大型的系統通常可以只使用其中一部分，且很適合這種中間路徑。

最佳的平台提供介於「脆弱的單一 AutoML」和「無任何動作」兩個極端之間的解決方案。

這基本上意味著專注於人機監督方面，以及將資料傳送到機器學習概念中，和從中獲取資料的方式。需要考慮的是執行自己模型、安排資源配置，以及與其他系統，如 AutoML、專用的訓練和託管系統等整合。

隱含假設

訓練資料工具會帶來許多好處，並且非常重要，但是，為了獲得這些好處，需要考慮一些常見的假設，其中一些還算真實，但也有一些錯誤：

真實：團隊很重要

其中包含了終端使用者、管理員、專門的標註者、工程師、產品開發者及管理階層等等。這是一個由組織中許多具有不同目標、關注點和優先事項人員觸及的產品，將他們的意見納入其中相當重要。

真實：團隊必須有技術人員

需要有人來安裝、設置和維護系統。即使對於 100% 基於服務的工具、即使使用最新的精靈（wizard），仍然會假設至少需要一個技術熟練的人和一個理解訓練資料的人。

真實：必須設置

這些工具大多需要設置。雖然在狹義範圍內，各種工具能減少所需努力，但都不是真正的資料程式設計，而僅僅是使用狹隘定義的服務。

真實：必須考慮成本

所有工具都有一定形式的成本。即使是現代商業開放原始碼工具也有授權成本，而且都有硬體和設置成本。

真實：需要時間來找出方向

某些工具的複雜性令人驚嘆。截至 2022 年，開放原始碼的 Diffgram 擁有超過 1,400 個檔案和 50 萬行程式碼。

錯誤：必須使用圖形處理器（*graphics processing unit*，*GPU*）

模型訓練常常從像 GPU 這樣的處理加速器而受益；然而，在自動化中實際使用一個模型並不需要 GPU。同時，在有限資料集的背景下訓練，由於規模較小，也不會從 GPU 的強大性能中獲得太多好處。

錯誤：必須使用自動化

自動化有時很有用，但不具必需性。不正確的使用可能會產生負面結果，通常會產生不良的回饋迴圈。

安全性

根據 2022 年的一份 Linux Foundation 報告指出，「安全性是影響組織使用軟體的首要考慮因素，授權合規性則是第二重要考慮因素。」[2]

安全架構

對於高安全性的安裝版本，通常最好是管理自己的訓練資料工具，這是可以完全控制自己的安全性做法。您可以控制加密存取密鑰以及系統的各個層面位置，從網路到靜態資料；當然，還可以設置客製化安全性實務。

攻擊面

安裝是考慮可能面臨的攻擊面起點，因為連結網路是網路安全的起點，無法存取的網路攻擊面很低。因此，舉例來說，如果已經有一個受保護的叢集，則可以在該網路中安裝軟體並使用它；如果沒有可用的受保護叢集，則可以建立一個專用於訓練資料的新叢集。

安全配置

安全態勢取決於配置。例如，可以透過參照（reference）來儲存物件或直接將它們匯入到定義好的儲存桶中；可以選擇是否使用 OIDC（OpenID Connect），也可以考慮 BLOB 簽名的具體實作方式，並相應地配置它。

安全性好處

安裝的解決方案有許多安全性好處，包括：

- 可以根據真實和當前安全態勢來設置真正的安全性，包括所有金鑰。
- 能夠控制網路安全、標註資料庫、原始資料，一切都在掌握之中。
- 能夠控制整個密鑰鏈。
- 能夠感知其他威脅並可以採取行動，例如固定使用特定版本。
- 通常可以檢查原始碼。

2 Stephen Hendrick，"Software Bill of Materials (SBOM) and Cybersecurity Readiness"（*https://oreil.ly/7wKiR*），*The Linux Foundation*，2022 年 1 月，第 6 頁。

使用者存取

一般人首先考慮的通常是使用者存取樣本的能力。設想一家擁有智慧型輔助設備的公司，也許審查者會在誤觸設備且麥克風意外打開時聽到音訊資料。

或者想像有人正在修正系統以偵測嬰兒照片等。對於偵測結果共識的各個層面都需要仔細考量。

就消費者來說，所謂共識有幾個一般性類別：

- 沒有直接可用的共識（僅匿名化）
- 具有用於訓練的共識，可能受到時間限制
- 具有共識，但資料包含在模型中時，可能包括敏感的個人識別資訊

在商業方面，或者在更多企業對企業類型應用中，系統可能包括機密的顧客資料。這些商業資料可能比任何單一顧客紀錄都更有價值。

此外，可能也需要考慮政府法規，如 HIPAA 或其他合規性要求。

很複雜，對吧？

其他可能出現的常見考慮因素：

- 標註者能否將資料下載到本地端電腦？
- 標註者在完成（提交）後能否存取紀錄？還是會預設成鎖定？

就軟體方面而言，大多數方法通常分為兩個主要模型：

- 僅限任務的可用性。這表示身為一個標記者使用者，我只能看到目前分配任務，或一組任務。
- 專案等級，作為一個標記者可以看到一組任務，甚至多組任務。

而專案管理者基本上有兩個主要決策：

- 將資料流程結構化，以便只有在資料標記為已獲得共識、和 / 或符合其他個人身分資訊要求的資料，才能進入標記任務流程。
- 決定標記者可以看到的任務等級。

資料科學存取

想當然耳，資料科學家必須在某個時候存取這些資料以工作。通常情況下，資料科學家有相當大的自由度來「查看」資料，較為嚴格的系統可能只允許發送查詢並接收樣本，而大部分資料將直接發送到訓練設備。這樣可以繞過資料科學家的本地端電腦或使用者的特定伺服器。

值得考慮的是，資料科學家存取的違規通常比標記者的違規嚴重許多。即使標註者能夠繞過各種安全機制，並儲存所看到的所有資料，也可能只是大型專案的一小部分資料；然而，資料科學家的存取權限可能高出數百倍，而有心的操作者也將獲得這些權限。

根等級存取

超級（或管理）使用者、IT 管理員等，可能具有某些等級的根系統存取權限，在應用程式內可能會歸類為超級管理員，也許可以直接存取資料庫。這是最高特權的存取，應該小心控制。

可解釋性

麻省理工學院電腦科學與人工智慧實驗室（CSAIL）教授 Regina Barzialy 表示：

> 就像一隻嗅覺比我們好很多的狗，在解釋為何牠可以嗅到某物的氣味，我們就是沒有那種能力。我認為隨著機器更加先進，這會是一個很大的問題，如果自己無法解決這個任務，又有什麼解釋可以說服您呢？

可解釋性（explainability）的概念（*https://oreil.ly/ipeRW*）很重要，但通常比較保留在機器學習模型分析方面。

開放原始碼與封閉原始碼

開放原始碼與封閉原始碼的爭論自軟體誕生以來就存在，但近來這個話題變得尤其重要，我想花一點時間，強調一些我在訓練資料領域中看到與這個概念相關的特定事項。

在快速變化的訓練資料領域，開放和封閉原始碼的標註都值得特別關注，因為新一代的工具大多是封閉原始碼。

曾經有許多開放原始碼的標註工具專案，有些歷史已超過 10 年。然而，整體而言，這些專案大多已不再維護，或者非常專門化而非通用工具。目前，兩個通用的「第二代」開放原始碼標註工具是 Diffgram 和 Label Studio，當然，還有許多其他工具，但大多數專注於非常具體的考量或應用領域。

開放原始碼軟體有很多優勢，尤其是在這個注重隱私的領域。您可以看到原始碼對資料所做的一切事，以確保沒有不良活動。

但開放原始碼確實也有一些缺點。最值得注意的是，系統本身的初始設置可能會更加困難，但不是指應用程式本身的設置，因為兩者在這方面是相似的，而是指整體軟體的實際安裝。

無論是開放原始碼還是封閉原始碼軟體的商業成本都可能相似，儘管程式碼開放，也不代表就有無限授權。在得到商業支持的專案情境中，使用的便捷性通常類似。

開放原始碼的託管成本由您控制，一般來說，託管成本已包含在支付給商業提供者的成本中。這是一個微妙的取捨，就實務面來說，小型和中型規模不會有多大的區別；但在大量資料的情況下，通常您擁有的控制越多，對您才越有利。

開放原始碼可能傾向於具有更大的相容性，因為通常會有更多的免費使用者，他們仍然會遇到問題並提交問題。這可能意味著更少的技術風險。

成本也相似，由商業支持的開放原始碼專案通常在商業使用過程中的某個時候需要升級到付費版本；也是有不支付費用的選項，但這也就代表較少的支援。

選擇一個開放原始碼工具以快速啟動並執行

有些工具可以在幾分鐘內安裝在開發環境中，或在幾個小時或幾天內安裝在中型生產環境中。大多數工具都提供可選的可購買商業授權，這比與銷售團隊洽談更快，並提供比有限的 SaaS 試用更真實的資訊。

看到整體情況而不只是細節

環境設置和調整初始的期望是最困難的事情之一。要注意所感知的設置 / 第一印象很容易，但長時間交付給多個使用者族群時，才看得出大部分的價值。

能力優於優化

某些人所認定的優化對於其他人來說可能沒那麼好。例如，在任務完成時多跑出來的「確認」提示，對某些人來說可能會是一個沉重的負擔，而對其他人來說則是一個關鍵步驟。

想一想，Excel 有超過 200 個常用快捷鍵。我猜測大多數使用者只知道其中很少一部分，但他們還是完全可以熟練地使用 Excel 來完成工作。另一方面，有些人會非常關心優化，比如快捷鍵的具體細節。

隨著標註變得越來越複雜，並且不斷有新使用者進入這個領域，人們正在遠離快捷鍵。這個領域正趨向於確保使用者介面具備所提供的功能，並且向使用者展示一個合理的優化語境，以便他們能夠利用這些功能。

在不同流程中的使用便捷性

更新現有資料的便捷性通常與建立全新的標註大不相同。

截然不同的假設

我試用過一個紅極一時的標註 UI，它的刪除鍵會刪除整個影片的所有畫面。這就像精心製作了一個完整的電子試算表，但只是碰到了刪除鍵，整個表格就被刪除了！即使我只是在測試，但這種情況發生時，還是讓我感到震驚！

當然，有人可能會認為這樣使用起來更容易，因為只需要選擇一個物件並點擊刪除就好，不需要擔心所謂系列的概念或它出現在多個圖框中的問題。再次強調，不同使用案例可能會有不同正確做法，如果您有複雜的圖框屬性，單次刪除那些可能需要數天工作才有的結果，就不是件好事；相反地，如果您有一個簡單的實例類型，在某些情況下可能就需要這樣的功能。

同樣，由管理員和使用者進行的客製化很有幫助。您想在影片的下一個圖框中查看以前的標註嗎？還是不想？選擇適合的內容，設置好後將它拋之腦後。

著眼於設置，而不僅僅是第一印象

即使看似簡單的事情，比如標籤的字體大小、位置和背景，都非常依賴於使用案例。對某些人來說，看到任何標籤可能都會妨礙工作；但對另外一些人來說，所有意義都存在於屬性中，不顯示它會明顯減慢進度。

多邊形大小、頂點大小等也是如此。對於一個使用者來說，如果多邊形的點難以抓取和移動，他們可能會感到不滿意，然而也有可能這個使用者不想要看到任何點，以便可以完美地看到醫學影像上的分割線。

容易使用，還是缺少功能？

另一個取捨是，一些供應商簡單地選擇不預設啟用功能，而要求規劃出每一個流程。例如，這可能意味著在影片中不提供實例類型，或者某些設置不存在等。在評估時，可以仔細考慮持續使用和更複雜場景的需求，以及是否能夠處理這樣的服務。

客製化是關鍵

人們越來越期望在軟體的各個層面都具有客製化功能，從嵌入介面、標註設置和管理配置、到實際更改軟體本身，誰都希望在每個層面上都能有自己的版本。可以試著想像對供應商來說「困難點」和「容易處」為何，如同以下這個例子，有一個使用者發現完成任務後，點擊最近添加的「延遲任務」按鈕，會導致系統出現定義不清的狀態。這當然是一個問題，而要修復只需一行程式碼，一個 `if` 敘述。

例如，對於封閉原始碼供應商來說，添加新的儲存後端可能就不是優先事項。但對於開放原始碼專案，可能可以自己貢獻這一部分，或者鼓勵社群中的其他人這樣做；同時，也可能進一步界定和理解所涉及的變更和成本的影響。

在企業方面，請試著瞭解軟體對於您的使用案例到底有什麼核心好處。它是一個完全整合的平台嗎？它是資料儲存和存取層嗎？是工作流程還是標註介面？由於這些工具在範圍和成熟度方面存在著巨大差異，因此很難拿來比較。例如，一個工具可能在空間標註介面方面有更好的表現，但在許多其他方面明顯不足，比如更新資料的能力、攝取、查詢資料等等。

另一方面，如果供應商沒有提供像資料查詢、串流、基於精靈（wizard）的資料輸入等重要功能，這些可能都會成為數月甚至數年的長期專案，或甚至可能永遠都不會新增。由於這是一個新的領域，有著截然不同的假設和期望，因此我真的鼓勵您先考慮主要功能，再去看更新速度和改善的執行情況。在這個新領域，能夠快速調適的供應商會特別有價值。

另一位使用者在不同使用者介面中遇到的問題是，被刪除的單點無法「恢復」，意味著如果有一隻手擋住關鍵點圖形上被遮，然後就這樣標記下來了，之後就算想要撤銷這個標記，也無法恢復。在 Diffgram 中，系統的設置方式會使得在每個點的基礎上維持這個功能更為容易。

歷史

開放原始碼標準

據我估計，2017 年時全球可能只有不到 100 人從事商業可用的訓練資料工具工作；到 2022 年，已有超過 1500 人直接為 40 家以上專注於訓練資料的公司工作。不幸的是，絕大多數人是在封閉原始碼軟體的獨立專案上工作，像 Diffgram 這樣的開放原始碼專案為使用者提供光明的未來，無論使用者所在國家的財政狀況如何，都可以分享訓練資料工具的存取權。

開放原始碼工具也打破了魔法和標準之間的幻想。想像一下，一家資料庫供應商承諾查詢速度會提高 10 倍以上，所以您支付更多的寶貴預算，結果卻發現他們只做了一件事，就是加入額外索引。在某些情況下，這樣做可能有其價值，但您還是事前就知道，您所支付的只是索引概念，而不是易用性！同樣的，開放原始碼工具使訓練資料概念，如預標記、互動式標註、串流工作流程等等，成為焦點。

認識到需要專用工具

作為一個產業，當我們首次開始處理訓練資料時，大家會因為想快點「完成」，而開始訓練模型。

我們考慮的是：「怎樣的使用者，是人類可以在資料上面標註，然後將其轉化為模型能夠使用格式的最小最簡單版本？」當人們首次意識到現代機器學習方法的威力，並且只想知道「這有用嗎？」「它能做到嗎？」「哇！」就會出現這問題。

難題很快就出現了。當我們將專案從研究階段移轉到預備階段，或甚至是產出環境時會發生什麼事？當標註者不是寫程式的同一個人，甚至不在同一個國家時，又會發生什麼事？當有數百甚至數千人標註時，又會怎樣？

關於這一點，人們通常開始意識到他們需要某種形式的專用工具。早期版本的訓練資料工具回答了其中一些問題、允許遠端工作、某種程度的工作流程優化和擴展能力。然而，隨著系統壓力的增加，很快出現了更多問題。

使用越多，需求越多

坦白說，只要有大量人員每天 8 小時，不斷在工具環境中工作，都會增加每個人的期望值和壓力。

迭代式模型開發，例如預標記，讓人員只好不斷改善訓練資料，儘管這是可取的，但也對工具和人員造成了額外的壓力；自動化方法使用得越頻繁，壓力就越大。靜態預標記只是冰山一角，可見第 8 章的解釋；有些自動化需要互動，需要資料科學、標註者和標註工具之間的額外互動。

有許多新開發功能可以滿足這些需求。隨著工具供應商添加更多功能，擁有流暢工作流程的能力成為一個新問題。過多的功能會導致自由度過多，因此容易造成混淆。針對這個議題，開發人員會感到有責任要去限制自由度。

新標準的出現

工具供應商現在已經累積了幾年的經驗，從專門針對訓練資料的新概念到多樣化的實作細節，並學到許多東西。已經開發的現成工具使龐雜的工作變得可以控制，這使您能夠使用這些新標準，並以與專案相關的抽象化等級來工作。

是的，我們正處於標準訓練資料的早期階段。作為一個社群，我們正在開發從像綱要這樣的概念、到預期的標註功能乃至資料格式等所有內容。對於訓練資料工具的範圍和有哪些標準功能已有了一些共識，但還有一段路要走。儘管一些重疊，但大多數功能領域根據媒體類型有所不同，例如，文本、3D 和影像的自動化都各不相同。

要知道的是，客製化的「魯布・戈德堡」(Rube Goldberg) 機器可能可以回答一些複雜問題，但未能涵蓋所需的廣闊空間。除了對歷史方面的學術興趣外，我們也有實際的理由去了解訓練資料的基本原理，作為今日做決策的人，這種演進的背景有助於確定價值來源。

我喜歡將這種觀點比喻為 30,000 英尺的高空視圖，因此，如果您正在考慮自動化的改善，值得反思它是否適用於與您相關的所有媒體類型。退一步說，獲得更廣泛的視角可以提醒您一件事，也就是任何一個領域的弱點，無論看似多麼微不足道，都可能造成瓶頸。如果資料很難輸入和輸出，則會減少出色的標註工作流程價值。

在這趟需求旅程中您到哪裡了？是否已經看到對專用工具的需求？是否已經看到對可以獲得的最高品質工具需求？是否已經看到對涵蓋廣泛的訓練資料領域套裝工具的需求？

是人都喜歡熟悉的東西。正如辦公室軟體提供了一個我們熟悉、具有清楚規範的環境，套裝軟體也提供一個類似的期望和體驗集，從 UI 直到命名慣例都是如此。訓練資料平台的目標也一樣，在多種格式中建立熟悉的體驗，無論是文本還是影像。

當然，在任何給定的時刻，單一團隊可能會專注於特定類型或多種類型，即多模態資料。熟悉的工作環境，能夠幫助員工不只是依賴類似任務的知識來完成任務，新加入團隊的人也可以更快地適應，讓共享資源可以更容易地在專案之間轉換等等。

通常，關於工具的決策過程會遵循以下的進展方式：

1. 意識到需要專用工具
2. 意識到技術領域的複雜性，因此需要最好的工具，不是任何工具都可以
3. 意識到使用者領域的複雜性，因此需要熟悉性和共享的理解

正如第 7 章的詳細解釋內容，如果您考慮設立一個訓練資料主管職位，則熟悉的工具對於這個團隊至關重要。同一位標註者可以輕鬆地在多種類型的媒體和專案之間切換，這種靈活性會有助於應對資料科學所關注的廣泛範圍。

擁有一套工具並不意味著您擁有一個可以滿足所有需求的「一站式」解決方案。資料科學可能有自己一套用於訓練、服務等的工具，但這並不排除針對特定興趣領域的具體單點解決方案。這更像是一個操作順序的概念，我們希望從最大的操作，即主要套件開始，然後在需要時補充它。

總結

您現在已經擁有對建立訓練資料系統的路線圖和一般性理解，其中涵蓋了安裝、標註、嵌入到機器學習工作流程和優化。我會提供對訓練資料工具的簡要概述，然後更深入地討論了取捨和考慮因素。

您是否對小型、中型和大型專案之間的不同關注點有了信心？如果沒有，建議在繼續閱讀之前，回顧第 39 頁的「取捨」和第 41 頁的「規模」。訓練資料方法可能會根據專案的大小而有很大不同，因此界定目前的學習目標非常重要。

最後，正如您從歷史小節所看到的，訓練資料工具已經走了很長的路，我們在標準方面也不斷取得改善。妥善地設置工具是思考綱要、原始資料、品質、整合和人類角色的實際性實作。

現在，您已經瞭解了設置流程、可用工具和取捨，是時候來深入研究綱要了。什麼是標籤和屬性？什麼是空間表達法？如何在訓練資料工具中實作綱要？綱要與機器學習任務和原始資料之間的關係為何？下一章都可以找到答案。

第三章

綱要

深入介紹綱要

您希望 AI 系統能夠為您做什麼？它將如何達成這一目標？要使用什麼方法？

本章將深入探討一些有關綱要（*schema*）的基本概念，它是人類意義與機器學習之間的映射。

真實世界複雜且混亂，商業應用需要非常具體的細節水平，而這些細節通常會特定於極大領域。有許多方式可以組織這種複雜性，一般來說，這些結構會在綱要中得到定義；此外，綱要會提供隨著時間而調適和更改子元件，以更適應目前需求的「樞紐點」。

綱要之所以重要，是因為整個系統都相對於綱要來定義，包括原始資料。

綱要是編碼所有您商業知識的範式，可以廣泛地視為標籤（*label*）和屬性（*attribute*）（某物內容）、空間表達法（*spatial representation*）（某物位置）、它們相互之間的關係、以及與外部概念，例如系列、時間的關係。有效的綱要與業務需求和原始資料極為相關。

更廣泛地說，綱要是有關標籤、屬性和空間資訊，以及它們相互之間關係的整體表達法，這是我們思考和表達某物及其位置，以及其他更多內容的方式，建立於第 1 章所介紹的標籤和屬性等高階概念之上。之後，我會將這些訓練資料概念映射回機器學習任務。

本章將學到：

- 設置第一個綱要所需的心智模型
- 綱要擴展方向的概觀
- 常見方法和任務的取捨
- 第 1 章中一些高階概念的具體細節

來深入研究綱要吧！

標籤和屬性：內容

標籤和屬性定義了某物的「內容」，原始資料在人類層級上的意義，也就是說，我們關心的是「內容」，以及希望系統學到的內容；在商業語境中，它們定義了原始資料對業務的意義。在本小節中，我將討論它們與其他概念，例如空間類型相關聯的方式，使用標籤和屬性是以結構化的方式來定義和映射人類意義，並將該意義映射到技術術語。標籤和屬性共同形成了您的綱要核心。

關注點在於？

一般來說，我們關心某物的位置、它的內容、以及它與其他事物相關的方式。

標籤和屬性是用來表達某物「內容」的工具。下一節將介紹空間類型，以討論某物「位置」。

表達某物內容的概念，可以用近乎無限的複雜性來擴展，而空間位置方面通常具有較明顯的擴展限制。換句話說，正確理解文件或影像中某物「內容」，比理解某物「位置」的機械細節更具挑戰性。

應該以類似對待資料庫綱要，也就是如帶有表格、視圖、資料類型等的 Postgres 綱要的方式，來對待訓練資料綱要。

標籤介紹

標籤是語意意義的「最高層級」，在基本情況下，它們只用來表達自己。然而，在大多數情況下，會用標籤來組織一組屬性。

為了幫忙理解這一概念，我會將其類比為 SQL，正如表 3-1 所見，儘管這只是一個不完美的類比。

表 3-1　訓練資料綱要的關聯式概念及與 SQL 的類比

概念	訓練資料	SQL
屬性	屬性	行（屬性）
（屬性的）集合	標籤	表格
綱要（一組集合）	一組標籤	一組表格（和其他物件）

在 SQL 中，每行都有一個類型；在訓練資料中，每個屬性都有一個類型。在 SQL 中，一個表格組織了多個行；而在訓練資料中，一個標籤組織了多個屬性。在訓練資料中，屬性可以在標籤之間共享，這大致相當於外鍵（foreign key）。

E.F. Codd 在《The Relational Model for Database Management》表示，最初將行（*column*）認為是屬性（*attribute*）。[1] 儘管這遠非完美的類比，但它有助於傳達一般的想法。

當終端使用者標註時，將一組屬性組織成標籤也有助於隱藏無關的選項。對於影片來說，標籤有助於限制關係並組織序列。

這裡討論的某些特定組織性原則，預計將特定於實作，並會隨時間而變化。總體而言，基本原則相似，但隨著此一新興訓練資料領域的不斷完善，標準將持續演進。

接下來將談論屬性，綱要定義的主要部分通常位於其中。

屬性簡介

屬性代表了「內容」的主要部分，這是人類編碼的意義以及資料技術定義的核心。屬性通常會定義為至少包括以下結構：人類提問或提示、形式類型和技術限制。這一組人類和機器的定義只同構成一個「屬性」。

訓練資料的屬性在表面上看起來可能很簡單，或者和其他技術很類似；然而，在實際應用中，在以人類和以機器為中心的定義交錯點上，存在很多複雜性。

1　「在隨後的論文中（例如，Codd 1971a、1971b 和 1974a），我意識到需要做出區別，引入了領域作為宣告的資料類型，以及屬性，也就是現在通稱的行，作為領域的宣告特定用途。」— E.F. Codd，《The Relational Model for Database Management》第 2 版（Addison-Wesley，1990 年），第 43 頁（*https://oreil.ly/DGq4x*）。

和把訓練資料看作是原始資料和人為定義的意義結合相同，屬性是技術定義，和以人為中心的定義結合。為了對機器學習發揮作用，技術定義和人類定義都是需要的，屬性是這兩者的聯合表達法。

從更具技術的角度來看，可以將屬性視為明確定義的表單，或者可以視為「滿足 UI 規格的資料類別（class）」，理解這點的一種方法，是將其視為在表單和類別之間的光譜上，並將屬性放在其中的某個位置。表單可以簡單也可以很複雜，但通常不像類別一樣具有明確的類型。此外，雖然表單的實作可能具有驗證機制，但通常是透過終端使用者驗證，而不是正規的資料庫限制。由於機器學習程式依賴於訓練資料，並且通常預期為可查詢的，因此屬性會比典型的表單具有更多「結構」。相反地，由於對人類控制的期望，屬性通常具有「類似表單」的特性，與典型的程式設計類別或資料庫表格定義不同。

在實務上，屬性滿足了訓練資料的需求，這與其他技術有明顯不同。隨著這個領域的不斷發展，我預計屬性的應用將會持續擴大。

屬性概念

以下概念通常存在於所有形式的綱要中：

與標註的關係

單一標註可以沒有屬性、一個屬性或多個屬性。

範疇（*scope*）

屬性的範疇可以是單一標註、單一檔案例如影像，或整個業務概念，例如駕駛執照。

用於人類的問題

一個供人類考慮的問題。例如，「這個人快樂嗎？」一個人將選擇這些值，和 / 或審查它們。通常在這種情境下，每個群組會有一些額外資訊，例如有關提示、顯示或順序的資訊。

表單類型

表單類型的範例包括樹狀、多選、選擇、文本、子群組和日期等。在訓練資料中使用它們將處於使用者介面表單類型和資料類型之間的界線上，例如，滑塊（slider）UI 控制元件可以蒐集浮點數或整數資料。在最一般的情況下，屬性通常會視為字串，有需要時，可以宣告 UI 的類型和資料的類型。

限制（或界限）

表單集合可能存在限制；例如，可以選擇數個。繼續以滑塊為例，它會有下限和上限。

預定義的選擇

在這種情況下，通常由管理員定義有效值。

模板

通常，屬性會定義為某種模板（template）。值對每個實例都是唯一的，可以是具體的值或是參照。

通常，任何類型的數字集合、自由文本、日期等都是具體的值，例如「3.14」。但是，如果提供了一個已知的集合，假設從 6 個元素的清單中選擇，則可以使用參照 ID。

通用屬性的範例：

- 遮擋（被擋住／看不到）和截斷（超出畫面），如圖 3-1 所示。
- 深度／標籤的階層／意義（例如，移動、跳躍、奔跑動作的類型）。
- 方向性向量（例如，前／後／側邊）。

圖 3-1　遮擋和截斷的範例

為了讓這件事更容易，我們使用了限制，這可以設置，例如，汽車可以具有一個方向性向量，但人行道不行。一種疾病可能有多種類型，或者可能將系統限制為只能選擇一種類型。在最簡單的情況下，如果假設「貓」和「狗」這兩個標籤是兩個選項，則將受限於只有這兩種選擇。

綱要複雜性的取捨

綱要的複雜性會影響機器學習程式和人類監督，整體綱要可能和在任何特定時刻向使用者顯示的監督不同。從這個意義上講，機器學習的預測和終端使用者的修正可能不是綁在一起的；圖 3-2 顯示需要考慮的複雜性和效能之間的取捨。

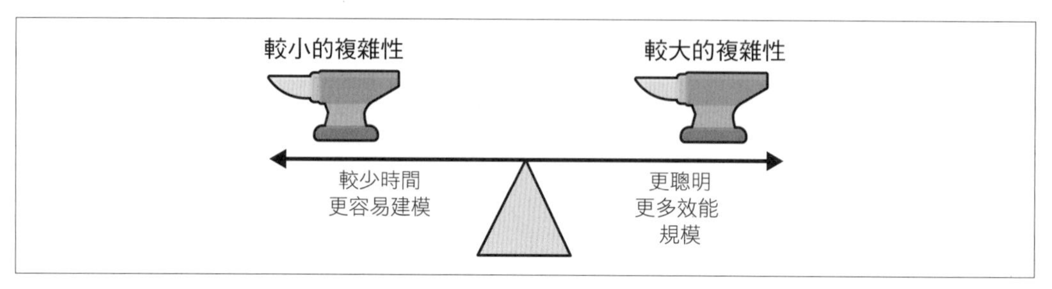

圖 3-2　常見綱要取捨考量的光譜

更多綱要的好處通常是「更聰明」的系統。例如，如果沒有與「是否冒犯」相關的標記資料，將無法訓練模型。更多的標籤也會提供對效能的更多見解，例如接下來「使用空間類型來防止社會偏差」（第 77 頁）中的解釋，需要更廣義性的綱要來防止社會偏差。

系統通常會隨著時間的推移而擴展其擁有的標籤和屬性數量。瞭解綱要複雜性一個很好的方式，是將屬性的數量乘以標註的數量。

媒體類型對複雜性的取捨可能有很大的影響。例如，在影像中，如果需要標記每個物件，則綱要的複雜性可能要乘以每個影像中的物件數量；在影片語境中，這可能還要進一步乘以每個圖框。綱要越複雜，模型訓練的複雜性就越大。

屬性深度

想像有一個雜貨店結帳系統。特定品牌的麥片盒可能有許多尺寸，我們的目標是識別不同尺寸的特定庫存單位（stock keeping unit，SKU），這是用來追蹤庫存的一種代碼。在這種情境下，我們可能希望將屬性「存回資料庫」，如果某個尺寸已經不再銷售，則可以更改向收銀員展示的選項以反映這一點。

以這個例子再進一步延伸，可以載入成千上萬的選項，撇開和搜尋以及選擇每個屬性有關的使用者介面挑戰不談，這可能是完全合理的解決方案，取決於您的使用案例。在寫這本書的時候，「正確」的答案還沒出現，一個系統可能擁有少量屬性，或者成千上萬的屬性。

綱要深度也可能受到條件和複雜階層的影響。任何時候，都可以將一個屬性擴展為子節點或一串節點，例如，選擇「否」可能會擴展為「否—選項」節點。任何給定的選擇都有可能擴展為子節點，一般而言，這裡討論的原則適用於系統的更深層次。

屬性複雜度超過空間複雜度

早些時候，我簡要提到了為什麼資料「內容」很重要。為了加深這一點，考慮到通常情況下，「位置」的定義存在著嚴格限制。請注意，「空間表達法：在哪裡？」（第 76 頁）對「位置」（定位或地點）會有更詳細的介紹，該小節專注於兩者之間的對比。

在複雜情況下，可以結合多個感測器來表達位置的複雜三維視圖。在分割（segmentation）案例中，位置可以在每像素等級上定義。然而，在這些情況中，對於宣告空間位置的能力相對有限，像素數量或體素（voxel）數量等都有其限制，就像一個插槽，要不就是有物體在插槽中，要不就是沒有。此外，在實際操作中，定位往往只是整體情況的一小部分，例如圖 3-3 所示的運動員。當然，我們可以說身體或甚至特定的肢體處於某個位置，但在踢足球的層面上，這實際上代表什麼意思？球員是在「進攻」還是「防守」？他們是否「控球」？又要怎麼識別球員是誰？

圖 3-3　帶有定界框的通用空間定位範例

此外，透過各種輔助和基於像素的方法，相對而言會較容易解決定位。相反地，生活中某些概念的「意義」會成為哲學書的主題。

需要明確知道的是，定位新物件仍然可能存在重大挑戰，但一般來說，對於持續存在的問題，這些物件的「意義」會變得更為核心。

隱藏背景案例

考慮某物的位置時，有時從它不在的地方開始思考會更有用。例如，在影像語境中說「這是一個紅綠燈」時，實際上是在說這個影像裡有 96% 不是紅綠燈。這意味著透過定義一個單一的紅綠燈，也假設它將可以預測「背景」（非紅綠燈）類別，這是隱藏的，因為通常是內隱性地假設，而不會直接標記為「背景」。

延續這個例子，區分前景物件和背景的一種方法是「物件性」（objectness）分數的概念[2]。這是一種在不知道物件類別的情況下，偵測是否存在著與背景不同物件的概念。如果沒有背景類別和某種通用物件性（位置）的概念，要偵測紅綠燈這種物件會很困難。因此，雖然理論上紅綠燈的空間位置、「紅綠燈」標籤（即內容），和隱含的背景類別是不同的東西，但在實作時它們開始融合在一起，例如透過實作物件性評分來偵測相對於背景的物件。更廣泛地講，我提出這一點只是為了提醒大家注意，訓練資料的建立，與資料科學模型使用它的方式並非一一對應。

另一個例子，對於人類來說，以階層式「巢套的」（nested）列表來顯示可能更容易說明。但在實際應用中，該巢套在 ML 網路中可能以多種方式實作，例如，系統可以透過結合多個模型、或者使用支援巢套的架構，將標籤「展平」，如 red_occluded_20、red_occluded_40。

根據實作方式，可能可以預測通用物件（或分割遮罩）的存在，以及該物件或分割內容，這些方法可能會在未來發生變化，而且已經存在許多不同的作法。

在標籤之間共享屬性的範例

早些時候，我介紹過用來表達最具大方向語意意義的標籤，定義了某物「內容」，例如「草莓」或「葉子」。屬性會導入來作為「內容」的廣度和深度，但這兩者是如何共同工作的呢？

想像一下正在建立一個系統，可以自動偵測運動賽事中有多少比例的球迷為某一支隊伍的歡呼，而勝過另一支隊伍；也許還需要識別「具有冒犯性」的內容。

我們可能希望識別衣物，如 T 恤、褲子和棒球帽，有一些「內容」的表達法，例如顏色、隊徽、是否具有冒犯性等，而這些表達法對所有這些物品來說都是共通的；也可能有某些只與 T 恤或棒球帽等相關的東西。

2 這方面的實作超出本書範圍。

將這種情況結構化的一種方法，是將 T 恤、褲子和棒球帽作為標籤，然後，建立一個名為「顏色」的屬性，具有各種屬性值，例如「紅色」、「藍色」、「綠色」，所有標籤都可以存取這個屬性，[3] 如圖 3-4 的說明。

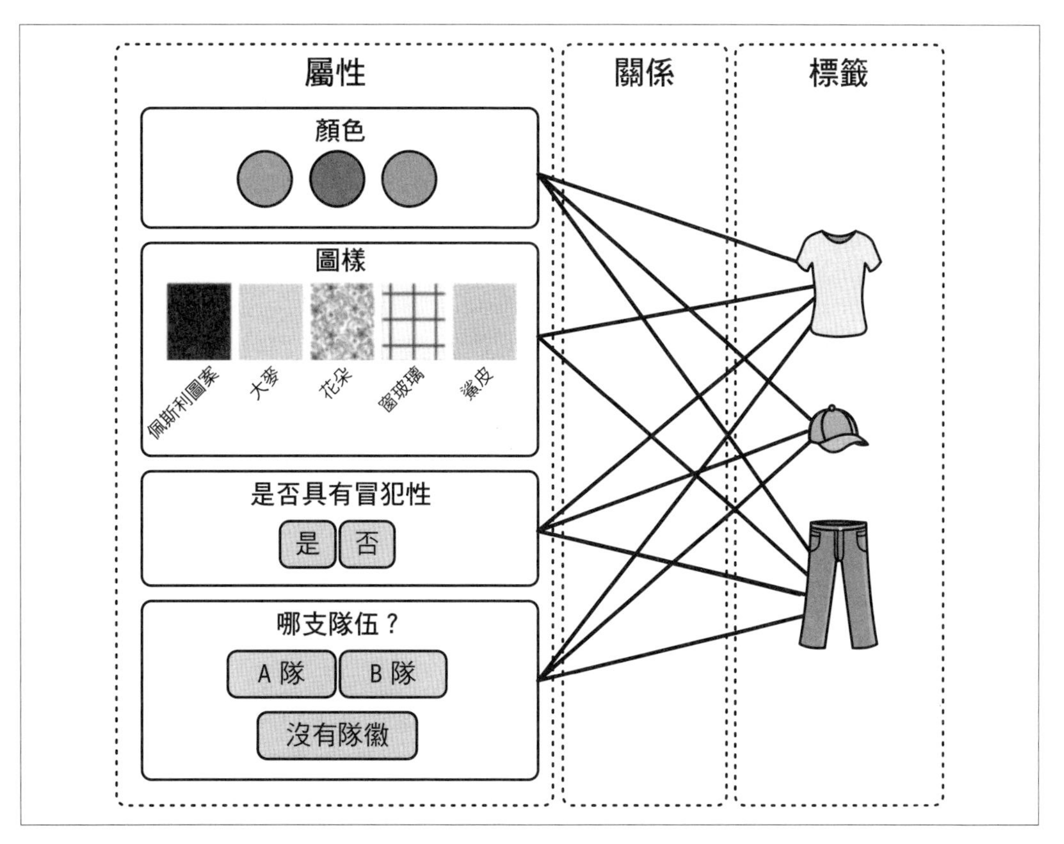

圖 3-4 屬性和標籤之間的關係

在這裡需要考慮很多取捨。辨識顏色是否值得呢？或許穿著球隊的顏色很常見，但可能看不到隊徽。所以，對顏色有一個好的認知可能可以用於後續處理，以確定這個人是在為哪支球隊加油。

3 技術上來說：一個屬性可以用多種方式表示，例如「群組」之下，「屬性」為子項目；或者「屬性」之下，有「屬性值」為其子項目。

技術總覽

本節介紹一些更偏向工程的屬性表達法。我們將查看它們的常見資料結構、類型，以及這些工程概念與以 UI 為中心的使用者概念之間的關係。有關具體的實作細節，請參閱您的訓練資料工具的說明文件。

與實例相關的屬性範例

考慮以下程式碼片段，其中一個最小的群組可以用以下形式表示：

```
"instance_list": [
      {
        "type": "box",
        ...
        "attribute_groups": {
          id_of_group : {
            "id": id_of_attribute_selected
            "kind": "select"
          }
        }
      },
      {... 另一個實例 }
...
]
```

在此範例中，存在一個名為 instance_list 的鍵，其中每個標註都是一個實例，每個實例都有一個名為 attribute_groups 的鍵，用來定義先前定義的屬性。例如，如果有三個群組，則 attribute_groups 字典中就會有三個鍵。然後，每個屬性都包含了有關它所選擇的狀態資訊，例如所選的值的 ID、或自由文本的原始字元等。

工程的資料表達法

您的綱要可能會隨時間而變化。因此，為了更輕鬆地管理變更，有時「鎖定」綱要或按值傳遞也會很有用，即使可以按參照來傳遞。從非常高的層次來看，把標籤視為「變動緩慢」的概念，並把屬性視為「變動快速」的概念會更容易些。要向標籤添加和刪除屬性相對容易，但更改標籤可能會對其他屬性引入破壞性變更，這裡使用資料庫中的表（標籤）和行（屬性）的類比很有用。第 4 章將更深入討論相關主題。

屬性範例

屬性代表了人類定義的意義，和機器可讀取資料之間的聯集。

在實際應用中，訓練資料軟體有許多實作細節，以使這成為現實。以廣義論述出發，以下是一些常見屬性的範例、它們的概論類型以及限制。

如表 3-2 所示，綱要中的某些內容可以定義為參照。例如，在這裡每個選項都可以表達為單一單選框，但對於其他類型的屬性，如自由文本，答案可能對每個實例都是獨一無二的。

表 3-2　屬性的技術規格表

屬性	範例	輸出類型	儲存方式（參照或值）	限制
選擇（下拉式選單）或單選按鈕（意味著顯示所有選項）	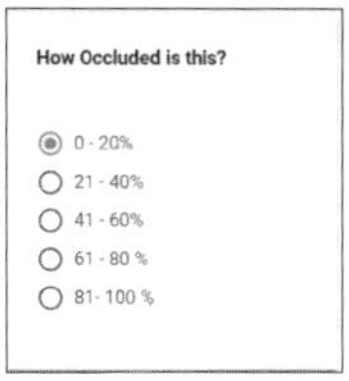 How Occluded is this? 0 - 20% 21 - 40% 41 - 60% 61 - 80 % 81- 100 %	字串	參照	允許清單
多選	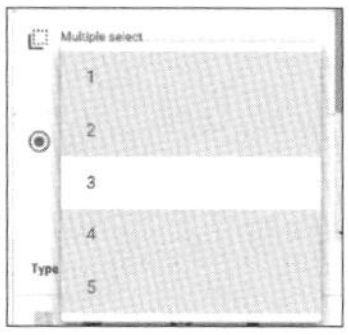 Multiple select 1 2 3 4 5	清單	參照	允許清單
自由輸入	 Describe this It's so wonderful I can type any...	字串、整數	值	封鎖清單 強制型別 （字串、整數、浮點數等） 強制範圍
滑塊	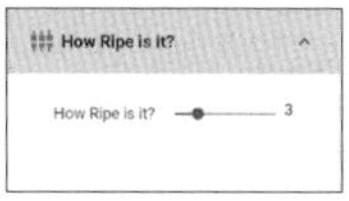 How Ripe is it? How Ripe is it? 3			
日期	 2020 Thu, Dec 10 December 2020	日期字串或 ISO 8601	值	是日期
子節點	展開另一個屬性群組	字串，例如，唯一雜湊值；整數，例如，整數主鍵	參照	

屬性的技術範例

既然已經介紹了屬性的基本知識，就來看一個簡短的範例。

以下的程式碼片段是一個快速預覽，其中假設有一種映射可以將 `id_of_group` 映射到關於該群組的資訊，例如：

```
"attribute_groups_reference": [
    {
      "id": id_of_group ,
      "options": [
  {
            "id": id_of_attribute_selected
            "name": "option_name"
          }
],
      "prompt": "user defined prompt",
    }
  ]
```

實務上，會有多個群組，它們又具有多種類型（如表 3-2 所示），而每種類型都將具有不同的格式。

空間表達法：在哪裡？

在許多情況下，我們需要知道某一個範例的位置，例如在影像中，可能需要一個定界框來知道物體位置；在文本中，需要開始和結束字元或符記（token）；在音訊中，需要開始和結束的時間切片。可查看訓練資料工具的說明文件以瞭解這些具體的表達法。

本節將更著重於概念層次的內容，並透過一些與電腦視覺相關的具體範例來加以說明。本章後面會把它們和機器學習任務關聯起來，藉此將這個電腦視覺範例往前推進到其他類型。請注意，空間表達法也稱為定位（localization）、位置（location）、形狀（shape）和繪圖工具（drawing tool）。

我將具體涵蓋三個方面：

- 使用空間類型來防止社會偏差
- 類型的取捨
- 詳細介紹電腦視覺的空間類型

使用空間類型來防止社會偏差

想像一下一個運動迷偵測器系統，以一個「人」作為頂級物件。然後，為了偵測他們是否穿著冒犯性的衣服或做出任何冒犯性的行為，而加上一個 `is_offensive` 屬性。假設標註實例具有一個空間類型，也就是用在「人」的定界框，如圖 3-5 所示。

圖 3-5 用來描述整個人具有定界框類型和「具有冒犯性」屬性的綱要範例

儘管我們人類只是想要標註 T 恤，但實際的標註資料是針對整個人。這是有風險的，因為實際上編碼到機器中的資訊是那整個區域都具冒犯性，只有 T 恤具有冒犯性這件事，人類不會立即知道。

為了幫助視覺化這一點，看一下圖 3-6。左右影像顯示向模型宣告影像上半部和下半部同樣具有冒犯性。

圖 3-6 機器讀取定界框的方式

作為人類，我們知道具有冒犯性的部分是 T 恤，而不是人的臉。但對於機器來說，上半部和下半部同樣宣告為具有冒犯性，這可能會導致它在人類臉部特徵上進行錯誤的訓練。

儘管我們可能會認為應該可以標記整個影像，並相信模型可以搞清楚，但這通常是一個錯誤的假設。因為在訓練時，由於整個影像宣告為「具有冒犯性」，ML 程式可能會根據人臉的一些層面而非假設的 T 恤來預測。如果影像恰好包括了更多某個族群，那可能會影響模型結果，導致非常真實、意想不到且可能不想要發生的後果。更糟糕的是，由於驗證或測試集可能很容易包含這種偏差，因此模型可能會得到較高的技術分數，但仍然包含不良的社會偏差。

例如，假設在資料中，種族 A 的人有 65% 的時間穿著「具有冒犯性」的 T 恤，而種族 B 的人則有 35% 的時間穿著，模型很可能會學會將種族 A 的特徵與冒犯性聯繫起來，這是因為模型可能會輕鬆地使用人臉的種族特徵而非 T 恤，因此錯誤地將具有某些面部或種族特徵的人歸類為「具有冒犯性」。請記住，這裡的擔憂不在它是否可以「運作」或學習具有冒犯性的概念，而在它是否能以反映我們的社會目標方式學習，例如專注於 T 恤本身而不是穿著它的人的膚色。

這個例子中與標籤相關的關係略顯明顯，因為它們是「頂級」的，但在空間位置或「埋藏」屬性群組中的關係可能會更加微妙。同樣的情況發生在當您擁有數十個或數百個屬性群組和數千個子項目時。和傳統程式必須非常明確地指明指令一樣，ML 程式必須具有非常清晰的綱要，才能避免不想要的結果。

大多數系統和人們在使用這類訓練資料時，不會查看任何或多大量的樣本，且很有可能不會嚴謹分析其綱要。為了避免這種情況，我們希望確保綱要能夠盡可能準確地編碼實際存在的內容，並在可能的情況下，記錄系統周圍所做的假設。

避免空間偏差的一種方法

想像一下，您正在教導孩子在公共場合的合適衣著，可能會說出類似於「那個人穿的 T 恤會冒犯到別人」這樣的話，而不是說「那個人很具有冒犯性。」雖然後者也可能是真的，但這不是一種從影像所能觀察到的情況的準確描述方式。可見圖 3-7 的表達方式。

解決這個問題的一種方法，是將標籤分為兩部分，空間位置，例如此處的虛線框位置，就能完整表達標籤。這裡的關鍵點是，試著讓空間位置代表我們感興趣的項目，而且也只代表這個感興趣的項目。

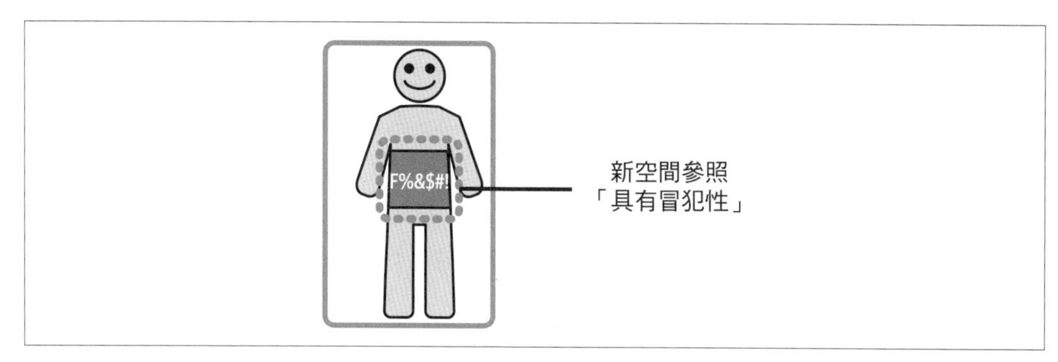

圖 3-7　透過在虛線中新增的空間位置，來避免空間偏差

這個概念可以概括為一個經驗法則：「空間位置應盡可能與關注的概念相匹配。」

理論上，將來模型應該能夠基於高階標註，例如整個影像，來學習合理的表達法。然而，儘管也許未來的訓練方法可以自動防止或減輕這種偏差，但目前在這個問題上，業界尚未達成強烈的共識，且本文撰寫時，流行的影像模型中不會自動出現這種情況。

同時，可以透過在訓練資料層級上對這種風險有所警覺，並在我們的類別和訓練資料布局上更精確，來相對輕鬆地減輕這種風險。這種布局不需要過於極端；例如，我並不建議分割每個字母的所有像素，因為將衣服的圖案學習為不良偏差的風險似乎很低；但我確實想建議，至少在廣泛具有明顯偏差風險的案例中考慮這些因素。

為了進一步說明這個問題的重要性，這裡舉另一個例子。想像有一個警報系統，它正在監測槍支、刀具、炸彈或其他即時威脅，例如機場安全。如果系統是基於持槍人的影像來訓練，但沒有將人與槍區分開來，這樣當某些種族背景的人出現時但沒有帶槍支時，它可能會誤報。受到這種偏差影響的人再怎樣也會浪費時間，並遭受不必要的審查，而且後果可能更嚴重；與此同時，也浪費了安全人員的時間以及組織的資源。

如果標註的空間區域是我們關心的真正物件，理論上所有背景資料都不應該有相關性，然而，在實務上這可能無法避免，因此仍然需要對所使用的整體資料意識，負起共同責任。

共同責任

如果您是一位資料專家，您可能會認為這件事與您無關。當然，這是一個「綱要層次」的問題。同樣地，如果您正在設計綱要，您可能會假設資料專家會注意到這一點並提出警告；顯然地，識別出綱要可能會導致建立不良資料的風險這件事，是共同的責任。

瞭解實際資料以及資料與綱要關係的另一個原因，是為了建立品質更高的資料，這將產生更快速和更好的模型，例如在此處，如果您要在人的層次上辨識冒犯性物品，可能需要更多的資料。透過制定空間位置範圍來更匹配所關注的物件，能提高資料的整體品質。

正如之前提到的，這不是一本關於倫理的書。在這裡，我概述選擇屬性及其相關空間位置的直接技術影響。還有許多其他取捨，我鼓勵您將這看作是對綱要新思維的介紹，以及該對它負責的人。

類型的取捨

選擇一個出色的空間表達法取決於多個因素，包括手頭上的任務、效能和偏差的問題，以及正在標註的資料類型。

正如之前提到的，我將聚焦於電腦視覺以便說明這些取捨。對於其他類型，例如每個符記的跨度（span）與每個字元的跨度、使用或不使用文本中的關係等，也都有類似的取捨。圖 3-8 說明這些取捨與分類、物件偵測和實例分割的關聯。

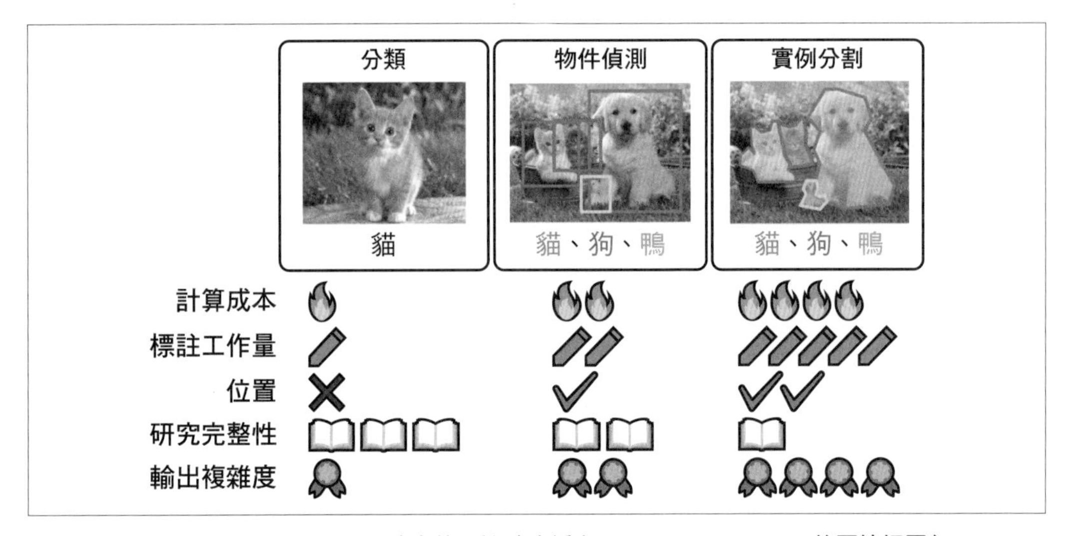

圖 3-8　不同空間類型在電腦視覺任務中的取捨（改編自 Anthony Chaudhary 的原始插圖）

與任何解決方案一樣，應該考慮其中的取捨，包括：

- 任務的相關性。一般來說，類型必須在某種程度上「匹配」任務或概念。
- *ML* 輸出的複雜性。用於資料工程和應用。例如，即使您可以神奇地標註和預測多邊形、關鍵點或更複雜的形狀，您的應用是否實際上可以進一步運用該輸出？
- 計算成本。更複雜的標註需要更多的工作量來預測 ML 模型，並且可能需要更多的計算成本以預標記。
- 需要的空間位置值。是否需要分割等級（segmentation-level）的預測？
- 研究的完整性。即建模的容易度。
- 標註工作量。當然，標註越複雜，需要的時間就越長，但通常會以階梯式的方式呈現，例如，分割可能需要比方框多 10 倍的時間標註。

隨著在其他媒體類型中添加更多精確度，也存在著類似的取捨。例如，文件 > 句子 > 單字 > 字元。

儘管例如 Segment Anything Model（SAM）等研究的進展，不斷地使分割變得更容易，但在實務上仍然存在限制和考慮因素。本文撰寫時，方框的預測通常還是比較容易，而 SAM 仍然需要一定程度的提示或微調。再強調一次輸出的複雜性，有時分割遮罩實際上可能不合適；它並不會自動變好。

電腦視覺空間類型範例

接著以一些電腦視覺的具體範例來具體化上述內容。列出這些類型是為了提供範例，並非完整的資源。正如之前提到的，其他媒體類型具有不同空間表達法。

對於電腦視覺，3 種最流行的空間類型是多邊形（用於分割）、方框和完整影像。

完整影像標籤

完整影像標籤缺乏空間位置資訊，這在某些情況下可能會限制其用途。在綱要涵蓋面非常廣泛的情況下，標籤仍然非常有用；但在其他情況下，如果不知道物品位置，或者有多個物品，就會降低價值。這些情況有一個錯誤的假設，即讓人感興趣的「物品」已經填滿整個圖框，這種假設可能並不現實、或者可能過度限制了潛在的結果。

方框（2 維）

定界框是物件偵測中最「禁得起考驗」的方法之一。

一個方框的定義只需要兩個點。要儲存一個方框，只需要兩個資訊：可以用左上角點座標（x, y）和（寬度，高度）來定義，也可以用（x_min, y_min）和（x_max, y_max）這兩個點來定義。[4] 也可以旋轉方框，這時會需要用原點和旋轉值來定義。

多邊形

多邊形由至少 3 個點定義。多邊形的點數沒有預設上限，通常會透過輔助過程建立，例如拖曳滑鼠、按住 Shift 鍵，或者使用「魔術棒」（magic wand）之類的工具。多邊形可以繪製在物體邊界上，或者可以使用多邊形工具來修正，例如添加或減去先前預測的密集遮罩。單一標註範例可能具有多組多邊形，例如用於指出「孔洞」或其他相關的空間特徵。

橢圓和圓

橢圓和圓都由一個中心點（x, y）和半徑定義，用於表達圓形和橢圓形物件，並且功能與方框類似，也可以旋轉。圖 3-9 說明這兩個範例。

圖 3-9 橢圓和圓的範例

4 Anthony Chaudhary，〈How Do I Design a Visual Deep Learning System? An Introductory Exploration for Curious People〉，《DiffGram-Medium》（*https://oreil.ly/PtRMs*），2019 年 3 月 4 日。

長方體

長方體（cuboid）有兩個「面」，是將三維長方體投影到二維空間的表達法，每個面本質上都是一個「方框」，如圖 3-10 所示。

圖 3-10　長方體的範例

多用途的類型

有些類型具有多種用途，藉由找到最極端的點，可以輕鬆地將多邊形當作是方框。它們間並不存在著確切的「階層結構」。

其他類型

還有其他類型，如直線、曲線或二次曲線等。

光柵遮罩

每個像素可以標記為特定的類別。「刷子」類型的工具允許一次標記許多像素，光柵遮罩（raster mask）相對於多邊形的取捨而與具體情境相關。通常情況下，使用光柵來標註較不理想；但在使用自動工具或多邊形無法捕捉資料中的假設時，它可能是最適合的。

多邊形和光柵遮罩

有各種演算法可以在多邊形和光柵遮罩之間轉換。例如，可以將多邊形轉換為逐像素（pixel-wise）遮罩，並使用類似 Ramer-Douglas-Peucker 的曲線簡化演算法，將緊密遮罩（dense mask）近似為多邊形。實際上，預測的最終目標很相似，因此多邊形或光柵遮罩都可以視為「最高」等級的二維定位。

關鍵點幾何

其中一種未預先定義的空間類型是「關鍵點」（keypoint）空間類型。在這種情況下，可以使用介面來建構所需的空間模板。關鍵點可用於姿勢估計、不符合典型結構的已知幾何等情況，此類型是一個帶有已定義節點（點）和邊的圖形。例如，關鍵點可以描述人體解剖模型，其中包括手指、手臂等等，如圖 3-11 所示。

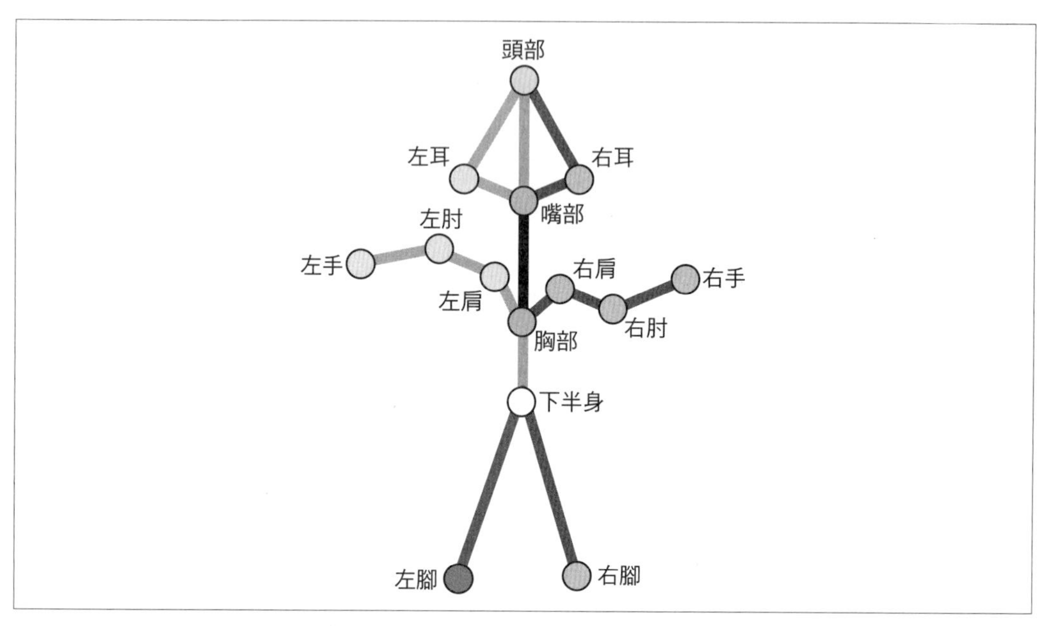

圖 3-11　關鍵點幾何範例

客製化空間模板

還可以建立預設的空間模板（spatial template）。這些可以用於客製化的形狀，基本上也是通往關鍵點的另一個路徑，主要的區別在於，關鍵點通常還包括對每個點的參照關係或邊緣，而通用的多邊形模板，如圖 3-12（左側）所示的菱形，不會明確強制執行這一點。

圖 3-12 顯示一個像是修改過的菱形實例模板視覺範例，以及顯示建立新模板過程的使用者介面。

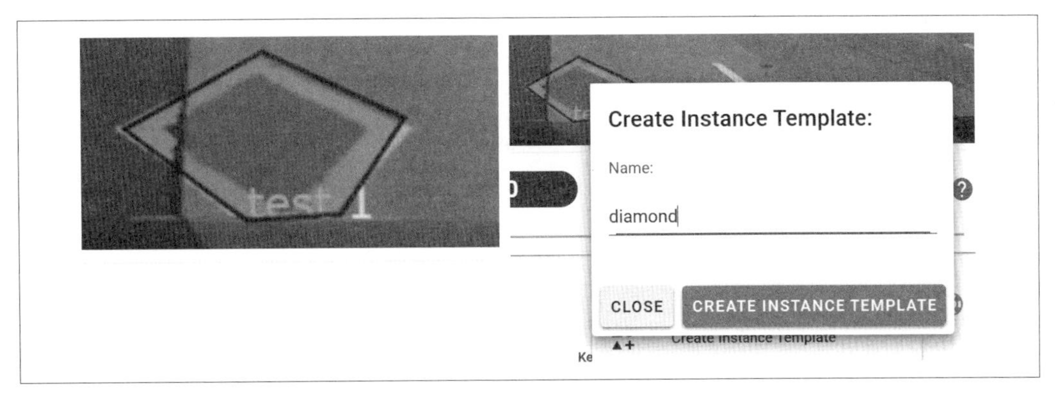

圖 3-12　左圖，客製化的實例模板，形狀像一個修改過的菱形；右圖，使用者介面顯示建立新模板的過程

複雜的空間類型

複雜類型指的是由多個「基本」類型，例如前文定義的方框和多邊形所定義的空間位置，類似但不同於稱為「多模態」（multimodal）的概念。通常，多模態是指多個原始資料項目。複雜類型的常見使用案例是複雜的多邊形，例如部分由二次曲線區段和部分「直線」點區段所定義的多邊形。

關係、序列、時間序列：何時？

在許多有趣的案例中，實例之間都存在某種形式的關係。

序列和關係

想像一場足球比賽，球員觸碰到足球，這可以視為在特定圖框（例如第 5 張）上發生的「事件」。此案例中有兩個實例，一個是「球」，一個是「球員」，這兩個實例都在同一個圖框中，它們可以透過兩個實例之間的標註關係正式連結起來，或者可以假設它們在時間上有相關性，因為它們出現在同一個圖框中。

何時

這裡涉及的另一個重要概念是關係，將靜止影像範例升級到影片語境中，看看圖 3-13。從人類的角度來看，已知道第 1 張圖框中的「汽車」，和第 5 張、第 10 張等圖框中的汽車是同一輛。對我們來說，這是一個持久存在的物體，需要以某種形式表達，通常稱為序列（sequence）或系列（series）。它也可以用於在更全域的語境中「重新識別」物件，例如出現在不同情境中的同一人。

圖 3-13　展示具有不同背景的相同汽車範例

指南和說明

在處理訓練資料時，我們花費了大量時間，讓模型能夠使用如圖 3-14 中所示的標籤來識別影像。但是，要怎麼知道該標記它為「肝臟」呢？如果沒有某種形式的指南，絕對無法弄清楚；或者肝臟的某些部分被膽囊或胃蓋住了該怎麼辦？圖 3-14 提供這種解剖指南和潛在遮擋的範例。

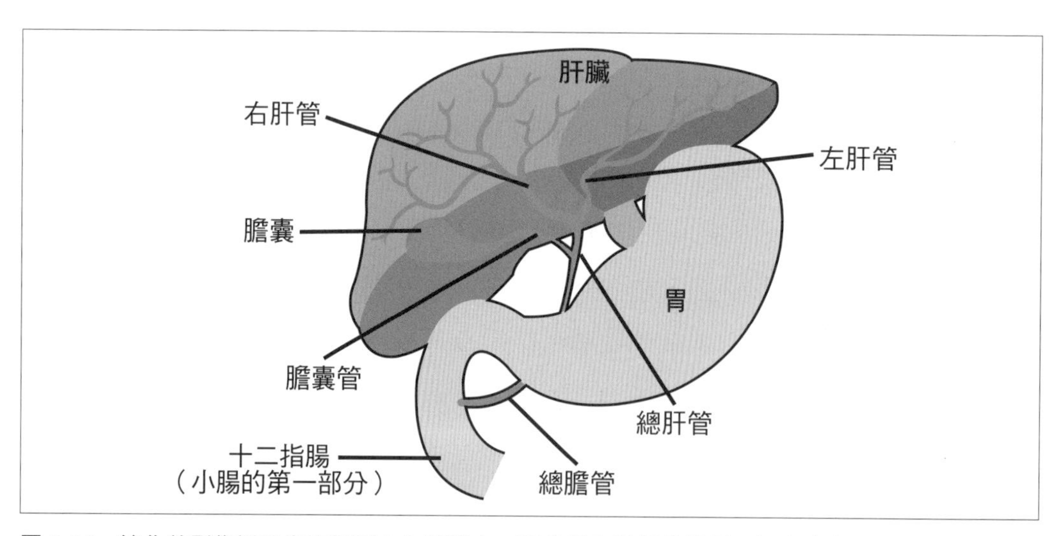

圖 3-14　簡化的影像標註指南範例；在實務上，這些指南通常非常長、包含許多範例，並使用實際的媒體例如影像或影片來製作

在訓練資料的語境中，我們正式制定指南的概念。嚴格來說，指南應該像實際的訓練資料一樣受到尊重，因為訓練資料的「意義」是由指南定義的。所以從某種意義上說，指南能回答「如何」和「為什麼」的問題。

我們已經介紹表達訓練資料高階機制的一些內容。儘管複雜的情景和限制可能是一個挑戰，但通常「真正」的挑戰在於定義有用的指南，例如，NuScenes 的資料集每個頂級類別都包含大約一段的文字、重點清單，和 5 個以上的範例。

在圖 3-15 中，範例影像顯示了「自行車架」和「自行車」之間的區別，這會當作提供給標註者的主要指南一部分。

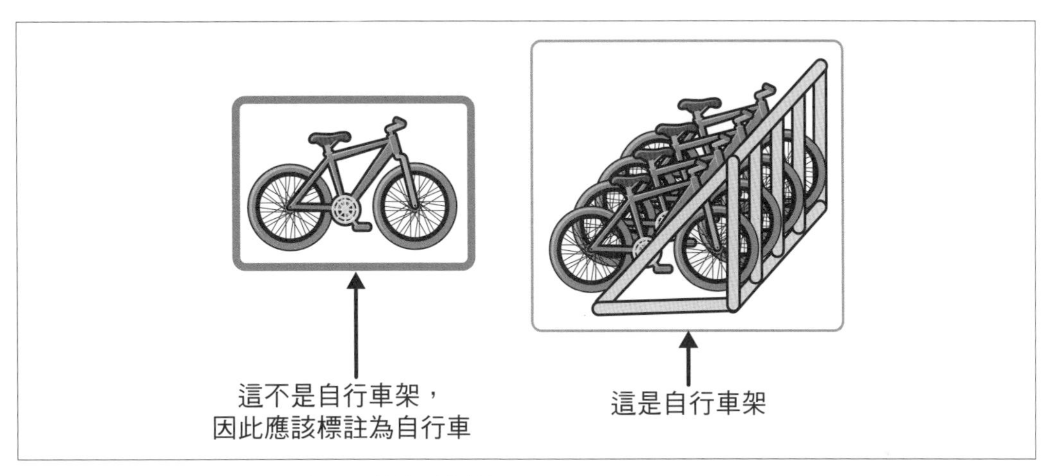

圖 3-15　提供給標註者指南的單一釐清影像範例

判斷性選擇

想知道為什麼這類情況會馬上變得很複雜，可參考「可行駛表面」和「碎片」之間的區別。NuScenes 將碎片定義為「留在可行駛表面上的碎片或可移動物體，其尺寸過大而導致無法安全行駛，例如樹枝、滿出來的垃圾袋等。」[5]

當然，對於半拖車和汽車來說，有不同的安全駕駛標準。這甚至還沒有涉及到選擇性語意，比如「為了避免追撞，應該在碎片上駕駛嗎？」

5　參見 GitHub 上的 NuScenes 標註者指引（*https://oreil.ly/LaDOt*）。

機器學習任務與訓練資料的關係

訓練資料要用在機器學習系統上，因此，我們自然希望瞭解常見的機器學習任務，以及它們與訓練資料的關係。

社群普遍對這些任務有一些共識，從機器學習的角度來說，有許多其他資源更深入研究這些任務。而此處，我將從訓練資料的角度簡要介紹每個任務，首先會使用範例影像，如圖 3-16 所示。

語意分割

在語意分割（semantic segmentation）中，每個像素都會指派一個標籤，如圖 3-16 所示。升級版的語意分割稱為「實例分割」（instance segmentation），會區分許多本來指派相同標籤的物體。例如，如果有 3 個人，則每個人都會識別為不同的物件。

圖 3-16　每個像素都有不同的指派標籤，以陰影表示，及其分割影像範例

在訓練資料中，可以使用「向量」（vector）方法，例如多邊形；或「光柵」（raster）方法，如想像一支畫筆來實現這一點。本文撰寫時的趨勢似乎比較傾向向量方法，但這是一個沒有結論的問題，只是從技術角度來看，向量方法在空間效率上表現較好。請注意，這裡的使用者介面表達法可能與它的儲存方式不同，例如，使用者介面可能呈現一個「桶」型游標來選擇區域，但仍將該區域表達為一個向量。

本文撰寫時的另一個問題是實際使用這些資料的方法，一些新方法會預測多邊形的點，而這裡的「經典」方法是按像素（per pixel）方法。如果多邊形是用於訓練資料，而使用的機器學習方法是經典的方法，則多邊形必須經歷轉換成「密集」遮罩的過程；這只是敘述每個像素類別的另一種說法。反之亦然，如果模型會預測一個密集遮罩，但使用者介面需要多邊形以便使用者更容易編輯時，也是如此。

請注意，如果模型會預測出向量（多邊形）以滿足分割的經典定義，則必須對該向量光柵化（rasterize），意思是要轉換為密集的像素遮罩，不過還是視情況而定，也可能不用。請記住，雖然每像素遮罩可能看起來更準確，但如果基於向量方法的模型更準確地捕捉了相對層面，則這種準確度可能更會像幻覺而非真實的，特別是在包含了那些可以用少數幾點建模的已知曲線情境中，這一點尤其重要。例如，如果目標是獲得有用的曲線，直接去預測可以表達二次曲線的少數值，可能會比從每像素的預測來回推曲線更準確。

有許多優秀的資源可供參考，而其中最多產的網站是 Papers with Code，該網站列出超過 885 個電腦視覺任務、312 個自然語言處理任務，以及 111 個其他類別的任務。[6]

這裡舉一個醫療使用案例範例來說明。如果有人的目標是自動腫瘤分割，例如對電腦斷層掃描的分割，就會需要分割的訓練資料，[7] 研究人員經常強調訓練資料的重要性，「醫學影像的語意分割成功，取決於高品質標註的醫學影像資料可用性。」[8]

訓練資料是根據任務目標而建立的，在本例中是自動腫瘤分割。在圖 3-17 的範例中，每個像素對應一個分類，稱為「逐像素」（pixel-wise）分割。

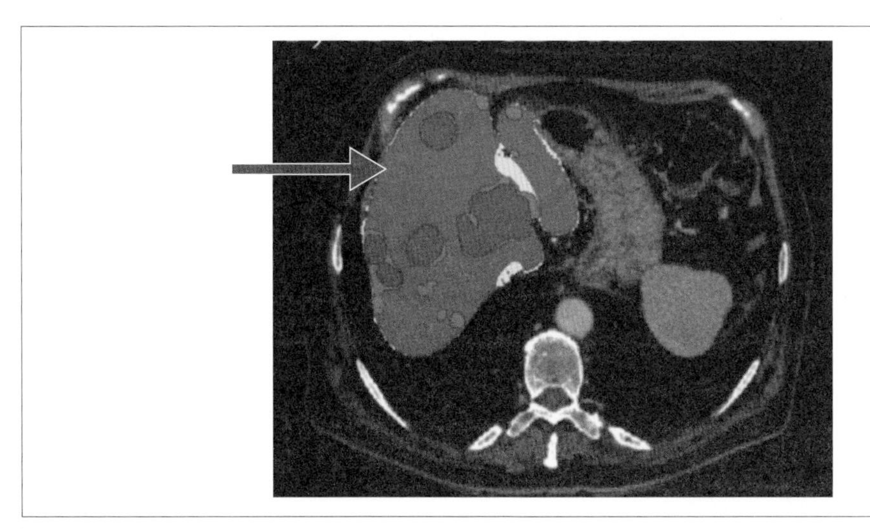

圖 3-17　腫瘤分割的範例，是分割的一個子類別。來源：Simpson 等人，〈A Large Annotated Medical Image Dataset for the Development and Evaluation of Segmentation Algorithms〉，圖 1（*https://oreil.ly/gVrYA*）

6　Browse State-of-the-Art（*https://oreil.ly/uxqf3*），於 2020 年 10 月 4 日存取。

7　Patrick Ferdinand Christ 等人，〈Automatic Liver and Tumor Segmentation of CT and MRI Volumes Using Cascaded Fully Convolutional Neural Networks〉，arXiv:1702.05970v2 [cs.CV]，2017 年 2 月 23 日（*https://oreil.ly/AO5ff*）。

8　Amber L. Simpson 等人，〈A Large Annotated Medical Image Dataset for the Development and Evaluation of Segmentation Algorithms〉，arXiv:1902.09063v1 [cs.CV]，2019 年 2 月 25 日（*https://oreil.ly/gVrYA*）。

每個陰影像素，即由箭頭指出的特定陰影，在這張電腦斷層掃描中會預測為「肝臟」，如前文所定義的空間位置。在訓練資料的語境中，這可以用像素刷「光柵」格式或多邊形來標註，標籤「肝臟」的內容，如前文所定義。

影像分類（標籤）

一張影像可以有許多標籤。這是最通用的方法，所有其他方法本質上都是基於此方法建構的。從標註的角度來看，這也是最直接的方法之一。

物件偵測

物件偵測（object detection）是指模型去偵測多個物件的空間位置，並對其分類，這就是經典的「畫方框」（box drawing）方法。通常情況下，這是最快速的空間位置標註方法，並提供獲取空間位置的重要進展，如果不太確定要從哪裡開始，它通常是一個很好的「預設選擇」，因為它能夠在最短時間內獲得最大效益。

儘管大部分研究都集中在「畫方框」上，但這不是強制要求，也可以使用其他形狀，例如橢圓形等。

姿勢估計

整體而言，姿勢估計（pose estimation）是「複雜的物件偵測」，與畫方框不同，會嘗試獲得「關鍵點」，即圖（graph），因為這些點之間存在類似圖的關係，例如，左眼必須始終在右眼的某個範圍內等等。

從訓練資料的角度來看，這是透過關鍵點模板來處理的。例如，可以建立一個包含 18 個點的人體骨架表達法，以指出姿勢和方向。這與分割／多邊形不同，因為不是繪製輪廓，而是實際在形狀的「內部」繪製，圖 3-18 顯示帶有關鍵點（姿勢）的兩個人範例。

圖 3-18　人帶有關鍵點（姿勢）的範例

任務與訓練資料類型的關係

標註資料與機器學習任務之間並不存在一對一的對應關係；但一般情況下，它們之間存在著鬆散的對齊，在沒有一定等級的空間資料情況下，某些任務將不可行，例如，可以將一個較複雜的多邊形抽象化為用於物件偵測的方框，但要從方框轉換為分割就不是那麼容易了。表 3-3 提供更多詳細資訊。

表 3-3　空間類型與機器學習任務的映射

訓練資料空間類型	機器學習任務範例
多邊形、刷子	• 分割 • 物件偵測 [a] • 分類
方框	• 物件偵測 • 分類
長方體	• 物件偵測 • 3D 投影 • 姿勢估計 • 分類
標籤	• 分類
關鍵點	• 姿勢估計
	• 分類

[a] 技術上，它可以用於物件偵測，但通常這是一個次要目標，因為對於通用偵測來說，使用方框速度會更快。

通用概念

以下概念通常適用於綱要概念或與綱要概念互動。

實例概念提醒

幾乎這裡的所有討論內容都與實例（標註）有關。實例代表一個樣本，例如，在圖 3-19 中，每個人都是一個實例。

實例具有對標籤和屬性的參照，還可以儲存具體的值，例如特定於該實例的自由文本。

在影片或多圖框語境中，實例使用額外的 ID 來關聯不同圖框中的其他實例。每個圖框仍然具有唯一的實例，因為資料可能不同；例如，在一圖框中，一個人可能站著，而在另一圖框中他可能坐著，但兩者是同一個人。

為了舉例說明微妙的差異，請試想這裡的 3 個人都具有相同「類別」，但是不同的實例，如圖 3-19 所示。如果沒有這個實例概念，會得到中間影像那樣的結果。

圖 3-19　將人物視為一群組或個別人物（實例）的比較；改編自 David Stutz（*https://oreil.ly/jDMTy*）

請設想每個實例可能有 n 個屬性，這些屬性可能又有 n 個子屬性，而子屬性可能具有自己的任意類型 / 限制，例如選擇、自由文本、滑塊或日期；沒錯，事實上，每個實例幾乎就像是一個資訊的迷你圖。如果這還不夠複雜，空間位置實際上有可能是 3D 的，或可能有一系列的圖框。

現代軟體工具在處理這些概念之間的關係時沒問題，挑戰在於，資料管理者必須，或至少某種程度的瞭解目標，以便合理地完成工作。

此外，這些類型必須與神經網路中的使用案例一致。在建構訓練資料時，常見的網路架構有一些要注意的假設。

隨時間升級資料

在某些情況下，隨時間「升級」資料相當合理。例如，常見的樣式如下：

1. 某人執行「弱」分類來標記影像，純粹是為了識別「好」的訓練資料。
2. 人類建立了定界框。
3. 在之後的某個時間點確定需要分割的特定類別。然後可以使用定界框設計一個演算法，一旦完成了粗略定位（現有的定界框），該演算法就可以用於「產生」分割資料。

建模和訓練資料之間的界線

訓練資料和實際使用它的機器學習模型之間經常會有點脫節。之前顯示的一個範例是，空間位置與機器學習任務之間並不存在一對一的映射；還有其他一些例子，包括：

- 機器學習模型使用的是整數，而人類看到的是字串標籤。
- 模型可能「看到」密集像素遮罩（用於分割），但人們很少或幾乎從不會考慮單一像素。通常，分割遮罩實際上是透過多邊形工具繪製的。
- 機器學習研究和訓練資料是獨立發展的。
- 「位置與內容」問題：人們常常把某物位置和它的內容這兩件事搞混，這在機器學習程式中可能是兩個不同的過程。
- 和人類相關的屬性轉換成模型中會使用的屬性可能會導入錯誤。例如，人們會查看階層結構，但模型會將該階層結構展平。
- 機器學習程式的定位工作量與人類的定位工作量不同。例如，人可以使用兩個點來繪製方框，然而機器可以從中心點預測，甚至使用與畫的那兩個點無關的其他方法[9]。

基本上，這意味著：

- 我們必須不斷提醒自己，機器學習建模不同於訓練資料。模型使用整數，而不是人類標籤、有不同的定位過程、對位置與內容有不同的假設等等。隨著訓練資料和機器學習建模的持續獨立進展，這種差異預計將不斷擴大。

---

9 看看 SSD 以及一些迴歸點的工作細節，可以參考這裡：*https://oreil.ly/sqoeX*。

- 盡可能捕捉有關訓練集建構方式的所有假設，在使用任何類型的輔助方法來建構資料時，這點尤其重要。
- 理想情況下，管理訓練集的人應該對模型如何實際使用資料的方式有一些瞭解，管理模型的人也應該稍微明白管理訓練集的方法。
- 根據變化的需求來更新訓練資料非常重要。當與訓練資料互動的機器學習程式在變化時，不存在有效的靜態資料集。

原始資料概念

原始資料是指受監督的如實資料：影像、影片、音訊剪輯、文字及 3D 檔案等。從技術角度來看，它是附加了人類定義意義的原始位元組或 BLOB。

原始資料不可變，而人類定義的意義可變，可以選擇不同綱要，或選擇標記方式等等；只要原始資料不變即可。實際上，原始資料通常會經歷某種程度的處理，這個處理過程會產生新的 BLOB 成品（artifact），處理目的通常是為了克服實作層級的細節。例如，可以將影片轉換為可串流播放的 HTML 友善格式，或者可以重新投影 GeoTIFF 檔案的座標，以與其他圖層對齊。

這些處理步驟通常會記錄在訓練資料軟體中，和處理有關的元資料（metadata）也應該可用，例如，如果在預處理步驟中使用某種標記剖析（parsing）方案，機器學習程式可能需要知道這一點；一般來說這不是一個大問題，但仍需要注意。

最好將資料保持在盡可能接近原始格式的狀態，例如，原生渲染的 PDF 比 PDF 影像更為理想。原生 HTML 比截圖更好，這補充了產生新成品的實作細節，例如，一段影片可能以影片格式播放，並可能以額外產生圖框的影像作為成品。

準確度（accuracy）是一組給定測量與其真實值有多接近的度量。某些機器學習程式可能具有與訓練資料限制非常不同的準確度限制，例如，標註過程中的解析度可能與模型訓練時的解析度不同。這裡的主要工具是元資料。只要清楚瞭解 BLOB 在人類監督時的解析度或準確度等級，剩下的就根據具體情況處理即可。

過去，模型通常會對解析度（準確度）有固定限制；然而，這方面仍在不斷發展。從訓練資料的角度來看，主要責任是確保機器學習程式或機器學習團隊，瞭解人類監督時的準確度等級，以及是否存在任何已知關於該準確度的假設，例如，可能會出現這樣的假設：某個屬性需要達到一定的解析度等級，人類才有辦法辨識。

某些 BLOB 可能會引入額外的挑戰。例如，三維點雲（point cloud）包含的資料可能比影像少[10]。然而，對於終端使用者來說，三維標註通常比影像標註更難，因此，儘管相關技術資料可能較少，但人類監督的部分可能更困難。

多個 BLOB 可以合併成一個複合檔案，例如，多個影像可以作為單一文件相互關聯，或者一張影像可以與一個單獨的 PDF 檔案關聯。相反地，一個單獨的 BLOB 也可以拆分成多個樣本，例如，一個大的掃描檔可以拆分成多個部分。

BLOB 可以在不同的視圖之間轉換，例如，一組 2D 影像可以投影到一個單一的 3D 圖框中，此外，這個 3D 圖框可能會從 2D 視圖的角度標註，因為概念相關，資料可以在和其訓練時不同的維度空間中標註，例如，標籤可以在 2D 語境中完成，但在 3D 空間中訓練。在這裡要注意的主要事情，在於區分人類監督和經計算或投影所得的值之間的區別。

總結一下，潛在的原始資料（BLOB）格式和相關成品，具有很高的複雜性。訓練資料的主要責任是記錄完成的處理步驟、記錄人類監督時存在的相關假設，並與資料科學合作，以確保人類監督可用的準確度與 ML 程式用法一致。這樣，才能明白可以做出的假設極限，並提供一切必要的東西來充分利用資料，確保整個系統的成功。

總結

綱要是理解訓練資料最重要的概念之一，是您的理想機器學習系統要達成的內容；綱要是對「內容」、「位置」以及一系列關係的理解，是原始資料、機器學習和有用預測之間的橋梁。

您在本章學到重要的概念，如標籤和屬性，並深入探討屬性的具體細節，如範圍、類型和限制。還瞭解了方框和多邊形等空間類型，以及它們與標籤和屬性的關係；最後總結電腦視覺空間類型，以及圍繞著關係和序列的概念。

然後，綱要概念必須對機器學習有所幫助。本章舉例說明機器學習耗用抽象綱要和訓練資料產品的方式，以更廣泛的觀點作為結尾，包括人工智慧資料生產與機器學習系統耗用之間的概念性界線。之後，將深入探討資料工程，涵蓋原始資料儲存方面的問題、格式和映射、資料存取、安全性，以及預標記（現有預測）插入。

10 一個點雲儲存座標的三元組（x、y、z），通常有幾百萬個這些點。相比之下，一個單獨的 4K 影像包含超過 800 萬個 RGB（紅綠藍）三元組。

第四章

資料工程

引言

在前幾章中，您已經接觸了抽象概念，現在將從技術介紹中前進，討論實作細節和更主觀的選擇。我將展示在實務上處理訓練資料的藝術，同時會帶領各位瞭解擴展到更大專案以及優化效能的方式。

資料擷取是第一步，也是最重要的步驟之一。而擷取的第一步是建立和使用一個資料紀錄系統（*system of record*，*SoR*），SoR 的一個範例是訓練資料資料庫。

為什麼資料擷取很難？原因很多，例如，訓練資料是一個相對較新的概念，存在各種格式和通訊方面的挑戰。資料的量、種類和速度各不相同，並缺乏一致標準，而導致各種處理方式。

此外，還有許多概念，例如使用訓練資料資料庫，以及可以存取資料的時機和人員，就算是經驗豐富的工程師也不是那麼清楚。擷取決策最終決定了查詢、存取和匯出方面的考量。

本章分為以下部分：

- 想使用資料的人，以及想使用的時機
- 資料格式和通訊方法重要之因；想想「傳話遊戲」（game of telephone）
- 介紹訓練資料的資料庫，以作為紀錄系統
- 入門的技術基礎
- 儲存、特定於媒體的需求和版本控制

- 資料的格式和映射的商業考量
- 資料存取、安全性和預標記的資料.

要達成以資料驅動或以資料為中心的方法，需要工具、迭代和資料。迭代越多、資料越多，就越需要出色的組織來處理。

可以按照擷取資料、探索資料和標註資料的順序操作，或者可以從擷取資料直接轉到對模型除錯。在串流到訓練之後，可以擷取新的預測、然後對這些預測除錯，再使用標註工作流程。越依賴資料庫來完成繁重的工作，就越不需要自己做。

誰需要資料？

在深入探討各種挑戰和技術細節之前，先來談談目標和涉及的人，並討論資料工程為這些終端使用者和系統提供服務的方法。之後，我將談談需要訓練資料資料庫的概念性原因，分別就沒有它的預設情況，以及有的情況下來說明這種需求。

為了便於討論，會將參與者分為以下群組：

- 標註者
- 資料科學家
- 機器學習程式（機器對機器）
- 應用工程師
- 其他利益相關者

標註者

標註者需要在正確時間，以正確權限提供正確資料。通常，這會在單一檔案等級上完成，並由範圍非常具體的請求來驅動，重點是權限和授權。此外，資料需要在適當的時間交付，但什麼是「適當的時間」？嗯，一般來說，這意味著按需（on-demand）或線上存取，指由軟體程序例如任務系統識別出檔案，並且以快速的回應時間來提供服務。

資料科學家

資料科學最常從資料集的角度來觀察資料，會將大部分重點放在查詢能力、處理大量資料的能力以及格式化上。理想情況下，還應該能深入探究特定樣本，並從量化和質化的角度比較不同方法的結果。

機器學習程式

機器學習程式的發展路徑與資料科學相似。不同之處包括權限，通常程式比個別資料科學家有更多存取權限；以及呈現資訊的時機和方法，通常會更注重整合和流程導向，而非按需分析。機器學習程式經常可以擁有軟體定義的整合或自動化。

應用工程師

應用工程師關心將資料從應用程式傳輸到訓練資料資料庫，以及將標註和監督嵌入到終端使用者中的方法。每秒查詢即吞吐量和資料量通常是其首要關注點。有時會陷入一個盲點，即資料會從「攝取」團隊或應用程式，直線地流向資料科學家。

其他利益相關者

對訓練資料感興趣的其他利害關係者可能包括安全人員、DevMLOps 專業人士或備份系統工程師等，這些群組通常對跨領域的議題和其他使用者或系統需求有著交叉關注，例如，安全人員關心已提及的最終用戶權限，還要小心不要讓一個資料科學家，就成為影響失敗的關鍵點，例如，將整個資料集放在他們的機器上，或讓他們對遠端資料集擁有過於廣泛的存取權限。

現在，您已經瞭解參與群組的概述，那他們會如何互相交流？又如何共同工作呢？

傳話遊戲

這個遊戲是「一個人先想出一個短語，然後以耳語方式說給坐在旁邊的人，這個人再將聽到的內容同樣以耳語方式說給下一個人聽，一個傳一個，直到最後一個人聽到這個短語為止。通常，這中間會有不斷累積的錯誤，因此最後一名玩家聽到的話，會與第一名玩家說的話有很大不同，而造成有趣或幽默的效果。」[1]

以此為比喻，可以將次優（suboptimal）的資料工程想像成一場傳話遊戲，如圖 4-1 所示，每個階段都增加累積的資料錯誤，而且實際上還會比圖形顯示的更糟糕，這是因為感測器、人類、模型、資料和機器學習系統，都以非線性方式交互作用。

1 來自 Google Answers

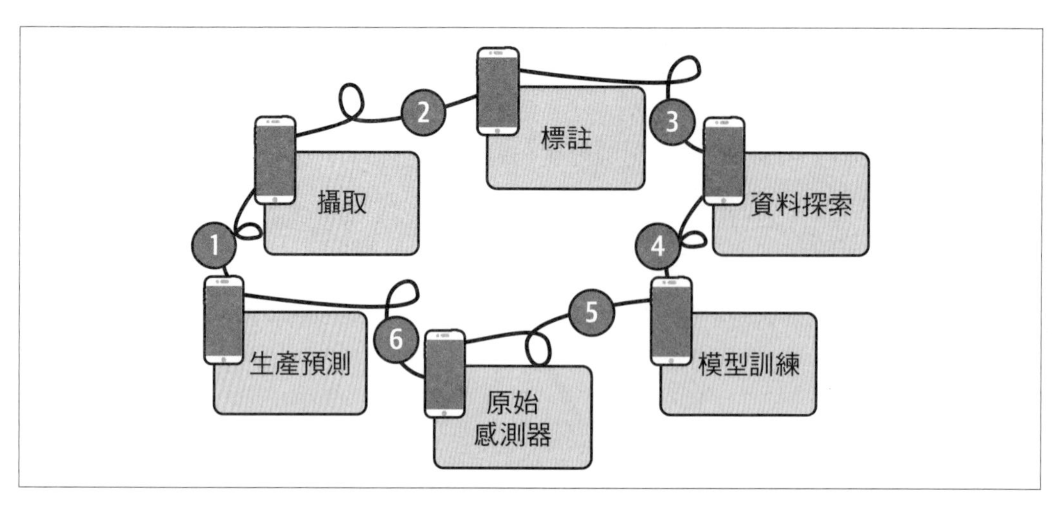

圖 4-1　如果沒有紀錄系統，資料錯誤會像傳話遊戲一樣累積

與遊戲不同的是，在訓練資料中，這些錯誤並不好笑。資料錯誤會導致效能不佳、系統退化和故障，並導致現實世界中的實質和財務損害。在每個階段，不同的格式、不完整或漏失的資料定義和假設，都將導致資料變形和混亂，就算這個工具瞭解「xyz」的屬性，下一個工具也可能不知道。然後這種情形不斷重複，下一個工具可能不會匯出所有屬性，或者會隨機修改等等。無論這些問題在理論上看似多麼微不足道，在現實世界中始終都會造成麻煩。

在大型、多團隊的情境中，以及未考慮主要群組的整體需求時，這個問題尤其普遍。作為一個具有新興標準的新領域，再怎麼看似簡單的事情也沒有清楚的定義，換句話說，對於訓練資料來說，資料工程尤其重要。如果您有一個（新）綠地（greenfield）專案，現在就是規劃資料工程的完美時機。

要怎麼知道何時需要紀錄系統？接下來就來探討這一點。

需要紀錄系統的時候

從規劃新專案到重新思考現有專案，需要訓練資料紀錄系統的訊號包括以下項目：

- 團隊之間有資料漏失現象，例如，因為每個團隊都擁有自己的資料副本。
- 團隊匯總其他團隊的資料，但僅使用其中一小部分，例如，有更好的查詢結果時。

- 存在對非結構化或半結構化格式，例如 CSV、字串或 JSON 等的濫用或過度使用，例如，將輸出傾印到儲存桶中的許多 CSV 檔案中。
- 有時會有這種情形：只有產生該資料的獨特應用程式才認識的格式，例如，人們可能在知道此事後載入未結構化或結構不佳的資料，並希望得到最佳結果。
- 有一種過度假設，認為每個系統都將按照特定、預先定義的串聯順序運行，而不是採用更具組合性的設計。
- 整個系統的效能未達預期，或者模型上線或更新的時程緩慢。

或者，您可能根本沒有真正的紀錄系統。如果您有一個系統，但它在整體上無法全面性地代表訓練資料的狀態，例如只能將其視為標記而不是流程重心，則其用處可能會很低。這是因為可能需要不合理的溝通程度來更改，例如，更改綱要不是一個快速的 API 呼叫或一個 UI 互動就能完成的。也意味著應由終端使用者完成的更改，就必須視為工程等級的更改。

如果每個團隊都擁有自己的資料副本，將會有不必要的通訊和整合開銷，而且可能會漏失資料。這種複製通常是「原罪」，因為一旦有多個團隊這樣做，就需要進行工程等級的更改來更新整個系統，也就是說，會有不流暢的更新，且會導致整體系統效能不符合預期。

使用者的期望和資料格式變化頻繁，以至於解決方案不能過於僵化和自動化。所以不要將這個問題視為自動化問題，而應該自問「訓練資料的重心在哪裡？」它應該與人類和紀錄系統，例如訓練資料庫結合，以獲得最佳結果。

規劃出色的系統

所以，要如何避免傳話遊戲呢？就從規劃開始。以下是一些思考切入點，之後我會介紹實際設置的最佳實務。

首先，要建立一個對業務來說有意義的工作單位，例如，一家分析醫療影片的公司，可能是單一的醫療程序。接著考慮每個程序內部需要多少模型，不要只假設一個！以及多久將更新一次、資料如何流動等等問題，「整體系統設計」（第 172 頁）會更深入討論，現在只是想確認，擷取通常不是「一次完成」的事情，需要持續維護，並且可能會隨著時間的推移而擴展。

第二個要思考的是資料儲存和存取，也就是要建立紀錄系統，例如訓練資料資料庫。儘管有可能「自己動手」，但難以全面考慮所有團隊的需求，使用訓練資料資料庫越多，要管理複雜性就會越容易；使用獨立式的儲存越多，團隊就越容易重複之前已做過的事情。

建構出色的攝取子系統需要考量一些具體事項。通常在理想情況下，這些感測器應直接餵入訓練資料系統，請衡量一下感測器、預測、原始資料和您的訓練資料工具之間有多大的距離，或跳躍（hop）。

生產資料通常需要人類審查，在資料集的等級上分析，並可能進一步「探勘」以求改善。預測越多，系統進一步修正的機會就越多，所以需要考慮以下問題：生產資料要如何以有用的方式傳遞到訓練資料系統？在工具化過程中，資料會重複多少次？

我們對資料的不同用途之間區別有什麼樣的假設？例如，用訓練資料工具查詢，會比期望資料科學家匯出所有資料後再自行查詢，更容易擴展。

天真和以訓練資料為中心的方法

處理訓練資料時通常會採取兩種主要方法。其中一種我將稱之為「天真」（naive），另一種則更注重資料本身的重要性：以資料為中心（data-centric）。

天真方法傾向於將訓練資料視為只是一系列現有步驟中的附加步驟；以資料為中心的方法，則將監督資料的人類行為視為系統「重心」。本書的許多方法和以資料為中心的思維非常吻合，或者在某些方面直接等同於以資料為中心，這在某種程度上，使得訓練資料優先（training-data-first）的心態，與以資料為中心的思維成為同義詞。

例如，訓練資料資料庫具有用於機器對機器存取的原始資料、標註、綱要，和映射的定義和／或實際儲存。

各種方法間自然存在一些重疊。一般來說，天真方法的能力越強，看起來就越像是以訓練資料為中心方法的再創造。雖然使用其他方法也可能達到理想的結果，但以訓練資料為中心的方法，會更容易一致地達到理想結果。

先來看看天真方法的運作方式。

天真方法

在天真方法中，通常感測器會獨立捕捉、儲存和查詢資料，如圖 4-2 所示，這看起來就像一個線性過程，具有預先建立的開始和結束條件。

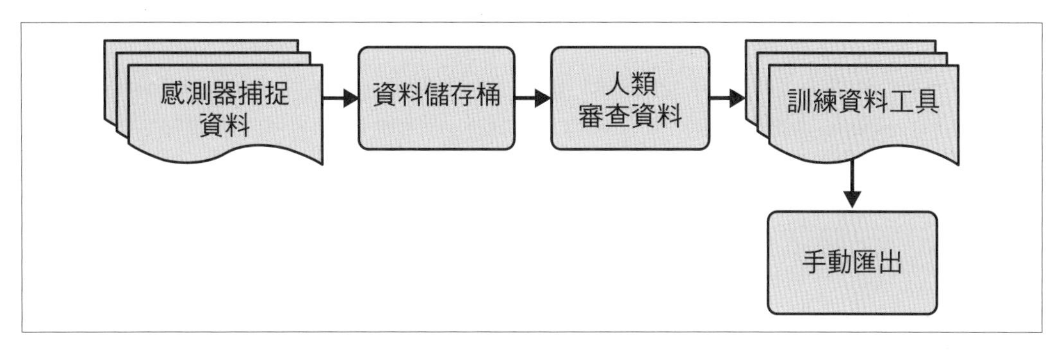

圖 4-2　天真的資料工程過程範例

使用天真方法的最常見原因包括：

- 專案開始時，還沒有成熟的工具支援以訓練資料為中心的方法。
- 工程師還不知道以訓練資料為中心的方法。
- 新系統的測試和開發。
- 老的、歷史性的資料，不會出現新資料（罕見）。
- 不適合使用以訓練資料為中心的方法（罕見）。

天真方法通常看起來像前面提到的傳話遊戲。由於每個團隊都擁有自己的資料副本，因此隨著資料的傳遞，錯誤會累積；加上沒有紀錄系統，或者紀錄系統不包含完整的訓練資料狀態，因此難以在使用者等級更改。總體而言，要以安全方式更改是一件困難的事，交付和迭代的速度也會越來越慢，整體結果就會越來越糟糕。

此外，天真方法通常與隱藏或未定義的人工流程有關。例如，某個工程師在本地端機器上，使用一個腳本來執行整個流程的一些關鍵部分，但該腳本並未記載下來，或無法合理地讓其他人使用。這通常是因為不理解使用訓練資料資料庫的方法，而不是有意為之。

在天真方法中，會增加不必要複製資料的機會。除了已經提到的團隊之間概念瓶頸之外，它還增加了硬體成本，例如儲存和網路頻寬，或許還會導入安全問題，因為各個副本可能有不同的安全機制。例如，在系統的處理鏈早期，匯總資料或找出關聯性的團隊可能會繞過安全性。

在天真方法中的一個主要假設是，人類管理員會手動審查資料，通常是資料集等級上審查，以便只匯入看似需要標註的資料；換句話說，只會匯入事先指定要標註的那些資料，且通常是透過相對不一致的方式。這種「匯入前隨機管理」假設，會難以有效地監督生產資料以及使用探索方法，並且由於隱藏的編輯過程的手動及未定義特性，通常會對流程產生瓶頸。這本質上是依賴於隱含性、由管理員推動的假設，而不是與包括主題專家（SME）在內的多個利益相關者一起明確定義流程。說直一點，問題不在於審查資料，而是在於由更大團隊層面推動的流程，比單一管理員以隨意方式工作來得好。

請從概念上考慮這個問題，而不是從實際的自動化角度。軟體定義的資料攝取流程本身對於系統整體狀態的指標性不大，因為它並未涉及與使用訓練資料庫相關的任何真正架構問題。

以訓練資料為中心（紀錄系統）

另一種選項是以訓練資料為中心的方法。如圖 4-3 所示，訓練資料資料庫是以訓練資料為中心方法的核心，形成您應用程式的紀錄系統。

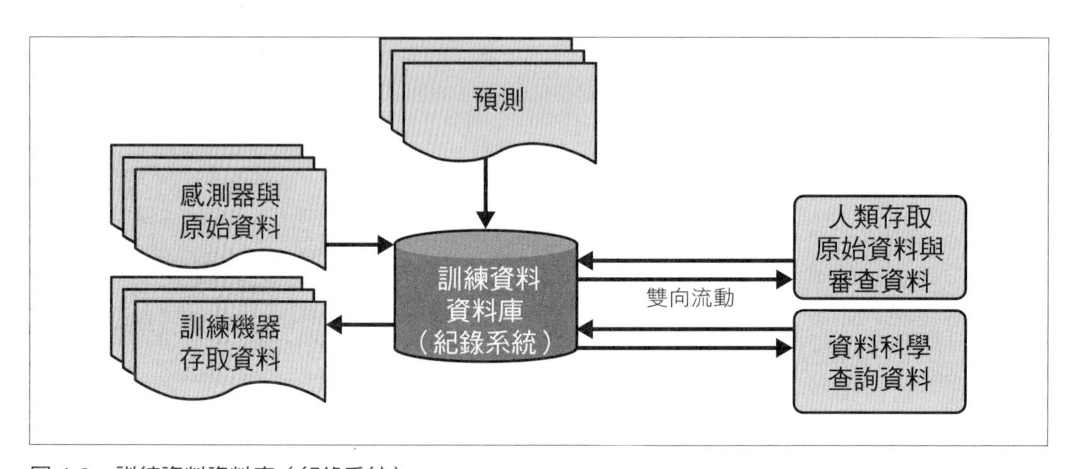

圖 4-3　訓練資料資料庫（紀錄系統）

訓練資料資料庫包含原始資料、標註、綱要，以及用於機器之間存取的映射等項目定義和／或實際儲存。理想情況下，它是系統的完整定義，這意味著在給定訓練資料資料庫的情況下，可以在無需額外工作的情況下，重建整個 ML 過程。

將訓練資料資料庫做為紀錄系統時，也就具有了所有團隊中儲存和存取訓練資料的中心位置。資料庫的使用越多，整體結果越好，就像在傳統應用程式中正確使用資料庫一樣是必不可少的。

使用訓練資料資料庫的最常見原因有：

- 它支援轉移到以資料為中心的機器學習。這意味著可以專注於藉由改善資料，而不僅僅是改善模型演算法，來提高整體效能。
- 將訓練資料定義集中在一個地方，有助於更容易地使多個機器學習程式保持一致。
- 它支援終端使用者監督（標註）資料，並支援在工作流程和應用程式中更深入地嵌入終端使用者監督。
- 這樣的資料存取是基於查詢的，而不需要大量複製和額外的彙總步驟。

訓練資料和資料科學之間的區別，在它們的整合點處自然會最模糊。實務上，從訓練資料系統中呼叫機器學習程式是合理的。

使用訓練資料資料庫的其他原因包括以下方面：

- 它將視覺化 UI 與資料建模，例如查詢機制的要求分離。
- 它能夠更快速地存取用於資料發掘、標記等的新工具。
- 它支援使用者定義的檔案類型，例如，將「互動」表達為一組影像和文字，這支援了靈活的迭代和由終端使用者驅動的變更。
- 它避免了資料重複，並將外部的映射定義和關係儲存在一個地方。
- 它使團隊能夠以最快的速度工作，而不必等待各離散階段完成。

但訓練資料資料庫方法也存在一些問題：

- 使用訓練資料資料庫需要知曉其存在，並理解其概念。
- 工作人員需要擁有使用訓練資料資料庫的時間、能力和資源。

- 建立良好的資料存取樣式可能需要重新調整到新的語境。
- 以紀錄系統來說，它的可靠性經歷和較老的系統無法相比。

理想情況下，例如從應用程式到資料庫，與其決定要發送哪些原始資料，所有相關的資料都應該先發送到資料庫，然後人們再選擇要標註的樣本。這有助於確保它是真正的紀錄系統。例如，可能存在一個「應該標記內容」的程式，該程式會使用所有資料，即使人們只審查其中的一部分。透過訓練資料資料庫，將所有資料提供給「應該標記內容」程式會變得很容易，最容易記住這一點的方法，是將訓練資料資料庫視為過程的重心。

訓練資料資料庫承擔了管理對原始媒體的參照角色，甚至還包含實際位元組儲存的角色。這意味著將資料直接傳送到訓練資料工具。在實際實作中，可能會有一系列的處理步驟，但出發點是資料的最終安放之處，也就是真相的來源，會位於訓練資料資料庫內。

訓練資料資料庫是系統的完整定義，這意味著在給定訓練資料資料庫的情況下，可以建立、管理和重建所有終端使用者機器學習應用程式的需求，包括機器學習流程，而無需額外工作，這超越通常更注重自動化、建模和可重複性的 MLOps，而只專注在機器學習方面。您可以將 MLOps 視為較具策略性、以訓練資料為中心方法的一個子問題。

訓練資料資料庫從一開始就考慮到多個使用者的需求並相應地規劃。例如，一個旨在支援資料發掘的應用程式，可以確保在資料匯入時自動建立用於資料發掘的索引。當它儲存標註時，也可以同時建立用於發掘、串流及安全等的索引。

與此密切相關的主題是將資料匯出到其他工具。或許您希望執行某個程序來探索資料，然後需要將它發送到另一個工具，以進行安全處理，例如模糊化個人識別資訊，接著需要將資料發送到其他公司標註，然後從他們那裡獲得結果後，再將其輸入到模型等。假設在這些步驟中的每一步，都存在映射（定義）問題，工具 A 的輸出格式與工具 B 的輸入格式不同，這種資料轉移通常需要比使用其他常見系統時更多的計算資源。從某種意義上說，每次轉移都像是一次小型的資料庫遷移，因為所有資料的元件都必須經過轉換過程；第 41 頁的「規模」小節有相關討論。

一般來說，感測器與訓練資料工具之間的連結越緊密，所有終端使用者和工具合作的潛力就越大。在感測器和工具之間添加的每一個步驟，幾乎都必定會成為一個瓶頸，資料仍然可以同時備份到其他服務，但通常這意味著從第一天開始，就在訓練資料工具中組織資料。

首先的步驟

假設您已經準備好使用以訓練資料為中心的方法，但應該如何開始？

首先的步驟是：

1. 設置訓練資料資料庫的定義
2. 設置資料攝取

首先要考慮定義。訓練資料資料庫將所有資料放在一個地方，包括對其他系統的映射定義，這意味著紀錄系統，和與訓練資料系統內部及外部運行模組相關的映射定義，只有一個單一的存放地點，降低了映射錯誤、資料傳輸需求和資料重複的問題。

在開始實際輸入資料之前，首先需要涵蓋一些其他術語：

- 原始資料儲存
- 特定於原始媒體 BLOB 的關注
- 格式和映射
- 資料存取
- 安全性關注

讓我們從原始資料儲存開始。

原始資料儲存

目標是將原始資料，例如影像、影片和文本，轉換為可用於訓練資料工作的形式，難易度會根據媒體類型的不同而異。少量文本資料的話，任務相對簡單；大量影片或更專業的資料，如基因組學資料，就會變成核心挑戰。

通常會將原始資料儲存在儲存桶的抽象化中，這可以在雲端上或使用 MinIO 等軟體。有些人喜歡將這些雲端儲存桶視為「倒了就忘」的地方，但實際上有很多效能調整選項可供選擇。在訓練資料的規模下，原始資料儲存的選擇非常重要。

在確定儲存解決方案時，需要牢記一些重要的考慮因素：

儲存類別

　儲存層次之間的主要差異可能比一開始看到的還多，涉及到存取時間、冗餘（redundancy）及地理可用性等方面的取捨，這些層次之間的價格差異相差數個數量級。要注意的最關鍵工具之一是生命週期規則，例如，Amazon S3 的生命週期規則中，通常只需點擊幾下，即可設置策略，根據檔案的年分自動將其移至更便宜的儲存選項。更詳細的最佳實務範例可以在 Diffgram 的網站上找到（*https://oreil.ly/y8zzM*）。

地理位置（又稱地區、區域）

　您是否將資料儲存在大西洋的另一邊，並讓標註者在這邊存取？值得考慮的是實際的標註位置，以及是否有更靠近該位置的資料儲存選項。

供應商支援

　不是所有標註工具，都對所有主要供應商提供同等程度的支援。請記住，這些服務通常可以手動整合，但會比擁有原生整合的工具需要付出更多努力。

從這些儲存供應商存取資料的支援，和在該供應商上執行的工具是不同的。一些工具可能支援從所有 3 個儲存供應商存取資料，但作為一項服務，該工具本身執行在單一的雲端平台上。如果您有一個安裝在自己雲端平台上的系統，通常該工具將支援所有 3 個儲存供應商。

例如，您可以選擇在 Azure 上安裝系統，然後從 Azure 中提取資料到工具中，這將帶來更好的效能。但是，這並不妨礙您根據需要，從 Amazon 和 Google 中提取資料。

按參照還是按值

按參照（by reference）儲存意味著僅儲存小部分資訊，例如字串或 ID，以便可以識別，並存取現有來源系統上的原始位元組。按值（by value）儲存意味著複製實際位元組，一旦將它們複製到目標系統，就不再依賴於來源系統。

如果要保持資料夾結構，某些工具支援參照檔案而不是實際傳輸。這樣做的好處是減少資料傳輸，缺點是它可能會出現壞掉的連結。此外，關注點的分離可能是一個問題；例如，某個其他過程可能會修改標註工具期望能夠存取的檔案。

即使採用對原始資料進行參照傳遞（pass-by-reference）的方法，訓練資料資料庫作為表達真實的系統也相當重要。例如，資料可能會組織成資料庫中的集合，而這些集合在儲存桶組織中並未表示；此外，儲存桶僅代表原始資料，而資料庫則包含標註和其他相關定義。

為了簡單起見，最好將訓練資料資料庫視為一個抽象化，即使原始資料儲存在資料庫的實體硬體之外，如圖 4-4 所示。

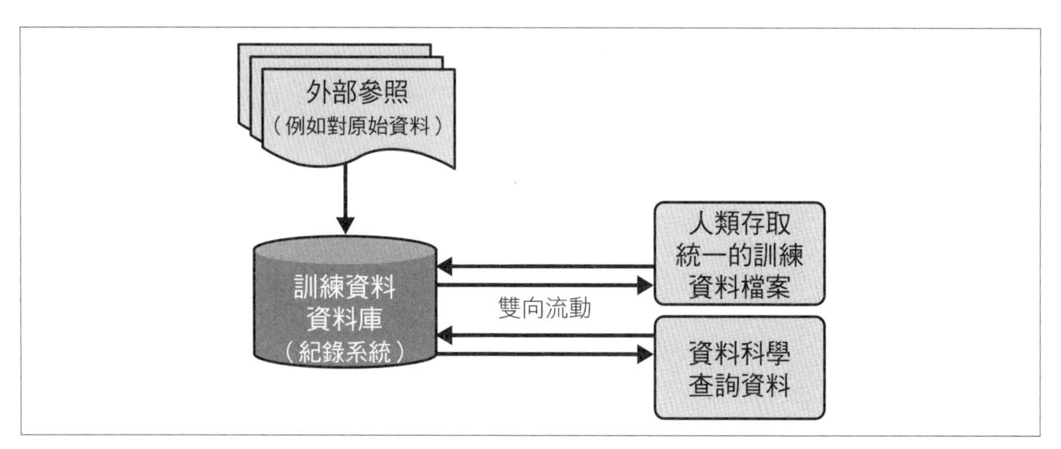

圖 4-4　具有對外部儲存的原始資料參照的訓練資料資料庫

自家硬體上的現成專用訓練資料工具

假設您的工具是可靠的，如果可以檢查原始碼的話。在這種情況下，可信任訓練資料工具來管理簽名（signed）URL 過程，並處理身分驗證和存取管理（identity and access management，IAM）方面的問題。在這一點確立之後，唯一真正要關心的是它使用的是什麼儲存桶，通常這會是一次性問題，因為工具會管理 IAM。對於進階使用案例，該工具仍然可以連接到單一登錄（single sign-on，SSO）或更複雜的 IAM 方案。

注意：工具不必在硬體上執行。更進一步的做法是信任訓練資料工具，並且也信任服務供應商來託管／處理資料。雖然這是一個選項，但請記住這提供了最少的控制程度。

資料儲存：資料在哪裡？

一般來說，任何形式的工具都會產生某種形式的資料，該資料將新增到「原來的」資料中。BLOB 資料通常是按參照儲存，或者透過實際移動資料來儲存。

這意味著，如果我有資料儲存在儲存桶 A 中，並且使用工具來處理，則儲存桶 A 中要不是需要包含額外資料，就是需要一個新的儲存桶 B 以供該工具使用。這適用於 Diffgram、SageMaker 以及據我所知的大多數主要工具。

根據成本和效能目標，這可能是一個關鍵問題，也可能無關緊要。在實務層面上，對於大多數使用案例，只需要記住兩個簡單的概念：

- 預期會產生額外的資料。
- 知道資料儲存位置，但不要過分思考。

同樣地，我們實際上不會質疑像是 PostgreSQL Write-Ahead Log（WAL）會產生多少儲存空間等問題。我個人認為，在這方面最好信任訓練資料工具；如果有問題，也應該在訓練資料工具的影響範圍內處理它。

外部參照連接

一個可以建立的有用抽象化，是從訓練資料工具到現有外部參照，例如一個雲端儲存桶的連接。對於執行此操作的方法有各種不同意見，而其具體細節會因硬體和雲端供應商而異。

對於非技術使用者，這本質上是「登錄」到一個儲存桶。換句話說，我建立一個新的儲存桶 A，並從 IAM 系統中獲得使用者 ID 和密碼，即客戶端 ID／客戶端密碼，將這些憑證傳遞給訓練資料工具，它會安全地儲存它們。需要時，訓練資料工具會使用這些憑證與儲存桶互動。

特定於原始媒體（BLOB）類型的

BLOB 是二進位大型物件（Binary Large Object）的縮寫，它是媒體的原始資料形式，也可稱為「物件」；儲存原始資料 BLOB 的技術稱為「儲存桶」（bucket），或「物件儲存區」（object store）。根據不同媒體類型，要考量特定關注點，每種媒體類型都有遠比此處列出的更多關注點，必須根據需求來研究每種類型。訓練資料資料庫將幫助格式化 BLOB，以利多個終端使用者，例如標註者和資料科學家使用，在這裡只指出一些最常見的需考慮因素。

影像

通常，影像不需要任何技術上的資料準備，因為它們是單獨的小檔案。像是 TIF 這種較複雜的格式通常會「展平」，雖然在某些工具中可以保留圖層。

影片

將影片檔案分割成較小的片段以便於標註和處理是常見的做法，例如，可以將一個 10 分鐘的影片分成 60 秒的片段。

採樣圖框是減少處理額外開銷的一種方法，可以透過降低圖框率，並提取圖框來達成，例如，可以將每秒 30 圖框（frames per second，FPS）的檔案轉換為每秒 5 或 10 圖框。缺點是失去太多圖框可能會使標註變得更加困難，例如，可能刪除影片中的關鍵時刻，或者可能失去使用其他相關的影片功能，如內插（interpolation）或追蹤的能力；因這些功能依賴於對擁有某個特定圖框率的假設。通常最好讓影片保持為可播放的影片，並提取所有所需的圖框，這可以改善終端使用者的標註體驗，並有效地提高標註能力。

聚焦於事件的分析需要發生某事時的確切圖框，如果刪除了許多圖框，很有可能就丟失這些圖框了。此外，保留所有圖框時，可以透過「查找有趣的亮點」採樣完整資料，這將導致標註者看到更多「有趣」的事情發生，從而獲得更高品質的資料。物件追蹤和內插進一步強調了這一點，因為標註者可能只需要標註少數圖框，並且通常可以透過這些演算法「免費」標註許多圖框。儘管實際上，鄰近的圖框通常很相似，但擁有額外的資料通常仍然有助於提高品質。

一個例外是有時候，高圖框率的影片，例如 240-480 FPS 或更高，可能仍需要降低到 120 FPS 或類似的圖框率。請注意，即使有許多圖框可以標註，仍然可以選擇只在完成的影片、完成的圖框等之上訓練模型。如果必須降低圖框的採樣率，請使用全域參考圖框來維持向下採樣圖框，與原始圖框之間的映射。

3D

通常會需要將每個檔案轉換為一系列 x、y、z 三元組（3D 點），傳輸到 SDK。

文本

需要選擇所需的斷詞程式（tokenizer），或確認系統使用的斷詞程式是否滿足您的需求。斷詞程式會基於舉例來說空格，或使用更複雜的演算法，將單字分成較小的元件；有許多開放原始碼的斷詞程式，但對這方面的詳細描述已超出本書範圍。還可能需要一個將 BLOB 檔案（例如 .txt）轉換為字串，或反之的過程。

醫學

如果該工具未支援您的特定醫學檔案，則可能需要降低顏色頻道、選擇要使用的 z 軸或切片，並從過大的單一影像中裁剪出影像。

地理空間

GeoTiff 和 Cloud-Optimized GeoTIFF（COG）是地理空間分析中的標準格式。並非所有訓練資料工具都支援這兩種格式；但是，當有支援時，趨勢似乎是採用 COG。請注意，可能需要更改投影映射來標準化圖層。

格式和映射

原始媒體只是謎題的一部分，標註和預測是另一個重要部分。要以設置資料定義的方式，而不是以一次性匯入的方式來思考，定義越好，資料就越容易在機器學習應用程式之間流動，終端使用者就越能在無需工程處理的情況下更新資料。

使用者定義類型（複合檔案）

現實世界中的案例通常涉及多個檔案，例如，駕駛執照有正面和背面。我們可以考慮建立一個新的使用者定義類型「駕駛執照」，讓它支援兩個子檔案，每個子檔案都是影像。或者可以考慮一個具有多個文本檔案、影像等的「富文本」（rich text）對話。

定義 DataMap

DataMap 處理了在應用程式之間載入和卸載定義的操作，例如，它可以將資料載入到模型訓練系統或「要標註的內容」分析器中。有了這些明確的定義，終端使用者可以實現平滑的整合，並解決需要工程等級變更的需求。換句話說，它將應用程式呼叫的時機與資料定義本身解耦合，範例包括宣告空間位置格式 `x_min`，`y_min`，`x_max`，`y_max` 和 `top_left`，`bottom_right` 之間的映射，或將模型的整數結果映射回到綱要。

攝取精靈

不同工具中最大的差距之一通常圍繞著這個問題：「在系統中設置並維護資料有多難？」然後是它可以攝取哪種媒體？可以多快地攝取？

這個問題在其他軟體形式中還沒有如此明確地定義。您知道第一次收到文件的連結並載入它時的情況嗎？或者在您的電腦上開始載入一些大文件的情況？

近來出現了像是「匯入精靈」這樣逐步指導式表單的新技術，有助於簡化部分資料匯入過程。雖然我一心期望隨著時間的推移，這些流程會變得更加簡單，但您對幕後情況越瞭解，就越能理解這些新鮮又精采的精靈實際的運作方式。這最初是針對基於雲端系統的檔案瀏覽器開發的，目前已經發展成完整的映射引擎，類似於手機上的智慧型交換應用程式，就像那個可以讓您從 Android 和 iPhone 之間移轉所有資料的應用程式。

整體而言，其工作原理是透過映射引擎，例如匯入精靈的一部分，來引導您完成將一個資料來源的每個欄位，映射到另一個資料來源的過程。映射精靈價值連城，能省下進行更技術性整合的需求，通常會提供更多驗證和檢查，來確保資料符合期望；例如先在 Gmail 中查看電子郵件預覽，再決定是否打開這個 App。最棒的是，一旦映射設置好後，就可以從列表中輕鬆替換出去，而無需任何語境切換！

這件事的影響難以言喻。以前，您可能因為要將資料傳輸到新的模型架構、商業預測服務等而猶豫不前，因為必須要處理資料的細微之處；現在這種作法能大大減輕這種壓力。

精靈的局限性是什麼？首先，某些工具尚不支援它們，因此它們可能根本無法使用。另一個問題是，它們可能會強加技術限制，而這些限制在更純粹的 API 呼叫或 SDK 整合中並不存在。

組織資料和有用的儲存

通常，首要挑戰之一是，組織您已經捕獲或將要捕獲資料的方法，這會比一開始時看起來要困難得多的原因之一，是這些原始資料集通常是遠端儲存的。

本文撰寫時，雲端資料儲存瀏覽器通常不如本地端檔案瀏覽器成熟；因此，即使是最簡單的操作，例如坐在螢幕前拖動檔案，也可能會是新的挑戰。

以下是一些實際建議：

嘗試在過程的早期將資料放入標註工具中。例如，當新資料進來時，可以在寫入到通用物件儲存的同一時間，將資料參照寫入標註工具，這樣，就可以在某種程度上「自動地」組織它，或者更流暢地募集團隊成員來幫忙組織層級的任務。

請考慮使用有助於顯示「最有趣」資料的工具。這是一個新興領域，但很明顯的，這些方法雖然存在挑戰，不過仍具有價值，並且似乎越來越好。

請使用標籤。聽起來很簡單，但使用具有業務等級組織性資訊的標記資料集很有幫助，例如，資料集「訓練感測器 12」可以標記為「客戶 ABC」。標籤可以交叉涵蓋資料科學的關注點，並允許實現商業控制 / 組織性，以及資料科學層級的目標。

遠端儲存

資料通常相對於終端使用者而言是遠端儲存的，這是由於資料的大小、安全要求和自動化要求，例如，從整合程式連接、實際執行模型推論的實用性、從節點／系統聚合資料。對於在團隊中工作而言，管理訓練資料的人可能不是蒐集資料的人，如果考量到醫療、軍事、現場施工等使用案例。

即使沒有外部網際網路連接的解決方案，這也是相關的，這些方案通常稱為「實體隔離」（air-gapped）的祕密等級解決方案。在這些情況下，即使終端使用者坐在彼此只有 2 英尺（約 70 公分）之遙，擁有資料的實體系統也可能位於不同位置。

資料儲存在其他地方的意義，是現在需要一種存取它的方法。至少，標註資料的人需要存取權限，並且很可能還需要某種資料預處理過程。

版本控制

版本控制（versioning）對於可重現性（reproducibility）很重要，儘管如此，有時版本控制會受到過多的關注。實際上，在大多數使用案例中，謹記大方向、使用快照（snapshot），並擁有良好的整體紀錄系統定義，將讓您走得更遠。

資料版本控制主要有 3 個等級，即每實例（per instance）（標註）、每檔案（per file）、以及匯出（export），它們之間的關係如圖 4-5 所示。

圖 4-5　版本控制的概括式比較

接下來，我將概括地介紹每個版本。

每實例的歷史紀錄

預設情況下，不會硬性刪除實例。當對現有實例編輯時，Diffgram 會將其標記為軟性刪除，並建立一個接替它的新實例，如圖 4-6 所示；例如，您可以將其用於深入標註或模型審核。預設情況下，當獲取檔案的實例列表時，會假設不傳回已經標記為 soft_deleted 的實例。

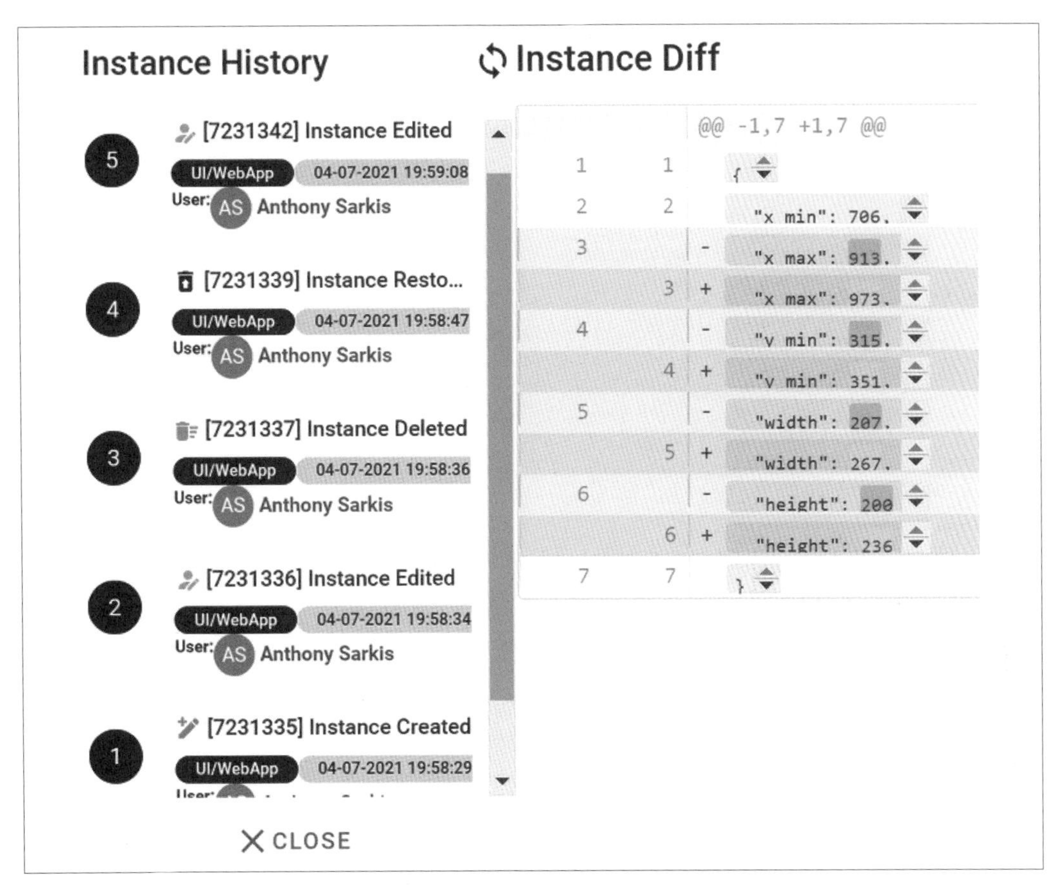

圖 4-6　左圖，使用者介面中的每實例歷史紀錄；右圖，不同時間點相同實例的單一差異比較

每檔案和每集合

每組任務都可以設置為在處理流水線的每個階段會自動建立每個檔案的副本，這會自動維護與任務綱要相關的多個檔案層級版本。

還可以根據需要，以程式設計和手動方式來組織和複製資料到集合中。可以按標籤過濾資料，例如按特定的機器學習執行過程。然後，跨檔案和集合比較，以查看發生的變化。

將檔案添加到多個集合中，讓檔案始終處於最新版本。這意味著可以建構多個具有不同準則的集合，並在標註時立即使用最新版本。關鍵是，這是一個動態版本，因此永遠可以使用「最新」版本。

可以使用這些基本元件，在管理員等級上靈活地管理工作進度版本。

每匯出快照

使用每匯出快照（per-export snapshot），每次匯出都會自動快取為靜態檔案。這意味著可以在任何時候為任何查詢建立快照，並具有可重複存取該特定資料集的方式。這可以與 Webhook、SDK 或使用者腳本結合使用，以自動產生匯出資料，也可以根據需要隨時產生這些匯出資料。例如，可以使用每匯出快照來保證模型存取的是完全相同的資料。匯出的標頭如圖 4-7 所示。

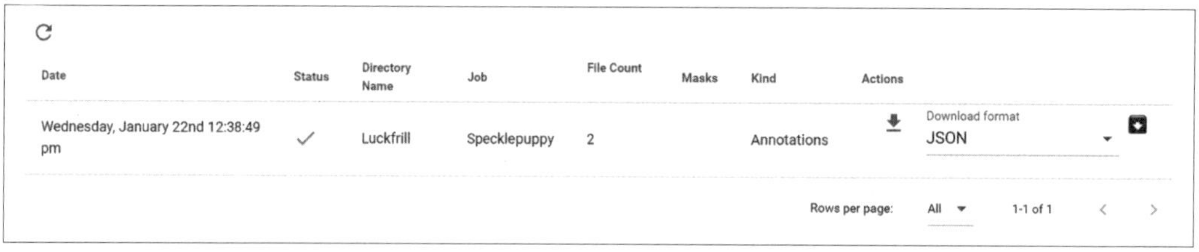

Date	Status	Directory Name	Job	File Count	Masks	Kind	Actions
Wednesday, January 22nd 12:38:49 pm	✓	Luckfrill	Specklepuppy	2		Annotations	Download format JSON

Rows per page: All 1-1 of 1

圖 4-7　匯出的 UI 列表視圖範例

接下來的「資料存取」小節，會更詳細地介紹匯出和存取樣式的取捨。

資料存取

到目前為止，我們已經涵蓋了整體架構性概念，例如使用訓練資料庫以避免「傳話遊戲」；也涵蓋了入門基礎、媒體儲存、映射概念和 BLOB 以及其他格式。現在來討論標註本身，使用以訓練資料為中心方法的好處是，可以獲得內建的最佳實務，例如快照和串流。

串流（streaming）是一個與查詢不同的概念，但在實際應用中密不可分。例如，可以執行一個查詢，其結果是檔案等級匯出資料的 1/100，然後直接在程式碼中串流該資料切片。

需要先瞭解一些重要概念：

- 基於檔案的匯出
- 串流
- 查詢資料

區分儲存、擷取、匯出和存取

一種思考方式是，一般情況下，資料在資料庫中的使用方式，與其在靜態儲存時的方式，以及其查詢方式不同。訓練資料也是如此。有一些過程用於擷取資料，其他過程用於儲存資料，還有一種不同的過程用於查詢資料：

- 原始資料儲存是指對 BLOB 的實際儲存，而不是對假設會保存在單獨資料庫中的標註。
- 擷取涉及資料的吞吐量、架構、格式和映射。通常，這會在其他應用程式和訓練資料系統之間進行。
- 在這個語境中，匯出通常是指從訓練資料系統中一次性基於檔案的匯出（file-based export）。
- 資料存取涉及查詢、查看和下載 BLOB 和標註。

現代訓練資料系統將標註儲存在資料庫中，而不是 JSON 傾印檔案，並提供對這些標註的抽象式查詢功能。

基於檔案的匯出

在版本控制中提到，基於檔案的匯出是資料的某一時刻快照，這通常只是根據一組非常粗略的準則，例如資料集名稱產生。基於檔案的匯出相當直接，所以我不會在此花費太多時間，它與串流的優缺點比較將在下一節中討論。

串流資料

傳統上，標註一直都是匯出到靜態檔案，例如 JSON 檔案。現在您可以將資料直接串流到記憶體中，而不是將產生每次的匯出都視為一次性事件。這就引發了一個問題：「如何將資料從系統中提取出來？」所有系統都提供某種形式的匯出，但需要考慮的是以哪種形式。它是一次性的靜態匯出嗎？還是直接到 TensorFlow 或 PyTorch 記憶體？

串流的好處

- 您可以僅載入所需的資料，這可能僅占 JSON 檔案的一小部分。在大規模情況下，將所有資料載入到 JSON 檔案中可能很不切實際，因此這或許是一個重要的好處。
- 它適用於大型團隊，避免了等待靜態檔案；可以在標註開始之前，甚至在標註進行時，對預期的資料集進行程式設計和工作。
- 它更節省記憶體。因為是串流，而無需將整個資料集載入到記憶體中。這特別適用於分散式訓練、以及在本地端電腦上處理 JSON 檔案顯得不切實際的情況下。
- 它避免了「雙映射」，例如將資料映射到另一種格式，然後再映射到張量（tensor）。在某些情況下，解析 JSON 檔案可能需要比更新幾個張量更多的工作。
- 它提供更大的靈活性；格式可以由終端使用者定義和重新定義。

串流的缺點

- 規格在程式碼中定義。如果資料集發生更改，除非採取其他步驟，否則可能會影響可重現性。
- 它需要網路連接。
- 一些傳統的訓練系統／AutoML 供應商不一定支援直接從記憶體載入，因此可能需要靜態檔案。

在整個過程中要記住的一件事是，我們實際上不希望靜態地選擇資料夾和檔案，實際上是在設置一個事件驅動的流程，在其中會串流新資料。為此，需要將其視為更像是組裝流水線，而不是專注於獲取單一已知集合的機制。

範例：提取和串流處理

在此範例中，將使用 Diffgram SDK 來提取資料集並串流：

```
pip install diffgram==0.15.0

from diffgram import Project
project = Project(project_string_id='your_project')
default_dataset = project.directory.get(name='Default')
# 看看有幾張影像
print('Number of items in dataset: {}'.format(len(default_dataset)))
# 只串流資料集的第 8 個元素
print('8th element: {}'.format(default_dataset[7]))
pytorch_ready_dataset = default_dataset.to_pytorch()
```

查詢介紹

每個應用程式都有自己的查詢語言，該語言通常具有特定於訓練資料語境的特殊結構，還可能支援與其他查詢構造的抽象整合。

為了幫助理解，先從這個簡單的範例開始，以取得所有包含超過 3 輛汽車且至少有 1 名行人的檔案；先假設這些標籤存在於您的專案中：

```
dataset = project.dataset.get('my dataset')
sliced_dataset = dataset.slice('labels.cars > 3 and labels.pedestrian >= 1')
```

與生態系統整合

有許多可用於執行模型訓練和營運的應用程式，截至本文撰寫時，有數以百計屬於這一類別的工具。正如前面提到的，可以在訓練資料工具中設置格式、觸發器、資料集名稱等定義的映射，後面的章節會更深入地探討這些概念。

安全性

訓練資料的安全性至關重要。通常，從安全的角度看，原始資料會比其他形式的資料受到更嚴格的審查。例如，關鍵基礎設施、駕照、軍事目標等的原始資料，都會非常謹慎地儲存和傳輸。

安全性是一個廣泛的主題，必須在本書中單獨深入研究和處理。然而，在處理訓練資料時，還是要討論一些非常重要的問題，特別是在資料工程的背景下，會關注與資料安全性相關的一些常見問題：

- 存取控制
- 簽名 URL
- 個人身分資訊

存取控制

在開始討論存取控制之前，可以先關注幾個主要問題。是哪個系統在處理資料？與系統層級的處理和儲存相關的身分和存取管理（IAM）權限問題有哪些？使用者存取方面有哪些問題？

身分和授權

生產等級的系統通常會使用 OpenID Connect（OIDC）。這可以與基於角色的存取控制（role-based access control，RBAC），和基於屬性的存取控制（attribute-based access control，ABAC）相結合。

在訓練資料的方面，對原始資料的存取往往是最有爭議的部分，在這種情境下，通常可以在每個檔案或每個資料集的層面上解決。在每個檔案的層面上，存取必須由一個了解 {user, file, policy} 三者關係的政策引擎來控制，在檔案層面上管理這可說是相當複雜，通常，在資料集合的層面上達成這一點會比較容易，在資料集層面上，則是透過 {user, set, policy} 來達成。

設置權限的範例

在這個程式碼範例中，將建立一個新的資料集和一個新的安全顧問角色，並在該角色上添加 {view, dataset} 權限的抽象物件配對：

```
restricted_ds1 = project.directory.new(name='Hidden Dataset 1',
    access_type='restricted')
advisor_role = project.roles.new(name='security_advisor')
advisor_role.add_permission(perm='dataset_view', object_type='WorkingDir')
```

然後，將使用者（成員）指派給受限制的資料集：

```
member_to_grant = project.get_member(email='security_advisor_1@example.com')
advisor_role.assign_to_member_in_object(member_id=member.get('member_id'),
    object_id=restricted_ds1.id, object_type='WorkingDir')
```

或者，這可以透過外部政策引擎來完成。

簽名 URL

簽名 URL（signed URL）是一種提供對資源的安全存取技術機制，最常用於原始媒體 BLOB，會涉及身分驗證和授權步驟的安全過程輸出。一個簽名 URL 最常見的處理方式是對資源的一次性密碼，常添加的限制是在預設的一定時間後就會過期。這個過期時間有時只有幾秒，通常不超過一星期；簽名 URL 也可能「幾乎永遠」有效，例如好幾年，但這種情況很少見。簽名 URL 並非訓練資料獨有，進一步研究後可能會讓您受益，因為它們看似簡單但包含許多陷阱。在此僅就訓練資料的語境討論簽名 URL。

要注意的最關鍵事情之一是，由於簽名 URL 是短暫的，所以將簽名 URL 作為一次性事物傳遞並不是一個好主意，這樣做會在 URL 過期時，有效地使訓練資料系統失效，而且也不夠安全，因為時間不是太短無法使用，就是太長而不安全。相反地，最好將它們整合到您的身分驗證和授權系統中，這樣，簽名 URL 可以根據特定的 `{User,Object/Resource}` 配對來按需產生。特定的使用者就能獲得一個短時間過期的 URL。

換句話說，可以使用訓練資料系統之外的服務來產生簽名 URL，只要該服務直接與訓練資料系統整合即可。再次強調，盡可能地將實際的組織邏輯和定義移到訓練資料系統內部，這點很重要。單一登錄（single sign-on，SSO）和身分與存取管理整合，通常會橫跨資料庫和應用程式，因此那也是一個單獨的考量因素。

除了本節所介紹的內容外，訓練資料系統目前還提供新的安全資料保護方式，包括將訓練資料直接傳輸給機器學習程式，從而避免讓一個人需要擁有極高的資料存取權限。建議您閱讀訓練資料系統供應商的最新說明文件，以確保瞭解最新安全的最佳實務。

雲端連接和簽名 URL

需要監督資料的人都必須查看它，這是最低等級的存取，基本上是不可避免的。預處理系統，例如刪除個人身分資訊（PII）的系統、產生縮圖、預標記等，也需要查看資料。此外，對於實際的系統間通訊來說，通常只傳輸 URL / 檔案路徑，再讓系統直接下載資料會更容易。這特別適用於當許多終端使用者系統的上傳速率比下載速率慢得多時，例如，想像一下：「使用在這個雲端路徑上的 48 GB 影片」（數 KB 資料），以及嘗試從家用機器傳送 48 GB 的差異。

有很多方法可以達成這一點，但按資源密碼系統的簽名 URL，目前是最常接受的方法。它們可以「在幕後」運作，但通常最終會以某種形式使用。

出於各種原因，這有時可能是一個有爭議的領域。我將強調一些取捨來幫助您決定系統相關性。

> **簽名 URL**
>
> 簽名 URL 是包含資源，例如影像的位置和整合的密碼 URL，類似於 Google Docs 中的「共享此連結」（share this link）。簽名 URL 還可能包含其他資訊而且通常有時效性，這表示密碼會過期，例如，一個簽名 URL 可能具有以下一般形式：*sample.com/123/?password=secure_password*。請注意：實際的簽名 URL 通常非常長，大約與這段文字的長度相同，甚至更長。

總之，訓練資料提出了一些不尋常的資料處理安全問題，必須牢記：

- 人們會以不同於其他系統的方式查看「原始」資料。
- 管理員通常需要具有相對廣泛的資料存取權限，這在傳統系統中並不常見。
- 由於新媒體類型、格式和資料傳輸方法的不斷增加，關於訓練資料的大小和處理方面存在一些問題。儘管這些問題與傳統系統中熟悉的問題類似，但對於合理的標準來說，還沒有建立起足夠規範。

個人身分識別資訊

在處理訓練資料時，必須謹慎處理個人身分識別資訊（PII）。解決 PII 問題的 3 種最常見方法是，建立符合 PII 的處理鏈、完全避免使用或者移除。

符合 PII 的資料鏈

儘管 PII 在工作流程中帶入了複雜性，但有時還是需要它的存在，也許對訓練來說，PII 還是有必要性或有用處。這需要建立符合 PII 的資料鏈、為員工提供 PII 訓練、並適當的標記以識別包含 PII 的元素。如果資料集包含 PII，且 PII 將不會更改時這也適用。主要考量因素包括：

- OAuth 或類似的身分驗證方法，如 OIDC
- 基於本地或雲端導向的安裝
- 透過參照傳遞資料，而不是發送資料

PII 避免。有可能避免處理 PII。也許您的顧客或使用者可以是實際查看自己的 PII 的人。這可能仍然需要一定程度的 PII 合規工作，但如果您或您的團隊直接查看資料，則需要的合規工作會少一些。

PII 移除。可能可以透過剝離、移除或聚合資料，來避免涉及 PII，例如，PII 可能包含在元資料中，如 DICOM 格式的檔案。可能希望完全擦除這些資訊，或者只保留一個 ID，該 ID 回指到一個包含所需元資料的獨立資料庫。或者，PII 可能包含在資料本身中，在這種情況下，則適用其他措施，例如對於影像，這可能涉及模糊臉部和識別標記，如房屋號碼。這將根據所在地的法律和使用案例而有很大差異。

預標記

監督模型的預測是常見的做法。它用於衡量系統品質、改善訓練資料（標註），並對錯誤發出警告，我將在後面的章節中討論預標記（pre-labeling）的利弊，現在只簡要介紹技術細節。預標記的主要出發點，是將已執行模型的輸出呈現給其他流程，例如人工審查。

更新資料

以更新案例來開始看起來可能有點奇怪，但由於機器學習程式通常會更新紀錄，因此在執行模型和機器學習程式之前制定更新計畫很重要。

如果資料已經存在於系統中，則需要參考檔案 ID 或某種其他形式的標識，例如檔案名稱，以與現有檔案匹配。對於大量影像、頻繁更新或影片等，比起重新匯入和重新處理原始資料，更新現有已知紀錄的速度會快上許多。

最好在訓練資料程式中定義機器學習程式和訓練資料之間的定義。

如果無法這樣做，至少將訓練資料檔案 ID 與模型訓練的資料一起包括在內。這樣做將允許您稍後以較輕鬆的方式，使用新結果來更新檔案。這個 ID 比檔案名稱更可靠，因為檔案名稱通常只在同一目錄內才是唯一的。

預標記的注意事項

對於某些格式，例如影片序列可能讓人有點難以理解，這尤其會發生在有一個複雜綱要時。對於這些情況，我建議先確保流程能夠適用於單一影像，或者適用於單一預設序列，而後再嘗試真正的多重序列。SDK 函數可以協助預標記的工作。

有些系統使用相對座標，而有些使用絕對座標，只要知道影像的高度和寬度，就可以在這兩者之間轉換。例如，從絕對座標到相對座標的轉換定義為「x / 影像寬度」和「y / 影像高度」，舉例來說，一個點 x，y（120，90）與影像寬度 / 高度（1280，720）的相對值為 120/1280 和 90/720 或（0.09375，0.125）。

如果這是您第一次匯入原始資料，則有可能在匯入原始資料的同時，附加現有實例（標註）；如果不可能附加實例，請將其視為更新。

一個常見的問題是：「是否應該將所有機器預測發送到訓練資料資料庫？」答案是肯定的，只要這是可行的。雜訊就是雜訊，沒有必要發送已知的雜訊預測。許多預測方法會產生多個預測，並設定一些納入閾值，一般來說，用於過濾這些資料的任何機制也需要應用在這裡，例如，您可能只選擇最高「信心度」預測。為了同樣的目的，在某些情況下，包含這個「信心度」值或其他「熵」（entropy）值可能非常有益，以幫助更完整過濾訓練資料。

預標記的資料準備過程

既然已經涵蓋一些抽象的概念，就來深入研究一些特定媒體格式的具體範例。本書無法涵蓋所有可能的格式和類型，請查閱文件（*https://oreil.ly/VlQQo*）以瞭解特定的訓練資料系統、媒體類型和需求。

圖 4-8 展示一個具有 3 步驟的預標記過程範例。重要的是要先將資料映射到紀錄系統的格式，一旦處理資料後，您會希望確保這一切都是準確的。

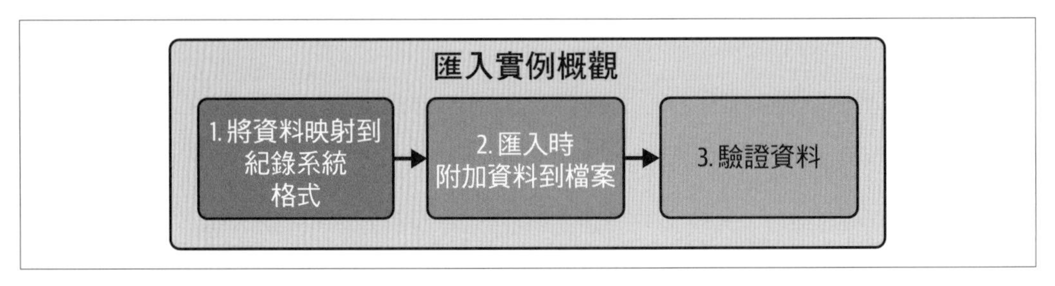

圖 4-8　區塊圖範例

通常會有一些高階格式資訊需要注意，例如說一張影像可能與許多實例相關聯、或者一個影片可能有許多圖框，每個圖框又可能有許多實例，如圖 4-9 所示。

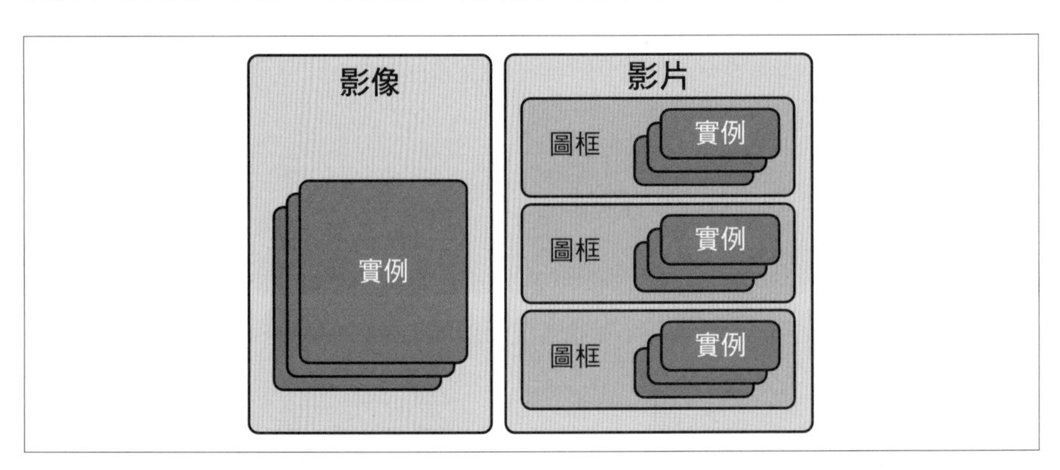

圖 4-9　原始媒體與實例間關係的視覺概觀

現在將所有這些內容結合到一個實際的程式碼範例中，它將模擬影像定界框的資料。

這是一個 Python 程式碼範例：

```
def mock_box(
            sequence_number: int = None,
            name : str = None):

    return {
        "name" : name,
        "number": sequence_number,
        «type»: «box»,
        «x_max»: random.randint(500, 800),
        «x_min»: random.randint(400, 499),
        «y_max»: random.randint(500, 800),
        «y_min»: random.randint(400, 499)
        }
```

這是一個「實例」，此例如執行 mock_box() 函數將產生以下結果：

```
instance = {
   "name" : "Example",
        "number": 0,
        «type»: «box»,
        «x_max»: 500,
        «x_min»: 400,
        «y_max»: 500,
        «y_min»: 400
}
```

可以將多個實例組合成一個串列，以表示同一圖框上的多個標註：

```
instance = {}
instance_list = [instance, instance, instance]
```

總結

出色的訓練資料工程需要一個中央的紀錄系統、原始資料考量因素、擷取和查詢設置、定義存取方法、適當的資料安全性以及設置預標記，例如模型預測整合。本章值得回顧的重點為：

- 紀錄系統對於達成優異的效能，和避免累積就像傳話遊戲中一樣的資料錯誤至關重要。
- 訓練資料資料庫是實際紀錄系統的一個範例。

- 提前規劃訓練資料紀錄系統是理想的作法，但也可以將其添加到現有系統中。
- 原始資料儲存考量因素包括儲存類別、地理位置、成本、供應商支援，以及按參照還是按值儲存。
- 不同的原始資料媒體類型，如影像、影片、3D、文本、醫學和地理資料，都具有特定的攝取需求。
- 查詢和串流提供比檔案匯出更靈活的資料存取方式。
- 必須考慮存取控制、簽名 URL 和 PII 等安全性方面的問題。
- 預標記可以理想地將模型預測載入到紀錄系統中。
- 映射格式、處理更新以及檢查準確度，是預標記工作流程的關鍵部分。

運用本章中的最佳實務，將有助於提升整體訓練資料的結果，以及機器學習模型對資料的使用效率。

第五章

工作流程

引言

訓練資料是關於在資料中建立人類意義的過程。人類自然是這個過程中至關重要的一部分，本章將介紹訓練資料的人類工作流程基本知識。

我將首先概述工作流程成為技術與人員之間黏合劑的方式，會從人類任務的動機開始，然後轉移到工作流程的核心主題：

- 入門指南
- 品質保證
- 資料分析和資料探索
- 資料流
- 直接標註

在第 130 頁的「開始人類任務」一節中，我將談論基本知識，例如通常要將綱要保留下來的原因、使用者角色及訓練等等。接下來需要理解的最重要事情之一是品質保證（QA），會專注於結構層面的事情，思考讓您信任人類標註者的重要動機、標準的審查迴圈以及錯誤的常見原因。

在入門並完成基本品質保證後，您將希望開始瞭解分析任務的方法、資料集等等。本節將引領您瞭解使用模型來除錯資料的辦法，以及更廣泛地瞭解與模型合作之法則。

資料流會將資料移動並呈現給人類，然後傳遞給模型，這是工作流程的關鍵部分。

最後，我將深入探討直接標註本身。這將涵蓋廣義概念，如業務流程整合、監督現有資料，以及互動式自動化和有關影片標註的詳細範例。

技術和人之間的黏合劑

在資料工程和人類任務之間存在一個在此稱之為工作流程（workflow）的概念。

工作流程涵蓋所有定義，以及技術資料連接和相關人類任務之間的「黏合劑」。

例如，資料工程可以將一個資料儲存桶連接到您的訓練資料平台。但是，您如何決定何時要將這些資料拉入任務？在這些任務完成後，您要做什麼？良好的工作流程在人類任務完成之前和之後，會將資料和流程移動到正確的方向。

在實作這些管理決策所需的程式碼中，這個「黏合劑」通常由臨時標註、一次性腳本和其他相當脆弱的成品與流程組成。更進一步使情況變得複雜的是，中間步驟會越來越多，例如執行隱私過濾器、預標記、路由或排序資料，以及與第三方業務邏輯整合。

相反地，良好的工作流程通常會追求以下特徵：

- 清晰定義的流程，盡可能展示所有「黏合劑」程式碼
- 明確地包括人類任務
- 能充分理解的時間協定：哪些是手動的，哪些是自動的，以及二者之間的所有事物
- 明確定義的匯出步驟，包括使用的資料集或資料片段，例如資料查詢
- 所有第三方步驟和整合，如網頁掛鈎（webhook）、訓練系統、預標記等，都會清楚地呈現出來
- 具有清晰的系統邊界或「終止」點，例如當它連接到大型編排（orchestration）系統或模型訓練系統時
- 具有足夠靈活性，使管理員可以在最小的 IT 支援，例如從工作流程中提取資料連接的方式下，對其執行重大更改

您可以在訓練資料平台中定義這些步驟中的一些或全部。在這種情況下，可能會有內建選項來設置工作流程的時序，例如，可以設置成讓每個工作流程中的步驟是在一個子步驟完成、一個完整步驟完成、根據預定計畫，或只有在手動觸發時才完成。

此工作流程的具體實作細節自然高度依賴於您的特定組織和工具選擇。由於這種「黏合劑」的性質，幾乎在每個案例中都會有所不同，有鑑於此，關鍵在於要意識到這樣的黏合劑和工作流程的存在，以及可以將工作流程骨架的某些方面直接放置在訓練資料系統中。

本章將主要關注工作流程中的任務部分，如圖 5-1 所示，因為這是最關鍵且定義最清晰的部分。我將簡要回顧一些其他常見的工作流程步驟和「黏合劑」，這些能使其運作。

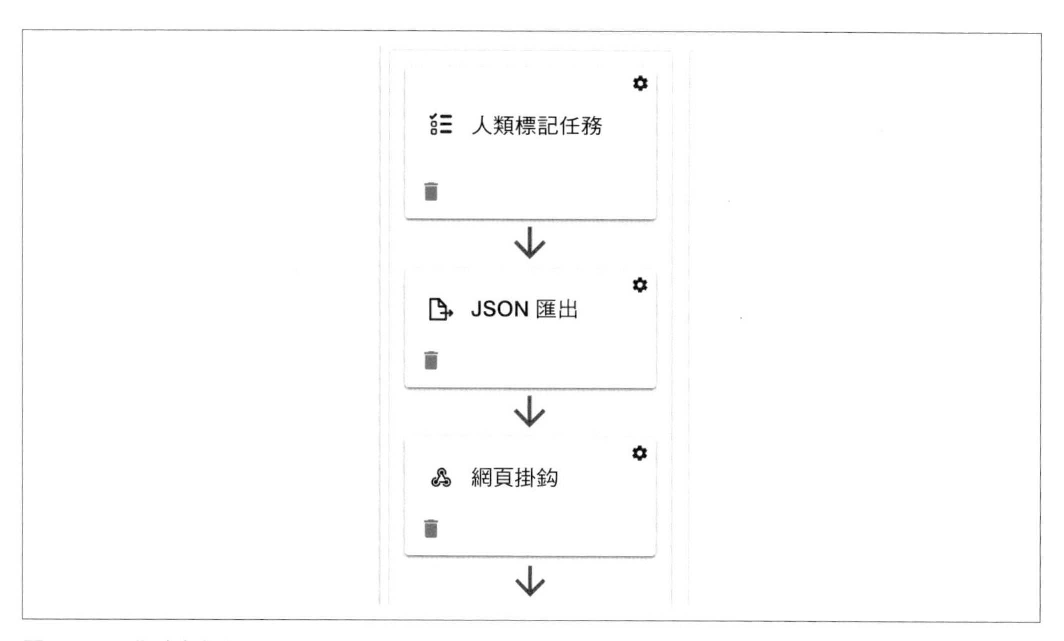

圖 5-1　工作流程範例

有幾個關於在系統中考慮工作流程的要點：

- 您可以將工作流程視為訓練資料中所有其他元素之間的黏合劑。
- 在工作流程內，大部分關注點都集中在與人類任務相關的概念上。
- 使用子步驟是工作流程的原則之一。技術整合、自動化和資料連接是一些例子。
- 即使只是一套手動腳本和特定人員的一次性手動步驟集合，也總會有工作流程，不論它在單一系統中可清楚定義多少。
- 一個訓練資料系統可以提供工作流程的架構性結構，但每個子步驟都不同，並且特定於您的案例。

請注意，黏合劑也可以存在於技術與技術之間。

儘管這個黏合劑程式碼在訓練資料系統中有很好的定義，但這仍是一個相對較新的領域。考慮到它的變化速度，這本書不會花很多篇幅介紹；請參考您的供應商說明文件以獲取更多資訊。

為什麼需要人類任務？

在訓練資料的背景下，有幾種思考人類工作者重要性的方式。首先，通常會有很多一線人員審查、塑造和處理原始資料，使其轉化為新形式，這自然導致需要某種形式的組織。其次，大多數現有的通用任務系統，通常不具備與資料密切合作，並在人類和技術定義之間協調時所需的支援。

以新的方式與非軟體使用者合作

標註資料類似於執行任何高度技術性的任務。管理者面臨著組織和管理這項工作的一些重大挑戰。

如果您也是一位領域專家，您可能懂得自己建立和更新綱要。但是，將綱要與所需的資料科學建模需求匹配起來的理解，可能仍有一些差距，需要更多與資料科學的介面。相反地，如果您是一位資料科學家，可能需要更依賴於您的領域專家，以建立準確的綱要。無論哪種方式，您都將與標註者合作，共同建立一個「程式碼庫」。

通常，以大規模方式管理這類專案的人，將與所有利益相關者密切合作，包括工程師、領域專家和資料科學家。

開始人類任務

大多數工作流程設置，都可以在不需要深入的技術知識情況下完成；但是，這仍然假設有一個已準備好並可以配置的系統。因此，我也會假設您已經執行了一個訓練資料平台，並且如第 4 章中所涵蓋的技術專案已經就緒。在深入研究之前，閱讀本書第 1 章到第 4 章中所涵蓋的內容，您將能夠更理解本章。

基本要素

要設置您的人類任務，有一些必不可少的步驟必須完成：

- 命名任務
- 選擇綱要
- 確定可以標註的人
- 確定資料流的流向
- 啟動

還有許多可選的步驟，如審查迴圈、UI 客製化等。

在本章關於工作流程的討論中，我會將重點放在人類任務本身。所有這些步驟實際上都應該非常迅速和簡單，因為大多數配置工作應該已經完成。

前兩個步驟是為您的任務選擇一個好名稱，並決定可以標註的人，這都將取決於您的具體業務背景。名稱自然是用在組織工作上，大多數系統都會支援某種形式的附加任務標籤，例如使用成本中心或其他專案元資料。

簡而言之，綱要是編碼「誰（who）、什麼（what）、在哪裡（where）、如何（how）以及為什麼（why）」的範式，它是一個由標籤、屬性及其相互關係結構化的意義表達法。選擇綱要可以意味著建立一個新綱要，也可以意味著選擇一個已經建立的綱要，正如第 3 章的深入探討所述。

確實，在簡單的情況下，專案經理或管理員可以在建立任務的過程中編輯綱要或建立新綱要。然而，對於大多數現實世界的業務案例來說，建立綱要是一個複雜的過程，例如，它可以由 API / SDK 填充，涉及多人簽署，也可能需要花費幾個小時、幾天，甚至幾週的時間。因此，對於較小範圍的專案，例如管理員建立人類任務，您會希望選擇一個現有的綱要，而不用自己建立。

資料流指的是在訓練資料程式中選擇一個已定義的資料集。這可以是已經有資料的資料集，或是預計未來，舉例來說透過技術整合而接收新資料的空資料集。關於資料集選擇與人類任務的相關性，第 146 頁的「資料流」有更詳細的介紹。

正如第 4 章所述，資料流的技術整合應該已經設置好了。我在此重複這個主題，以強調參與人員的不同角色。管理員可能正在選擇資料集，但資料工程在系統中應該已經定義好資料的意義。資料科學將會對多個資料集和人類任務進行切片和查看，所以理想情況下，他們在任務階段應該只需最小程度地關注資料流。一旦所有其他步驟都完成了，任務就會啟動，使其對標註者完全可用。

如工作流程簡介中所提到的，人類任務可視為是工作流程中最重要的積木之一，其他積木如自動化概念，將在第 8 章中介紹；從更宏觀的角度來看，第 7 章將討論有關人工智慧轉型主題的概念層面想法。

綱要的持久性

在考慮工具時，重要的是要考慮到在流程開始時所設置的內容很可能會持續存在。綱要如此有影響力的原因之一，就是它們在系統中的持久性，而這種持久性來自於以下幾個因素：

- 可能需要大量時間才能建立一個重要的初始綱要，因此會不太願意再建立一個新綱要。
- 綱要幾乎可以隨時更改或擴展，因此可以適應不斷變化的情況。
- 對綱要的更改可能會使以前的工作部分無效。

為了說明這一點，可設想一個具有「果樹」標籤的綱要。先將幾個樣本標註為「果樹」，然後將綱要更改為「蘋果樹」。這樣在標註（或模型預測）時，標註者或模型所考慮的是「任何果樹」，而不是「蘋果樹」。

依靠屬性並讓標籤保持通用，一般來說有助於更順暢的變更。例如，使用更泛用的頂層標籤「樹」，而不是「果樹」，這樣如果之後添加一種類型，例如「蘋果」、「梨」或「非果樹」等，就可以順利地擴展現有的標註。一開始就添加屬性，並將其設置為可選的也可行，如果樹的類型尚未確定，則可以設置為空值。

當然，更改可能是有意的，但即使故意去除綱要中的「樹」，可能仍有現存的訓練資料記錄需要更新（或刪除），並且會有使用過該綱要的歷史預測。此外，如果有遵守預測（和綱要）日誌的合規要求，則這個綱要可能會存在多年。回到日常工作，作為管理員需要記住的關鍵是要意識到綱要的持久力，以及它很可能會隨著時間變化。這種意識可以影響您管理人類任務的方式。

使用者角色

在考慮系統角色時，通常有兩個主要類別需要關注：預定義角色和客製化角色。

最常見的預定義角色包括：

- 超級管理員：整個系統的管理員
- 管理員：對專案擁有所有存取權限

- 編輯者：擁有資料工程和資料科學存取權限
- 標註者：擁有標註存取權限
- 查看者：僅擁有檢視權限

一般來說，大多數使用者只會得到標註權限，因為他們通常只需要進行標註工作。

角色是針對特定專案預設而設置的。

預定義角色仍然可以整合到單一登錄系統中，例如，將前線工作人員的存取權限映射到標註者角色。

客製化角色則更複雜，可以透過政策引擎或外部系統來強制執行權限，也可以在訓練資料系統內建立客製化角色，然後將權限附加到特定物件。客製化角色可能會變得非常複雜，詳細的處理方式已超出本書範圍；請參閱您的訓練資料平台說明文件。

訓練

對於大多數企業來說，您將需要與前線工作人員特別是標註者，進行某種形式的訓練。一種方法是由管理員或前線工作人員的經理來訓練。

使用本書作為推薦閱讀的訓練計畫範例可能如下：

1. 訓練資料簡介（10 分鐘）

   閱讀第 1 章的摘錄或特定領域的摘要

2. 綱要（10 分鐘）

   閱讀第 3 章的摘錄

3. 標註工具（15 分鐘）

   示範使用特定標註工具軟體的方法

   快捷鍵和屬性快捷鍵

4. 特定於業務的期望（5 分鐘）
5. 一般問答（10 分鐘）
6. 支援（10 分鐘）

   存取服務台（help desk）的方法

7. 規劃想要的下一次訓練會議（5 分鐘）

黃金標準訓練

請先假設訓練資料標註者是善意的，並且通常會根據呈現的資料做出良好選擇。在這種情況下，管理員仍需負責提供「正確」的定義，且這些定義可能是流動的。可以由最資深的主題專家開發，這種方法有時會稱為「黃金標準」（Gold Standard），會與隨機抽樣的「審查」類型任務結合使用。它也可以用來考試，例如，向標註者顯示一張影像，讓他們嘗試標註，然後再比較結果與黃金標準。

建立黃金標準通常有助於發現綱要和資料中的問題。這是因為建立它們的專業主題專家和管理員，必須與綱要一起擁有實際的標註，以展示「正確」的外觀。黃金標準方法有更清晰的「對 / 錯」。

與「共識」方法，即多人標註相比，黃金標準方法通常成本較低；然而，它也通常可以產生相似甚至更好的結果。黃金標準還有更多的課責性，如果我建立一個任務，並且在審查後出現問題，就會是一個清晰的訊號；它還有助於鼓勵個人學習經驗，例如標註者的改善。這是一個發展中的領域，未來可能會出現其他方法，現在仍有些爭議。

任務指派概念

指派任務的最常見方式包括：

- 自動指派，根據標註者或應用程式的需求「按需」指派；預設值
- 預先決定的指派，例如，輪流指派
- 手動由管理員驅動的指派

根據您的特定業務邏輯，您可能會有更複雜的任務指派和重新指派系統。

這裡要添加的主要評論是，這應該基於您的特定業務需求，沒有「對」或「錯」的方法。預設值通常是「按需」。

是否需要客製化介面？

大多數工具預設您將客製化綱要，有些還允許您客製化使用者介面的外觀和感覺，例如元素的大小或位置。其他則使用「標準」使用者介面，類似於辦公室套件，即使檔案的內容各不相同，介面也保持相同。

您可能希望客製化介面，以便將其嵌入應用程式中，或者可能有特殊的標註考慮因素。

大多數工具都假設將使用大螢幕設備，例如桌上型電腦或筆記型電腦。

一般標註者會使用多久？

在考慮工具時，不僅要考慮它們完成我們期望值的方法，而且在涉及人類任務時，還必須考慮長時間重複做某件事的樣子。一個簡單的例子是快捷鍵，如鍵盤所用，如果主題專家每月使用該工具幾個小時，快捷鍵可能就沒那麼重要了；然而，如果有人將其作為日常工作，也許每天 5 小時，每週 5 天，這個快捷鍵可能就非常重要。

需要說清楚的是，大多數工具都提供了快捷鍵，所以特定的例子可能不值得擔心，但更一般的觀點是，由於過去經驗或使用者意圖等原因，大多數工具實際上都會針對某些類型的使用者進行優化，很少有工具同時適用於業餘使用者和專業使用者。這沒有對錯之分，只是需要意識到這是一個取捨。

任務和專案結構

首先，讓我們理解一下一般的組織結構。一個專案會包含多個任務，如圖 5-2 所示。

在處理任務時，會使用分析功能、資料探索、模型整合、品質保證和資料流概念來控制正在進行的工作，良好結構化的專案可以使進行中的工作更容易管理。通常，工作會在模板等級組織，個別任務則由訓練資料系統產生。

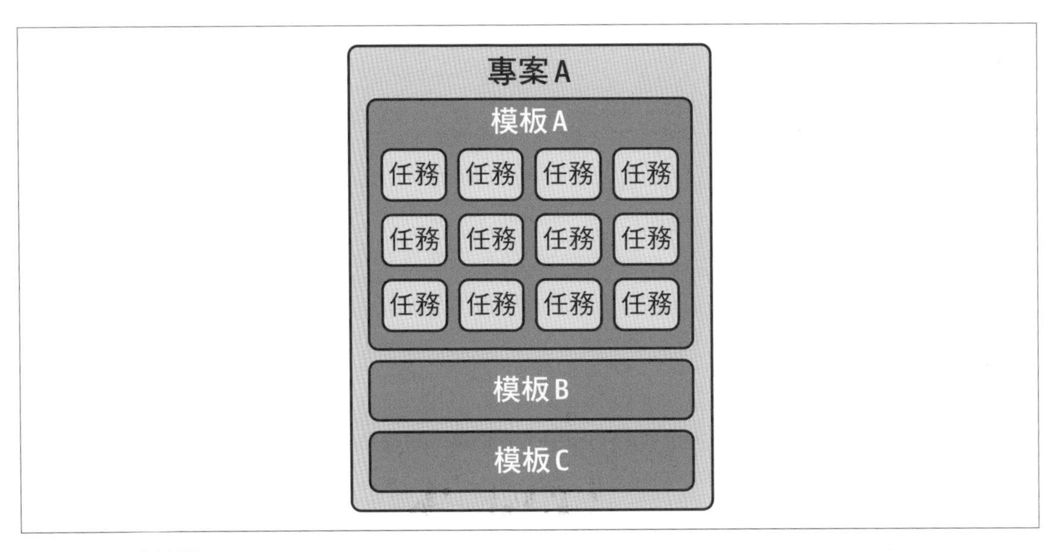

圖 5-2　任務結構

品質保證

對於新手來說，通常會有品質保證這件事不會難到哪裡去的錯覺。

我的意思是，只是要看一下資料而已，對吧？

但主要問題在於，單一管理員可以查看的資料量，通常只是整個已標註資料集的一小部分。在某些情況下，即使是對已標註資料的小型採樣，也可能超出管理員一生中可以審查的範圍。這對許多人來說是一個奇怪又難以接受的事實，畢竟看幾張影像感覺很容易啊。

正如圖 5-3 所示，一個人在合理的時間內能夠查看的資料量，通常只占整個資料集的一小部分，而且在實際操作中，這種差異還會高達好幾個數量級。簡單來說，資料太多了！

解決這個問題的方法，一般想到的是讓更多人參與其中，並開發更多的自動化，後面章節會介紹自動化，現在先集中討論前一種解決方案。當有更多人參與其中時，下一個重要問題實際上是「我有多信任我的標註者？」

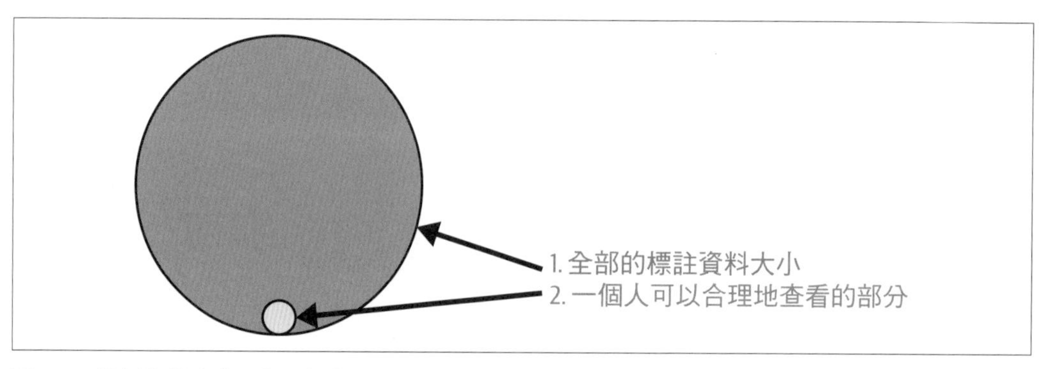

圖 5-3　資料集總大小，與一個人在合理時間內可以合理查看的部分比較

標註者信任

在電腦視覺的早期工作中，通常假定標註者是「非我族類」，基本上，資料科學家無法信任他們，至少在個人等級來說是這樣。這就刺激很多關於驗證群體智慧的研究，整體來說這歸結為一個觀點，也就是讓許多人去完成相同的任務，再去分析匯總的結果。但這是否是最好的方法？再仔細研究一下。

標註者是合作夥伴

標註者是品質保證迴圈的關鍵部分。通常，看到涉及到品質保證時，一般人就會馬上陷入「非我族類，其心必異」的思維架構。儘管標註者需要理解品質保證的目標及其重要性，而且在大型專案中，嚴謹性尤為重要，但我們都是一個團隊的一份子。

我認為，不用那麼擔心標註者協議和品質問題，對於許多出現的標註問題，大部分都能取得共識。通常情況下，就算有分歧，與其歸咎於任何單一標註者，其實更應該歸咎於綱要、資料的解析度及隱含的假設等原因。在專案開始之前合作定義專案的規格，並在流程中建立回饋迴圈，將提供最高品質和最準確的結果。

監督資料的是誰？

這裡涉及到心理因素、人的背景、標註的背景和個人目標等等，超出本書範圍，但值得廣泛考慮的是，這些資料背後都存在著人。

作為類比，設想一位程式設計師參與整個程式碼編譯過程，不管最後能不能執行，她都會得到相關努力的回饋。然而同樣的，對標註工作付出的努力，可能永遠不會得到同樣程度（或速度）的回饋，而且他們可能永遠得不到對 ML 模型造成影響的回饋。

幾乎可以將其視為「程式碼審查」，如同我們在正式的程式碼審查中付出努力，以保護感情、情緒和新興念頭一樣。

所有訓練資料都存在錯誤

訓練資料的品質至關重要，就像程式碼的品質一樣；同樣地，就如同所有電腦程式都存在錯誤一般，所有訓練資料也都存在某種形式的錯誤，標註者只是其中一個會犯錯之處。據我所見，最好將精力集中在系統性問題和流程上，而不是「一次性」的問題上。機器學習模型對偶爾的不良訓練資料具有驚人的抵抗力，如果有 100 個「完全正確」的範例，和 5 個「誤導」範例，通常模型仍然會按預期運作。

對於那些真的必須 100/100 正確的情況，我認為不是在說笑，就是真的很罕見。是的，如果機器學習模型是要登陸火星，確實需要再三檢查訓練資料，但除此之外，試圖過度優化系統中的每個「錯誤」還滿愚蠢的。

標註者的需求

員工的心理狀態和一般而言的工作態度，就和確保具體的品質保證流程一樣重要。感受到尊重對待、得到合理報酬和受到訓練的人，其表現自然會與那些受制於「最低價投標者」方法的人有所不同；試著站在他們的角度去考慮要讓這件事成功的可能需要因素，以及他們實際上面對資料的態度。管理人員在解決人員配置時需要記住一些關鍵問題：

- 實際上是誰在標註資料？
- 他們是否接受工具訓練？常見的期望，例如特別關注就算對專業人士來說，可能也不是那麼清楚，除非有先解釋。切勿假設！
- 他們接受哪些其他訓練？
- 他們的技術設置是否合適？看到的東西是否與我看到的相同？例如，常見的螢幕解析度在不同國家可能有所不同。
- 是否擁有個人帳戶，可供追蹤具體問題和績效度量？
- 績效度量是否真實反映這個人的情況？

視訊會議範例

先岔個題，來說明標註者的智慧，和對訓練資料及工具的知識不一定對等。設想一下視訊會議，我在參加一個自己不熟悉平台的視訊會議時，就連靜音或取消靜音這樣的簡單操作也可能會亂了手腳，甚至完全找不到。標註也一樣，一個工具可能會輕鬆地執行某些操作，甚至會自動執行這個操作，但另一個工具可能沒辦法。不要假設主題知識等於使用工具的專業知識，即使是一位有 30 年心臟病學經驗的醫生，也可能不知道特定工具所具有的特定功能。

訓練資料錯誤的常見原因

有一些常見的訓練資料錯誤原因需要牢記：

- 原始資料未能搭配給定的任務。例如，對於電腦視覺任務而言，資料解析度很低並且接近人類可以合理看到的極限。
- 整體綱要不佳；例如，人工標註者無法合理地在綱要中表達他們的知識，或者模型無法合理地預測綱要。

- 指南不佳或包含錯誤，例如矛盾之處。
- 特定的綱要屬性不合理。例如，過於具體、過於廣泛或與原始資料不對齊。
- 標籤和屬性是自由形式的。標註者輸入自己的新型文字／標籤。
- 標註者使用更複雜的空間類型，或者過於具體的空間類型（像素特定）。
- 任何形式的「隱藏」資訊，例如遮擋。
- 任何天生具有爭議性的內容（例如政治、言論自由／仇恨言論、臉部識別）。

任務審查迴圈

任務審查指的是，找另一個人來查看之前「完成」的任務。兩種最常見的審查選項是標準審查迴圈和共識。

標準審查迴圈

每個任務都有一定的機會送審，如果送審後遭到拒絕，它將返回「進行中」狀態，如圖 5-4 所示。如果得到接受，就可視為「完成」，此迴圈的 UI 範例如圖 5-5 所示。總之，該迴圈有 4 個元件：

1. 進行中。
2. 審查中。
3. 未通過審查，返回進行中。
4. 通過審查，標記為完成。

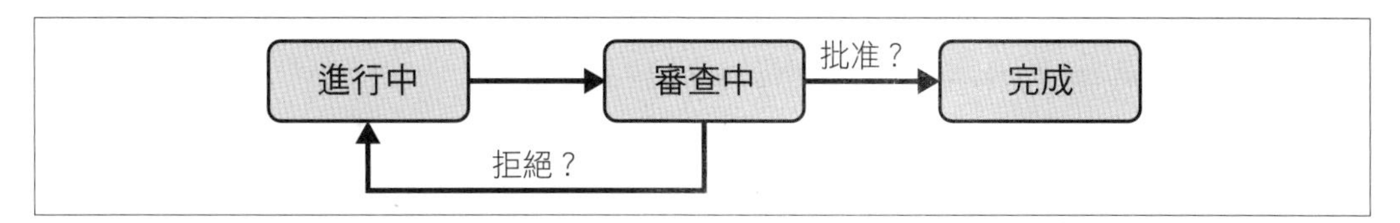

圖 5-4　審查迴圈流程圖

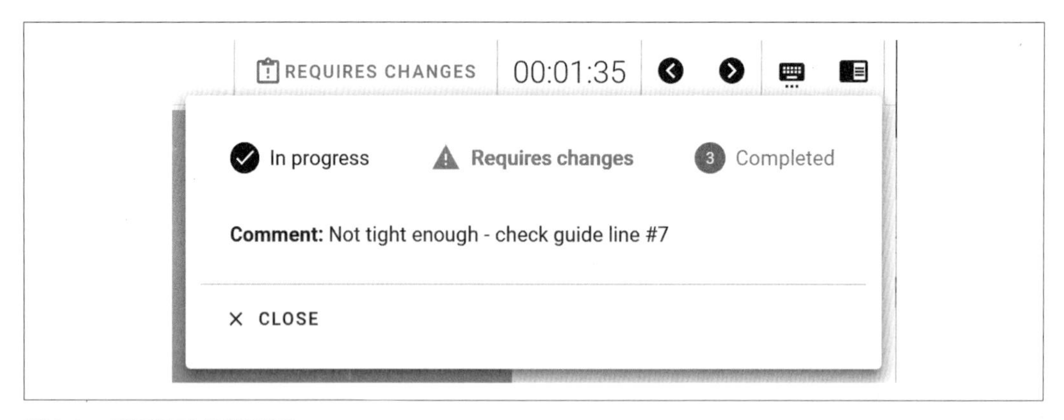

圖 5-5　需要更改的情形圖

共識

在標註的語境下，共識是用來描述針對特定樣本的多個判斷聚合，透過分析產生一個共同的結果。例如，在圖 5-6 中，有 3 個人畫了一個類似的方框，並將這些結果綜合分析成一個結果。讓多個人做同樣的事情，再試圖合併結果，聽起來有點令人困惑，您是對的！確實如此！通常，這麼做至少會使涉及的成本增加三倍，還會導入一大堆關於分析資料的挑戰，我個人認為，它也會導致錯誤類型的分析。通常情況下，獲得更多由不同人監督的樣本，比嘗試從單一樣本得出一些重大結論要好。例如，如果存在極大的分歧時，您該怎麼辦？

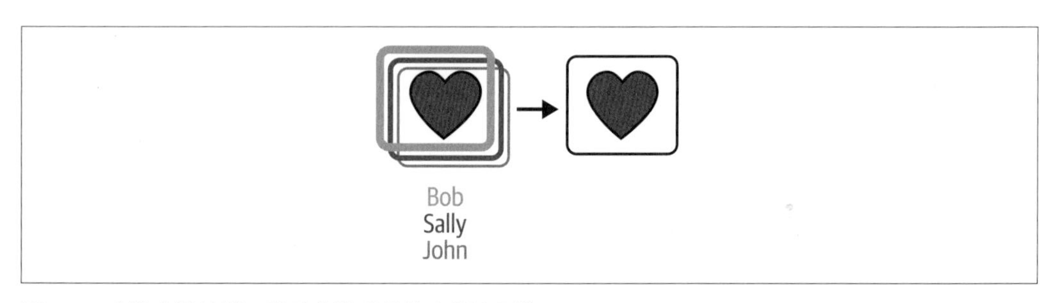

圖 5-6　共識方法範例，顯示會將重疊的方框合而為一

舉一個不算嚴謹的例子，想像一下讓 3 名工程師各自獨立編寫應用程式，然後再透過演算法合併這三個版本，根本沒有道理啊！還不如讓 3 名工程師在不同部分上工作，然後聚集在一起討論具體的設計折衷方案問題。

這導入的第二個主要問題是，大多數現實世界的情況要比單一實例複雜得多。屬性、影片等……，如果一個人說它是第 12 圖框，但另一個人說它是第 13 圖框，該如何折衷？儘管這個領域有一些非常實際的研究，但通常隨著挑戰的複雜性增加，還有標註者的「嚴肅性」增加，對共識的需求就減少了。

分析

與任何任務管理系統一樣，報告和分析對於瞭解標註者和主題專家的表現至關重要。它還可以用於分析資料集本身，以及綱要和其他系統元件。

標註度量範例

有一些常見的度量將幫助您評估標註品質：

- 每個任務的時間。注意：任務可能有很大的差異，這個度量單獨使用可能非常危險，建議與品質度量結合使用。
- 「已接受」任務的數量。已接受可能意味著已通過審查、未審查、或類似度量。
- 更新或建立的實例數。
- 每個任務或每個圖框的實例數。
- 完成的任務數。還要考慮任務的難易度和類型。

資料探索

在某種程度上，探索可說是一種在檔案瀏覽器中查找檔案的「加強版」方式，通常，這意味著借助為此特定領域而設計的各種工具。

舉個比喻，試圖比較在行銷系統與在試算表中查看行銷聯絡人。在試算表中，可能只會看到相同的「基本」資料；但行銷工具將提供其他相關資訊，並提供要採取的操作，例如可聯繫個人。

探索資料包括手動編寫查詢並查看，也可以包括執行自動過程，而該過程將引導您查看資料，以發現見解或過濾其資料量。探索可以用於比較模型效能，捕捉人為錯誤，如替人為錯誤除錯等事項。

儘管可以透過手動查看一般檔案瀏覽器中的原始資料，而進行一些有限的探索，但這並不是我在這裡提及之因。

只有已經載入到訓練資料工具中的資料才能探索。資料發掘工具有很大差異，特別是在專門的自動過程和深度分析方面。

資料通常可以以一組樣本或一次查看一個樣本的方式查看。

在反思探索時，以下是重要考慮因素：

- 進行探索的人不一定會參與標註過程。更普遍的情況是，進行探索的人可能與執行其他任務，包括上傳、標註等人不同。
- 用於執行標註資料的組織和工作流程，對於使用資料進行實際模型訓練的人來說，可能沒什麼用。
- 即使直接參與所有過程，資料的標註在時間上也會與資料探索分開。例如，您可能會在數個月的時間內進行標註工作流程，然後在第三個月進一步探索資料，或者可能在一年後才探索等。

進一步說明，如果我關心的是標註，會關心的是「『批次 #7』狀況為何？」

探索資料時，我可能想要查看第 1 到 100 批次的所有批次工作，但不一定會關心是哪個批次建立它的，而是只想看到某個標籤的所有範例。更廣泛地說，這部分是對資料的不同視角，涵蓋了多個資料集，簡單講，資料探索過程可能與標註工作在時間和空間上分開。

探索幾乎可以在任何時間進行：

- 可以在標註某批次前檢查資料，例如組織一下開始之處。
- 可以在標註過程中檢查資料以保證品質、或只檢查範例等。

一般來說，目標是：

- 發現資料中的問題。
- 確認或否定假設。
- 基於在過程中獲得的知識，建立資料的新切片。

資料探索工具範例

訓練資料目錄可以允許您：

- 存取資料的一部分，而不必下載全部資料。
- 比較模型的執行。

探索過程

- 執行查詢、過濾或程式，好對資料進行切片或標記。
- 觀察資料。
- 選擇或分組資料。
- 採取某些行動。

探索範例

- 為進一步的人工審查，例如缺少標註，標記一個檔案或一組檔案。
- 產生或批准新的資料切片，例如可能更容易標記的簡化資料集。

以下將更深入研究類似影像縮減（similar image reduction）的範例。

類似影像縮減

如果您有許多類似的影像，可能希望執行一個過程，濃縮到最令人感興趣的 10%。這裡的關鍵差異在於，通常這會是一個未知的資料集，意味著幾乎沒有可用的標籤。您可能知道 90% 的資料是類似的，但需要使用一個過程來識別出獨特或令人感興趣的影像，才能標註。

一旦將資料放入訓練資料工具作為第一個攝取步驟，添加影像縮減步驟就變得簡單了。實際上，這一步就是自動地探索資料、將它切片，然後呈現該切片以供進一步處理。

在建立和維護訓練資料過程中所需要的組織性方法，通常與建立模型不太相關，建立訓練資料的人可能不是建立資料集的人；再次強調，其他人可能會接收這些資料集，並實際訓練模型。

模型

與機器學習模型一起工作是訓練資料工作流程的一部分。

使用模型來除錯人類

資料匯入的一個關鍵且額外層面，是標記實例屬於哪次的「模型執行」，好方便比較，例如，在模型執行和基本真實資料（ground truth）（訓練資料）之間進行視覺比較。它也可以用於品質保證，實際上可以使用模型來除錯訓練資料，其中一種方法是按照真實資料和預測之間的最大差異來排序，對於高效能模型，這可以幫助識別無效的真實資料和其他標註錯誤。這些比較可以在模型和真實資料之間進行，或只在不包括真實資料的不同模型之間進行，或其他相關組合等。

圖 5-7 顯示模型預測結果（實線）有偵測到汽車，而真實資料（虛線）卻未偵測到的範例。一個範例演算法是比較最接近的交聯比（Intersection over Union，IoU）與某個閾值的大小；在這種情況下，它應該非常高，因為方框幾乎沒有和任何淺色方框重疊。這種類型的錯誤可以自動推送到人工審查列表的頂部，因為該方框和任何其他方框都明顯不同。

圖 5-7　模型預測和人類預測的比較

為了更理解這裡的關係，要設想真實資料的變化速度會比模型預測還慢。當然，真實資料的錯誤可能會得到更正，或者添加更多真實資料等等，但說到給定的樣本，一般來說真實資料是靜態的。另一方面，在開發過程中，我們期望會執行很多模型，即使是單一自動流程（AutoML），也可能採樣許多參數並產生許多執行，如圖 5-8 所示。

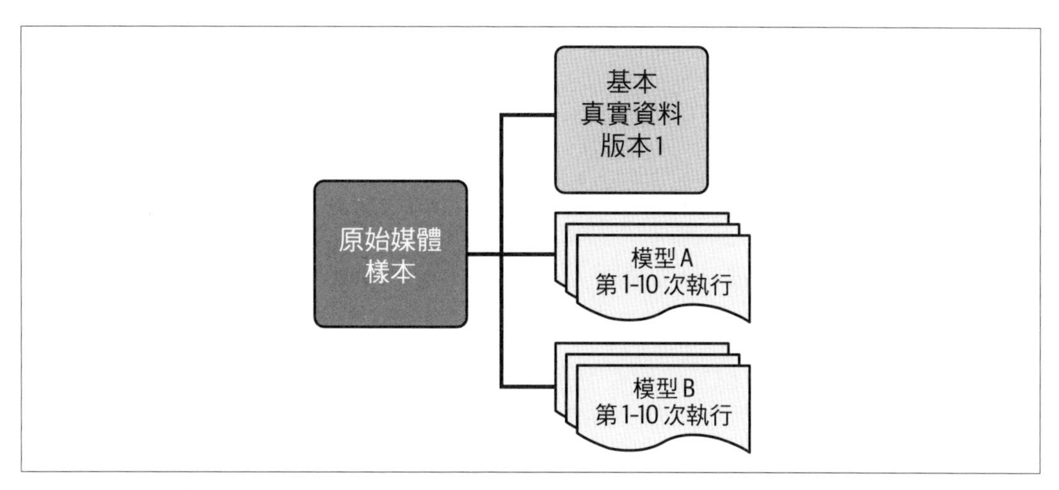

圖 5-8　一個檔案可能與許多模型執行和真實資料集相關

有一些實用的注意事項要記下來，這裡並沒有要求將所有模型預測都載入回訓練資料系統。一般來說，訓練資料已經使用於更高階的評估過程，例如確定準確度或精確度等，譬如說，如果有一個 AutoML 過程產生了 40 個模型，並識別出其中的「最佳」模型，則可以按照該模型來過濾，並只將最佳預測發送到比較系統。

同樣地，也不嚴格要求具備現有人類監督資料集。例如，如果一個生產系統正在預測新資料，則將不會有可用的真實資料。即使只使用單一模型，以這種方式進行視覺式除錯仍然有用，並且為其他情況提供了靈活性。例如，在開發努力期間，您可能想要發布模型的新版本，並能夠透過同時執行舊版本和新版本來抽查。

資料集、模型和模型執行之間的區別

「資料集」和「模型」之間沒有嚴格的關係或層次結構，最好將它們之間的關係視為每個樣本的關係，例如樣本 1 和樣本 2 可能位於同一個集合中，但模型版本 1 可能僅在樣本 1 上執行。模型執行可以產生一組預測，但真正的資料集，是所有預測以及真實資料的綜合體。整體結構主要是由其他需求來定義，而不是因為某些樣本或一批樣本恰好通過模型而定義。雖然在某些情境下，這種區別可能說得很含蓄，但在我看來，最好將「訓練資料集」概念保留用於真正、完整的資料集，而不是模型在其過程中產生的部分產物。

「模型」本身通常會理解為由原始權重來表達的形式，這些權重也可稱為訓練過程的直接輸出，而模型執行則添加了語境，例如在執行時使用的設置，例如解析度、步幅（stride）等。因此，最好將每個模型執行都視為唯一的 ID，這是因為它當然是一個具有相同結構但以不同方式，如資料、參數等訓練的模型。而靜態模型執行仍然是獨一無二的，因為語境，例如解析度或其他預處理可能已經發生了變化，並且模型的「執行時」（runtime）參數，例如步幅、內部解析度或設置等，也可能已經發生變化，這可能很快會變得與特定語境相關。一般來說，為每個 `{model, context it runs in, settings}`（{ 模型，執行的語境，設置 }）組合指派一個唯一的 ID，可以避免許多混淆。

模型執行也可稱為預測。機器學習模型可以在樣本或資料集上執行。例如，給定模型 X、使用影像 Y 作為輸入時，應該會傳回一組預測 Z。在視覺案例中，這些可能對應到一個物件偵測器、一張道路影像，以及一組定界框類型的實例。

將資料傳送到模型

一個重要的概念是模型會不斷改善，可以透過反覆地更新訓練資料和更新模型來達成這一點。在理想情況下，這是透過「串流」類型機制完成的，例如，如果滿足了準則，新的模型預測將會自動推送到審核系統，稍後會討論更多的「MLOps」過程。現在，首先要考慮的事情是：完成任務後，我希望資料去哪裡？希望進行什麼階段？接下來將論資料流，包括將資料傳送到模型的過程。

資料流

說到資料在系統中的流動方式，需要瞭解兩個主要概念。一個是整體工作流程，包括資料載入、任務、模型訓練等；另一個是特定於任務的資料流，本節只會討論資料流方面的內容。

您可能會因為不同情境而擁有許多流水線，例如，可能有一個用於人員導向任務的訓練資料流水線；也可能會有一個模型流水線，與訓練過程運作方式以及最佳模型進入生產的方式等相關。在所有這些過程中，可能會存在某種通用流水線，例如 Apache Airflow，用於將資料從其他系統移動到訓練資料系統中。前文已經討論有關不斷改善模型的概念，但如何實際達成呢？這裡有一些想法，我將逐一解釋。

串流概述

串流的高層目標是「按需」來自動獲取人工標註，雖然人們經常會想到即時串流，但實際上這是一個不同的想法，儘管有相關性。相反地，請設想團隊中的一個人已經定義了標籤綱要，但資料尚未準備好，可能是因為需要載入它的工程師尚未載入，或者是因為這是感測器尚未捕獲的新資料。儘管這些聽起來有很大的差異，但對訓練資料來說，都是一樣的問題：資料尚未可用。

解決這個問題的方法是提前設置好一切，然後在資料可用時，從模板配置的系統，會自動產生「具體」的任務。

資料組織

和任何資料專案一樣，資料集本身需要組織，這與人類任務的完成是分開的。常見的方法包括：

- 資料夾和靜態組織
- 過濾器（切片）和動態組織
- 流水線和過程

資料夾和靜態組織

說到電腦資料，我想到的是桌面上的檔案和資料夾。資料夾中有組織的檔案，例如將 10 張影像放入名為「貓」的資料夾中，從某種意義上說，這就建立了一個貓影像的資料集。而這個集合是靜態的，不會根據查詢或事件而變化。

過濾器和動態組織

資料集也可以由一組規則來定義，例如，我可以將其定義為「所有不足六個月的影像」，然後可以讓電腦根據我選擇的某個頻率動態地建立這個集合，這與資料夾重疊，例如，可能有一個名為「*annotated_images*」的資料夾，其中的內容再進一步過濾，會只顯示最近 x 個月的內容。

流水線和流程

這些定義也可能變得更加複雜，例如，醫療專家的成本比初級人員高，執行現有的人工智慧成本更低。因此，我可能希望建立一個資料流水線，按照以下順序：人工智慧、初級、專家。

純粹按日期排列任務在這裡可能不太有用，因為一旦人工智慧完成它的工作，我希望初級人員能夠查看它。當初級人員完成他們的工作時作法也一樣；過程中總是應該盡快開始下一步。

在過程的每個階段，我可能希望輸出資料的「資料夾」。例如，假設首先有 100 張人工智慧看到的影像，可能在某一時刻，初級人員監督了 30 張影像，我可能希望只拿取這 30 張影像，並將其視為一個「集合」。

換句話說，它所處的流程階段、資料的狀態以及與其他元素的關係，有助於確定構成這個集合的內容。在某種程度上，這就像資料夾和過濾器的混合體，加上像完成狀態這樣的「額外資訊」。

流水線的實作有時可能很複雜。例如，標籤集可能不同。

資料集的連接

如何知道資料已經可用？首先，需要發送某種訊號，以通知系統新資料已經存在，然後將資料路由到正確的模板。

先暫時轉向程式碼來思考這個問題。想像一下，我可以建立一個新的資料集物件：

```
my_dataset = Dataset("Example")
```

這是一個空集合。沒有原始資料元素。

將單一檔案添加到該集合

在這裡，我建立了一個新的資料集和一個新的檔案，然後將該檔案添加到資料集中：

```
dataset = Dataset("Example")
file = project.file.from_local("C:/verify example.PNG")
dataset.add(file)
```

關聯資料集和模板

接下來建立一個新的模板，請注意，這個模板沒有標籤綱要，它現在只是一個空的外殼。然後，我讓該模板「監視」我建立的資料集，這意味著每次我向該集合更新檔案時，這個操作都會建立一個「回呼」（callback），自動向該集合觸發建立任務：

```
template = Template("First pass")
template.watch_directory(my_dataset, mode='stream')
```

將整個範例結合在一起

在這裡，我（人類）建立一個新的模板，以及打算放置資料的新資料集，然後指示資料集要監視變化，接著在系統中添加了一個新檔案，如此案例的一張影像。

請注意，此時該檔案已經存在於系統，並位於預設的資料集中，但我希望它在我指定的資料集內。因此，在下一行中，我特地呼叫該資料集物件並將檔案加入其中，從而觸發建立一個具體的人工審查任務：

```
# 建構模板
template = Template("First pass")
dataset = Dataset("Example")
template.watch_directory(dataset, mode='stream')

file = project.file.from_local("C:/verify example.PNG")
dataset.add(file)
```

實際上，這些物件有許多可能是 .get()，例如現有集合，您可以在匯入時鎖定一資料集，就不必稍後再單獨添加。這些技術範例遵循 MIT 開放原始碼授權下的 Diffgram SDK V 0.13.0。

擴展範例

在這裡，我建立了一個兩階段模板。之所以稱為「兩」，是因為第一個模板會先看到資料，然後稍後第二個模板也會看到。這大部分是在重用之前範例中的元素，唯一的新功能是 upon_complete。

基本上，這個函數是在說，「每當完成一個個別任務時，就複製該檔案，將其推送到目標資料集。」然後，我會像往常一樣，在該模板上註冊監視器：

```
template_first = Template("First pass")
template_second = Template("Expert Review")
dataset_first = Dataset("First pass")
dataset_ready_expert_review = Dataset("Ready for Expert Review")

template_first.watch_directory(dataset_first , mode='stream')
template_first.upon_complete(dataset_ready_expert_review, mode='copy')

template_second.watch_directory(dataset_ready_expert_review, mode='stream')
```

這裡沒有直接限制可以串連多少個類似操作；有需要的話，可以有一個包含 20 個步驟的流程。

非線性範例

在這裡，我建立 3 個由同一個模板監視的資料集。就組織而言，重點是要顯示儘管綱要可能很相似，但資料集可以按您喜歡的方式來組織：

```
template_first = Template("First pass")
dataset_a = Dataset("Sensor A")
dataset_b = Dataset("Sensor B")
dataset_c = Dataset("Sensor C")
template_first.watch_directories(
[dataset_a, dataset_b, dataset_c], mode='stream')
```

掛鉤

要完全控制此流程，可以編寫自己的程式碼，好在不同時刻控制，可以透過註冊網頁掛鉤（Webhook）、使用者腳本等方式來完成。

例如，當完成事件發生時，可以通知網頁掛鉤，然後手動處理事件，例如，透過實例數量等值來過濾。然後，可以用程式設計方式，將檔案添加到一個集合中，這實際上是在複製／移動運算 `upon_complete()` 上擴展。

圖 5-9 展示了在使用者介面中達成 `upon_complete()` 的範例。

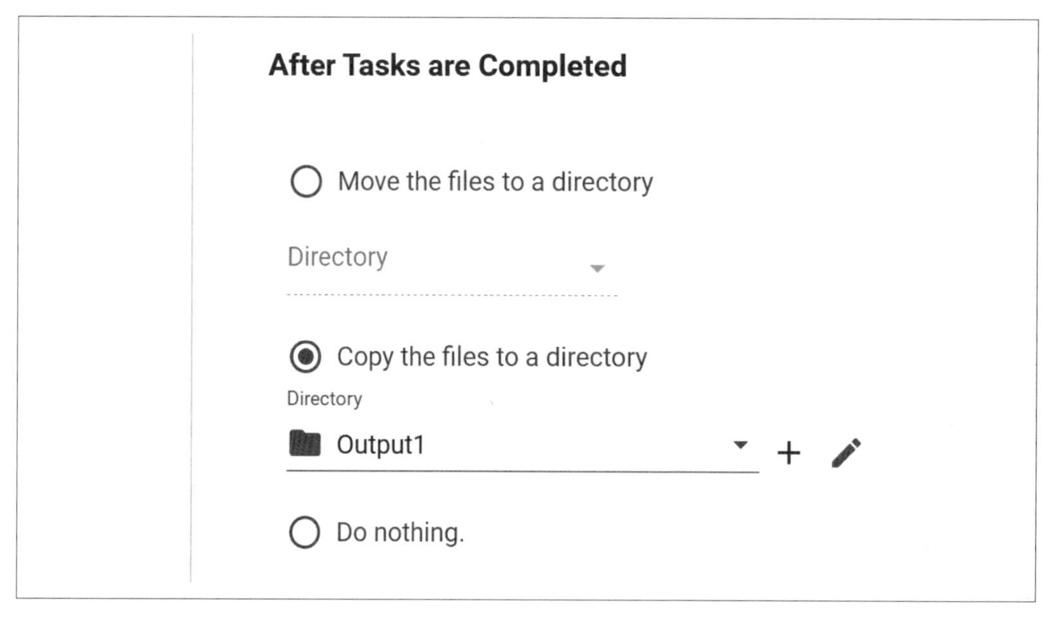

圖 5-9　任務完成的使用者介面範例

直接標註

本節是關於標註實務的內容，但也建議管理員閱讀，對於管理員來說，瞭解標註者的經歷將會非常有價值。同時，作為一名標註者，如果您希望能領導團隊、轉向管理員角色，或者只是對整個流程抱有好奇心，相信本節內容對您也會有所裨益。

作為一名標註者，您正在監督資料（撰寫程式碼），這些資料將用於驅動人工智慧。您有責任將嘈雜的現實世界資料映射到由其他人定義的綱要上，這是一項極其重要的工作，在這段旅程中，我們將介紹實際標註的一些核心概念，包括影片系列、影像和機制。

標註者具有資料的基本視角，這意味著關於綱要相對於實際資料的有效性這件事，您通常可以提供有價值的見解；如果您是一位主題專家，可能還需要參與設置和維護綱要的工作。一般情況下，當您真正標註時，初始的綱要已經定義好了，但是，隨著問題的出現，例如之前提到的自行車停放架與自行車範例，仍然有很多機會可以幫助維護和更新綱要。

每個應用程式都有具體而略有不同的細節，例如按鈕、快捷鍵、步驟順序等。介面將隨著時間的推移而自然而然地發展和變化，某些媒體類型的介面可能較直觀或更容易學習，但也有一些介面可能需要大量的訓練和實務，才能精通。

請注意，本節專注於整個複雜標註過程的一小部分。即使只是由合適的人在適當時間進行簡單標註，往往就可以增加很多價值，因此您的專案可能不需要仔細研究本節中的所有細節。

接下來，我將介紹兩種常見的標註複雜性，即監督現有資料和互動式自動化，然後會透過更深入地研究影片標註，來為所有內容建立基礎。儘管存在許多媒體類型，並且介面始終在變化，但影片提供了一個較複雜的標註範例。

業務流程整合

一個新興的選擇是將現有日常工作作為標註來建構。透過將特定於業務的工作流程重新定義為標註，您可以在幾乎不增加額外成本的情況下獲得標註，一般來說，這需要能夠以一種可以匹配業務流程的方式來配置標註介面。一項標註可能同時完成現有的業務流程，並同時建立訓練資料。

屬性

屬性的標註演變越來越複雜。基本上，想像得到的任何可以放入表格中的內容，理論上都可以定義為屬性；儘管以過去經驗來說，空間標註即物件位置一直是重點，但屬性越來越重要。我曾見過一些專案擁有數十甚至數百組屬性。

標註的深度

如圖 5-10 所示，渲染影片並對整個影片提問和特定圖框的標註完全不同。然而，這兩者通常都會歸類為「影片標註」。仔細探討您的使用案例所需的標註深度，在某些案例中，稍微增加一些深度可能很容易；而也有一些案例，可能會完全改變綱要的整體結構。

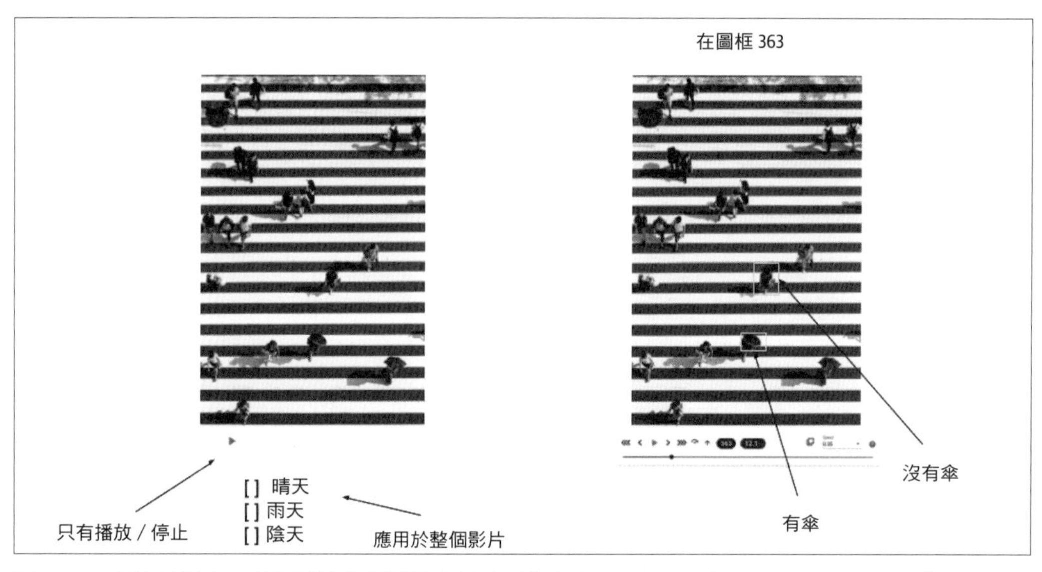

圖 5-10　標註的深度，整個影片與圖框的比較（影像來自 Unsplash（https://oreil.ly/Rc8id）。

監督現有資料

一種流行的自動化方法是預標記，這是指模型已經預測了。根據使用案例，可能會要求您更正靜態自動化、為其添加更多細節，或以其他方式與其互動，一個範例流程是審查檔案、對其更新，然後標記為完成。

每次看到一個樣式時，都是一個很好的機會來幫助您改善模型。您是否總是在更正類似的錯誤？將此資訊傳達給管理員或資料科學團隊可以大幅改善模型。您找到的樣式可能在綱要正確的情況下仍然相關，它可能是模型內部出現需要修復問題的原因。

互動式自動化

監督現有預測與互動式自動化不同，在互動式自動化中，您可以在較長時間內與更複雜的流程一起工作（通常是即時性的），直到達到某個結果。

互動式自動化的範例包括在感興趣的區域周圍畫一個方框，並自動繪製一個緊密圍繞物件的多邊形；另一個範例是點擊關鍵點，並獲得分割遮罩。

更一般地說，互動式自動化是指將更多資訊添加到系統中，然後再基於添加的新資訊，來執行某個流程；有時，這可以迭代式進行，直到達到某種期望的狀態為止。這有時也可以是一種「再試一次」類型的事情，不斷嘗試畫一個方框直到獲得正確的多邊形，或者它可以是一個基於「記憶」的系統，會持續根據不斷的輸入而發生變化。

一般來說，作為標註者，不需要實際「編碼」這些互動，通常會以 UI 工具或快捷鍵的方式提供。您可能需要瞭解一些自動化的操作參數，它們運作良好或運作不佳的時機，如果有多個選項可用時，應該在何時使用哪種自動化等等。

一些常見的方法包括：

- 「提示」（畫方框或點等）轉換為多邊形 / 分割
- 完整檔案的通用預測
- 特定於領域的方法，例如物件追蹤或圖框內插

範例：語意分割自動邊框

以下來深入研究一個具體的例子，即自動邊框（auto bordering），如圖 5-11 所示，這是系統偵測邊緣以建立 100% 覆蓋遮罩的過程；通常會比手動畫邊框更快速且更精確。

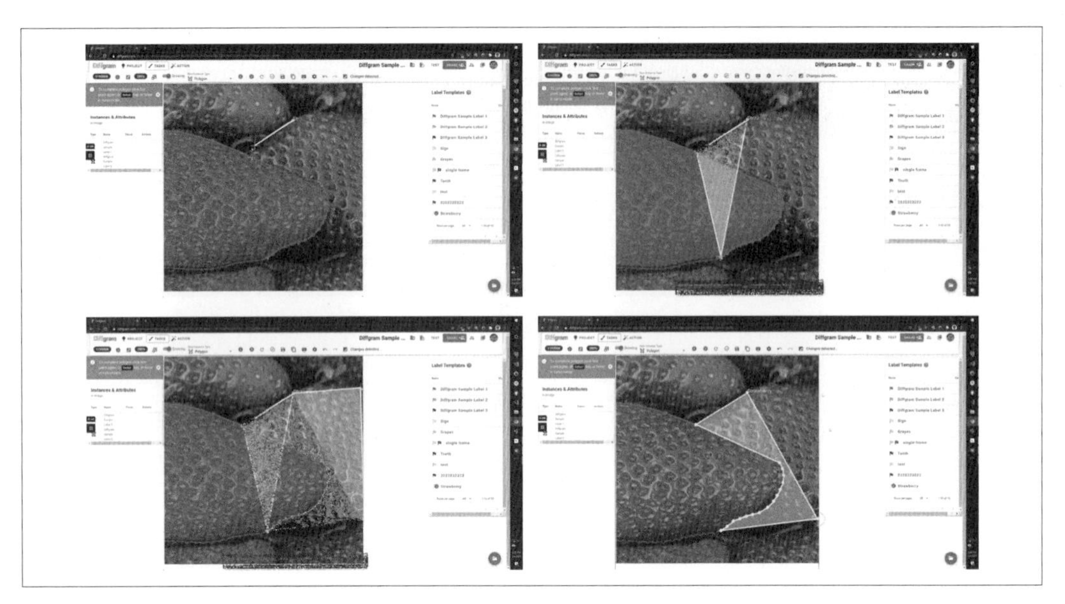

圖 5-11 範例 UI，顯示自動邊框處理過程

以下是步驟：

1. 在相交的形狀上選擇一個點。
2. 選擇相交形狀上的退出點。

或者

1. 「繪製」，例如，在現有物件上繪製，並期望它會圍繞著點的交集自動地設置邊框。

影片

媒體形式和綱要越複雜，出色的 UI/UX 體驗和自動化就越能節省時間。在單圖框影像審查中可能不是很重要的事情，但在一個包含 18,000 個圖框的影片中可能就會是個複雜的問題。現在就來談談一些關於影片的更複雜範例。

運動

標註影片以捕捉運動（motion）中的意義，諸如汽車移動、籃球投籃或工廠設備運轉等。由於存在著運動，標註時的預期假設是每圖框都不同，如圖 5-12 所示。

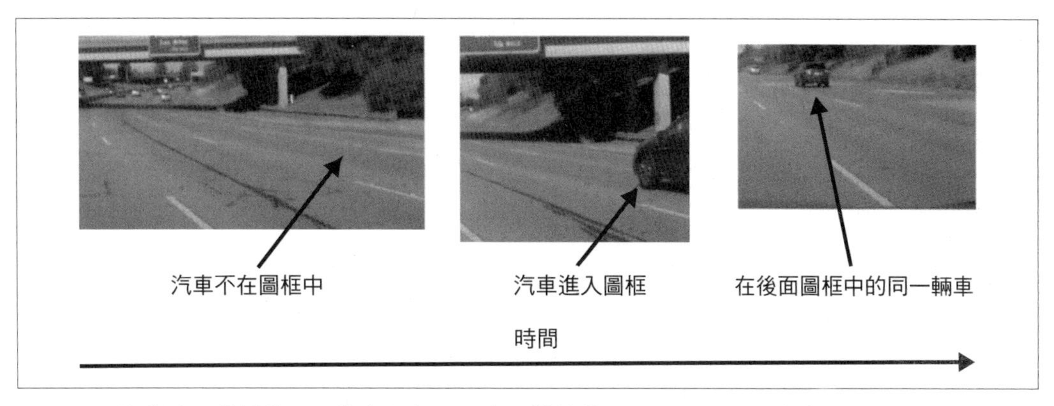

圖 5-12　隨著時間的推移顯示汽車不在視野中、然後進入視野、同一輛汽車出現在不同圖框中的情景

如圖 5-12 中所示，汽車不在初始圖框中。它進入圖框中，而且之後仍然在圖框中。更一般的說法是，物體在圖框之間進出。而這發生在不同的時間點。

汽車的屬性也可能會變化，例如，在一個圖框中可能完全可見，但在下一個圖框中可能會有部分遮擋。

透過時間追蹤物件的範例（時間系列）

時間系列（time series）的目標是在多個時間點，通常是圖框或時間戳記之間，建立一些標註之間的關係，也稱為序列（sequence）、軌跡（track）或時間一致性（time consistency）。

在 UI 中透過時間追蹤物件變化的方法範例，包括以下內容：

「幽靈圖框」

　在上一個位置上標記，使用者移動該圖框以表達當前狀態

「持有並拖曳」

　使用者將物件把持住，並隨著物件的移動而移動

「點和預測」

　使用者標記關鍵點，然後追蹤演算法猜測移動的方式

有一種方法是建立（或選擇）一個系列。每個系列在每個影片、一組影片，例如使用多個攝影機拍攝的相同場景、或者全域性跨影片間，都是唯一的；一般來說，這將迫使每個物件都成為系列的一部分。如果物體通常出現在多個圖框中，這種方法效果很好，但如果物體經常只出現在一個圖框中，則可能會有些繁瑣。

一般來說，這種系列／序列方法施加了額外的限制：

- 一個序列在給定的圖框中只能出現一次。例如，系列 12 不能在同一圖框中出現兩次。這不一定總是正確；舉例來說，一個物體可能因部分遮擋，而可以由兩種或更多的空間類型表達，例如一輛被柱子擋住的公車。
- 一個序列必須具有相同的標籤類型。儘管屬性可能會更改，但在不同圖框之間的「頂層」概念，通常應該是相同的。

靜態物件

有時，一個影片中會有一個靜態物件，例如，一家零售店有一個貨架單元，或其他不會移動、很少移動的展示物，或者一個交叉路口有一個不會移動的紅綠燈。可以用 3 種方式來表達這一點：

- 單一關鍵圖框，即位於圖框 x（例如，#898）。
- 起始和結束處的關鍵圖框（例如，9、656）。這意味著物體在第 9 圖框進入，並在第 656 圖框退出。更一般地表達方式是，此樣式為入場圖框、圖框列表或退出圖框。
- 屬性，例如「進入」或「可見」（或「可見 %」）。

這些都是將某物有效標記為「靜態物件」的方式。

持久物件：足球範例

一個影片中可能有多個物件。例如，可能有兩輛不同的汽車、幾個蘋果、幾個足球選手在場地上奔跑等等。

從人類的角度來看，我們知道圖 5-13 中的選手，在圖框 0、5、10 中都是同一個人。在每一個圖框中，他都是羅納度（Ronaldo）。

圖 5-13　圖框中的一位足球員。來源：Unsplash（https://oreil.ly/7P8HV）

但對於電腦來說，就沒那麼清楚了。因此，為了幫助電腦，要建立一個序列物件，即「羅納度」，由於這是第一個建立的物件，所以指定為序列號 #1；如果另一個球員「梅西」（Messi）也在畫面中，也可以為他建立一個新的序列，即 #2；再一名球員就是 #3，以此類推。

關鍵點在於每個序列代表一個現實世界的物件，或一系列事件，並且它對每個影片來說，都是唯一的數字。

系列範例

也可以建立一組「系列」以隨時間來建立意義。想像一部有 3 個令人感興趣物件的影片，為了表達這一點，可以建立 3 個系列，每個圖框代表一個實例：

- 系列 #1 的圖框為（0、6、10），因為物件 #1 在圖框 0 進入影片、在圖框 6 有些變化、然後在圖框 10 離開影片。物件在每個關鍵圖框中隨著時間變化。
- 系列 #2 的圖框為（16、21、22），物件 #2 也在每一圖框中改變位置。
- 序列 #3 只有一個圖框（0），物件 #3 是一個不會動的靜態物件。

一個系列可以有數百個實例。

影片事件

有幾種表達事件的方法：

- 可以為每個事件建立一個新系列。
- 可以為每個事件建立一個新的圖框，例如，（12、17、19）表示三個事件，分別發生在圖框 12、17 和 19。
- 可以使用屬性來宣告「事件」發生的時間。

從 UI 的角度來看，這裡的主要取捨，與您期望的事件數量以及綱要其餘部分的複雜性有關。以經驗法則來說，如果事件少於 50 個，將它們全部保留為單獨的系列，可能會「更清晰」；如果事件超過 50 個，通常最好使用一個單獨的序列，並在其中使用圖框或事件其中之一。

屬性可能適用於複雜的事件。主要的缺點是它們通常比關鍵圖框更不容易「發現」，後者可以更容易看到，以幫助您跳轉到影片的特定點。

在標註速度方面，要特別關注影片事件的快捷鍵。通常，可以使用快捷鍵來建立新序列、更改序列等。

在常見的標註錯誤方面，請確保您正在處理想要的序列。通常，縮圖可以在視覺上決定這一點，也可以跳轉到序列中的其他圖框，以驗證位置。

偵測序列錯誤

假設您正在審查一個已經預標記的影片，可能是由另一個人或演算法完成。為了幫助處理這個問題，像 Diffgram 這樣的工具會自動更改序列顏色。這意味著您可以播放影片，並觀察序列中的顏色變化，透過這種方式來捕捉錯誤容易到令人訝異。發生錯誤的範例如圖 5-14 所示，請注意在其中同一輛車的序列號發生變化的過程，因為是同一輛車，它應該在一段時間內都保持相同序列號。

對於具有重疊實例的真實情況，通常播放具有此顏色功能的影片會是偵測問題的最簡單方法。也可能會透過自動化流程，或其他註釋者提出問題，來提醒您潛在的系列錯誤。

圖 5-14 同一輛車的序列號錯誤更改的範例

為了修正錯誤，我打開實例的快顯功能表（context menu），然後選擇正確的序列，如圖 5-15 所示。

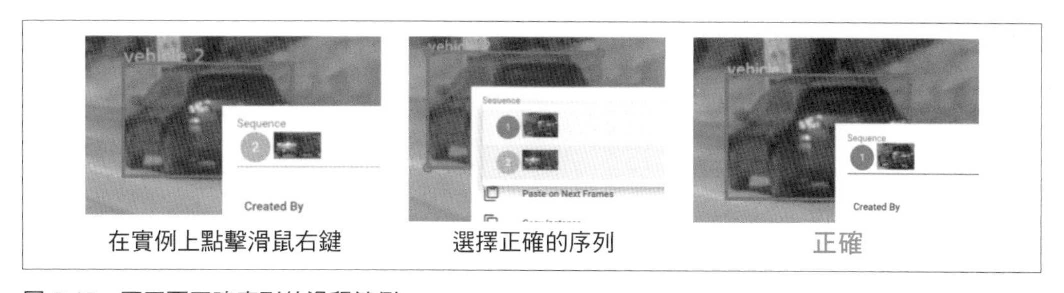

圖 5-15 更正不正確序列的過程範例

在這個範例中，有兩個原因讓我知道它是正確的：

- 車輛和它之前的圖框最相似。
- 車輛和系列中的縮圖在視覺上很相似。

影片標註中的常見問題

作為人類，我們可能會觀察到一個給定的場景，例如行駛的道路，並評估道路 / 植被的邊緣地。然而，純粹查看影像像素時，實際上無法看到什麼明顯的證據！更一般地說，這是關於「理應」存在與實際上所見的宣告。其他常見問題包括：

- 反射，例如窗戶中的人影。
- 會產生障礙但是透明的物體，例如欄杆。

- 物件偵測會產生矩形的預測結果，而大多數現實世界的物體都不是矩形的。
- 在可行駛視野之外的繁忙區域，例如拉斯維加斯大道（Las Vegas strip）。
- 物件在影片圖框中出現又消失的問題。

總結

工作流程是訓練資料技術和人員之間的黏合劑，它包括人類任務以及周圍的自動化和資料流。業務工作流程可以建構或合併人工標籤，以在完成正常工作的同時獲得高品質的標註。總體而言，這些人類任務是工作流程的核心積木，任務需要綱要、權限和資料流，一些額外的步驟，如審查迴圈和分析，則能提供品質保證。

標註錯誤的常見原因包括感測器或解析度限制、次優的綱要、不一致的指南以及複雜的空間類型。審查迴圈和其他工具可以減少錯誤；然而，與標註者建立合作夥伴關係往往會產生最佳結果。「責怪標註者」很常見，但通常在改變整體資料結構，包括改變綱要方面，會有更多的發揮空間。

綱要需要大量的前期工作，並會隨著時間的推移而擴展，而變更通常會使先前的工作無效。因此，仔細考慮和理解預期的擴展方向至關重要，這也有助於保持綱要的發揮空間，以減少標註錯誤並提高效能。

有許多複雜標註的形式，包括影片。影片標註捕捉了隨時間變化的運動，使用諸如重影圖框（ghost frame）之類的技術可以實現時間的一致性。自動分割等互動式自動化減少了重複性工作，監督現有的預測和自動化可以提高效率。

分析提供了有關標註者效能、資料分布和模型比較的洞察。資料探索工具允許切割資料集以發現問題並建立新視圖。不同的使用者角色具有不同的權限，大多數使用者是標註者。訓練有助於設置期望，黃金標準資料可用於測試。

預標記（預測）可以減少標註工作量，並透過與其他預測和基本事實的比較，來幫助除錯訓練資料問題。每個模型執行，都應該使用其執行時的設置來進行唯一性識別。資料流透過將新資料串流傳輸到人類任務而自動標註。掛鈎允許在每個資料流步驟進行客製化編碼。

總體而言，工作流程將人類任務和技術基礎設施結合在一起，以建立有用的訓練資料；工作流程的精心設計和迭代，可提高生產力和模型效能。

第六章

理論、概念和維護

引言

到目前為止，已經介紹了訓練資料的實際基礎：啟動並開始擴展工作的方法。在掌握基礎知識後，現在要來討論一些更進階的概念、推測性理論和維護行動。

本章將涵蓋：

- 理論
- 概念
- 樣本建立
- 維護行動

訓練機器理解並聰明地解讀世界，聽起來就像是一項艱巨的任務，但好消息是：位於幕後的演算法會承擔大部分繁重的工作。我們對訓練資料的主要關注可以總結為「對齊」，即定義好的、應該忽略和不好的內容。當然，真正的訓練資料需要的遠不止點個頭或搖搖頭，也必須找到一種方法，將相當模糊的人類術語轉化為機器可以理解的內容。

針對技術領域讀者的注意事項為：本章也旨在幫助形成關於訓練資料與資料科學之間關係的概念性理解。這裡提到的一些概念資料科學技術細節超出本書範圍，而這些主題的提及僅與訓練資料有關，因此不會有太詳盡的說明。

理論

以下是幾個我認為有助於更理解訓練資料的理論。

這裡將以要點形式一一介紹，然後在每個小節中詳細解釋：

- 一個系統的實用性取決於其綱要。
- 有意選擇的資料是最好的。
- 人類監督與經典資料集例如異常偵測不同。
- 訓練資料就像程式碼。
- 監督資料的人很重要。
- 關於訓練資料使用的表面假設。
- 建立、更新和維護訓練資料是工作的核心。

系統的實用性取決於其綱要

為了說明這點，請先想像有一個「完美系統」。

這裡將完美定義為，能自動且 100% 準確無誤地偵測出任何給定樣本的綱要，比如街道影像的「紅綠燈」或「停止標誌」。

但就商業面來說，有具意義性的完美嗎？

不幸的是，「完美」系統並不真的完美；事實上，在任何商業應用中，它可能都無法使用。

因為在慶祝完畢、塵埃落定後，會讓人意識到我們不僅想偵測紅綠燈，還想知道它是不是紅色、左轉紅色、綠色、左轉綠色等。延續這個範例，回到前面並用新的類別，即紅色和綠色等來更新訓練資料。然後，又遇到了新問題，因為有時候燈會被遮住，現在必須訓練遮擋情況。哎呀，別忘了還有在夜間的例子、或雪覆蓋住的情況等等。

無論最初的系統畫得多麼完善，現實是複雜且不斷變化的，所以需求和風格也會變化；系統的實用性只能和當初設計、更新和維護綱要的能力一樣好。

「理想的人工智慧」完美地偵測到我們定義的抽象化，即綱要。因此，抽象化或綱要會與預測的準確度一樣重要，甚至更為強調。請注意，對於生成性人工智慧系統而言，這種綱要是對齊過程的一部分。

先在這裡停一下，承認即使演算法很完美，仍然需要理解訓練資料，以確保提供給演算法的抽象化是我們想要的。

要如何達成這種對訓練資料的理解呢？任何駕駛人都可以告訴您需要注意的各種駕駛情況；同樣地，我們認為無論是醫生、農學家還是雜貨店店員等相關領域的專家都應該參與其中。因此，讓這些專家更全面地參與設計過程，包括標籤綱要，更可以將抽象化與現實世界對齊。這引出下一個理論：監督資料的人很重要。

監督資料的人很重要

監督資料的人很重要。從明顯需要領域專家來標註特定領域資料的需求，到公司的制度知識，再到風格偏好，人類監督的重要性在處理訓練資料時一次又一次地浮現。

例如，對於一家雜貨店而言，可能需要店員識別草莓的外型，判斷它們是否適合銷售，例如是否有發霉等；而農場則可能需要農夫或農學家。這兩個系統都會偵測草莓，但有著截然不同的綱要和目標。且單以雜貨而言，不同的店對於可銷售標準可能就不一樣了。

這就引出該讓誰監督資料的考量點，包括他們的背景、偏差或激勵措施等。監督資料的人受到什麼激勵措施？每個樣本要花費多少時間？這個人做這件事的時機為何？要一次做 100 個樣品嗎？

作為監督者，您可能為一家專門從事資料監督的公司工作、或者只受聘於一家公司、或者您可能是一名專家。此外，監督可能直接來自終端使用者，他們可能甚至不知道自己正在監督，例如說，因為他們在應用程式中執行的某些操作恰好也能產生訓練資料。圖 6-1 展示有意識的監督進行式與不知情者的比較。

通常情況下，如果是終端使用者監督，則量和深度會比較低；但它可能會更及時，並且與具體情境更有關連性。其實這兩者可以一起使用，例如，若終端使用者建議某事物是「不好」的，則可以用作啟動進一步直接監督的旗標。

圖 6-1　使用者清楚地意識到他們正在訓練系統的場景，與使用者可能不知道的場景之間的視覺差異

這一切都是在對資料外顯或直接的監督背景下進行的，有人會直接查看資料並採取行動，而與傳統訓練資料形成對比。在傳統訓練資料中，資料是「在野外」內隱性觀察到的，而且人類無法編輯。

有意選擇的資料是最佳的

一些公司會從網際網路上擷取大量資料以建立大型資料集，這也是一種方法；然而，大多數已監督的商業資料集會是全新的，由三個主要部分組成：

- 新建立的綱要。
- 新蒐集的原始資料。
- 以新綱要和新原始資料為主的新標註。

一些新穎資料集的範例包括標註私人錄製的運動賽事、建築工地的影像，以及新標註的銷售通話，這些不是來自網際網路的隨機資料。事實上，大多數已監督的資料集都是私有的，即使有一些原始資料可能已公開，但仍不屬於公共領域。

有意選擇的資料創造了綱要、原始資料（BLOB）和標註之間最佳的對齊；一如預期，它們必須好好地對齊才能獲得良好的結果。

處理歷史資料

與新鮮資料相對的是來自歷史背景的資料。如果綱要、原始資料甚至標註來自歷史來源，自然也會受限於該歷史背景。

為什麼這會造成麻煩？因為歷史資料通常包含許多問題，涵蓋的範圍從技術到政治都有，例如，歷史資料可能使用與現今不同的感測器，或政治概念可能已轉變而使得類別不再具有意義等；歷史資料也可能沒有明確定義的「血統」，這意味著問題可能一眼看不出來。常見的情況是，使用歷史資料是為了節省時間或金錢，然而，資料集越大，遇到的歷史遺留問題就越多，且對於現代背景的驗證就越困難。

在許多經典的機器學習問題中，歷史資料是可用資料的主要形式。例如，如果您正在訓練一個電子郵件的垃圾信件偵測模型，現有的垃圾信件就是一個很好的資料來源。然而，在受監督的背景下，領域空間通常會更複雜，例如影像、影片和來自其他感測器的資料；再說，綱要和預測目標也會更複雜。目前，在這種複雜環境中獲得良好成果的最佳方式，是在綱要、原始資料和標註之間獲得良好的對齊。通常，過分依賴歷史來源會使這變得很困難。

透過執行以下操作，您可以建立「新」資料並且不受歷史限制：

- 自己建立綱要，或驗證現有「必須使用」分類法中的每一條紀錄，或將現有分類法重新框定在新綱要中。
- 蒐集新穎的資料。從現有資料庫中蒐集資料可能是可接受的，只要將其視為原始資料，並且充分瞭解資料的年齡。
- 標註新鮮資料。如果綱要或原始資料是新的，而且理想情況下兩者都要是新的，這永遠是必備步驟。
- 任何「必須使用」的歷史資料都要在當前情況的概念下驗證。

一般人很容易傾向於依賴一些歷史概念，特別是對於綱要之類的東西，因為其中可能存在明確定義的現有分類法；如果必須使用現有分類法，請盡可能驗證更多的紀錄以適應新語境。理想情況下，真實世界的案例應盡可能審查所有資料，尤其重要的是，綱要要在符合您的特定需求下新建立。這意味著任何可能影響分析的框架概念，如偏差、歷史考慮等都能反映當前觀點，而不是某種通用的歷史概念。

我將簡短評論成本以結束本節。第 2 章已經討論圍繞建立新資料的許多成本取捨，就歷史資料而言，最重要的是它通常不是「使用現有」和「建立新的」資料的真正成本比較；相反地，歷史資料在技術上或政治上一般來說都是站不住腳的，不論所付出的現實代價為何。當使用歷史資料時，通常只是部分使用，且僅在那些可以得到驗證，並因必要或明顯有用而帶入當下使用的部分。

訓練資料就像程式碼

將訓練資料視為程式碼有助於強調其重要性。當有人提到寫程式時，我會認為「這很嚴肅」，對於建立訓練資料也應有相同的反應；這同時有助於突顯專家的重要性，以及他們在整個過程中行使的重要控制權。也有助於框定以下事實：資料科學正在使用訓練資料所產生的資料，而不是單獨自行建立「程式」（模型）。

此處將把訓練資料比作高階抽象化，類似 Python 這樣的高階程式語言，也就如同使用像是 Python 這樣的語言一樣，會比組合語言[1]更具表達性，可以使用訓練資料來達到比使用 Python 更高的表達性。

例如，不是用 `if` 敘述來定義偵測草莓程式的作法，而是可以展示一張包含草莓的影像，然後標記為「期望結果」。這種差異可見圖 6-2。機器學習過程隨後將使用「期望結果」來建立「程式」（模型）。

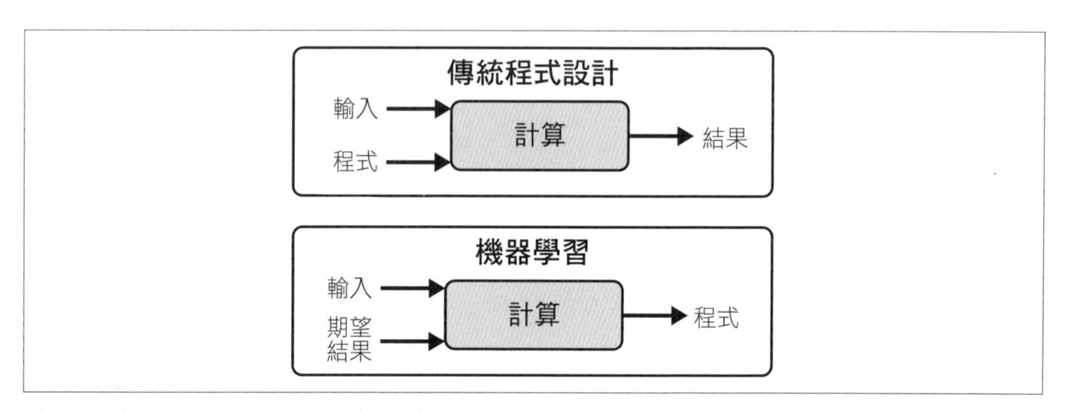

圖 6-2　傳統程式設計與機器學習之間的差異

1　組合語言：「任何低階程式語言，其語言中的指令與架構的機器碼指令之間有非常強的對應關係。」來源：Wikipedia（*https://oreil.ly/SuBGz*），2023 年 9 月 14 日存取。

雖然從概念上來看，這可能類似於我們對孩子說「那是草莓」，但實際上，是正在對特定的資料樣本進行程式設計，賦予它們「草莓」這一技術標籤和技術空間座標。雖然我們希望這些樣本具有普遍性，但實際上的工作，是將固有知識直接編碼進資料集中。

軟體程式經常包含商業邏輯，或者只在程式外部的商業語境下才有意義的邏輯；同樣地，訓練資料與外部語境相關，並映射到那個外部語境的原始資料和相關假設上。它是以適合機器學習演算法耗用的形式所編碼的人類意義。簡單來說，訓練資料是透過指定期望結果而非編寫程式碼的另一種寫程式方式。

從更技術性的角度來看，訓練資料透過定義基本真實目標來控制系統，而這些目標最終會導致機器學習模型的建立。我們可能不知道資料上執行的會是哪個模型，但只要模型輸出的資料類似於基本真實，則系統就會按照設計來運作，就好像一般人不會想瞭解 Python 這樣的高階語言「編譯／及時編譯」的方法，只要程式能執行就好。

當然，這種類比有其限制，而且有許多在實務上和哲學上的差異。程式碼明確定義了邏輯和運算，而訓練資料則提供了模型必須從中泛化的範例，模型建立的中介步驟不像從程式碼到程式輸出這樣直接。我說這些不是想說服大家認為寫程式和訓練資料之間有一對一的類比，而只是想強調，訓練資料在許多形式上類似於寫程式。

關於使用訓練資料的表面假設

使用訓練資料時會定義了一套假設，比如綱要本身、原始資料的樣子，以及資料的使用方式，並期望訓練資料只在這個背景下有用，其他背景則無法。

以下舉例說明，如果您是一位奧運會的徑賽運動員，正受訓練參加賽跑的 100 公尺項目，就會基於 100 公尺的假設來訓練，而非 400 公尺、800 公尺或跳高；因為雖然都是徑賽，但這些項目都超出預期會遇到的範圍，也就是 100 公尺。

但不同於奧運已經確定好了 100 公尺賽事的條件，訓練資料的假設往往沒有好好的定義，或甚至根本沒有定義。

所以，第一步就是開始定義這些假設。例如，前述的草莓採摘器會假設在商業草莓田上使用嗎？或者接下來更具體一些，也許可以假設相機將安裝在無人機上或地面機器人上，或者會在白天使用系統等等。

任何系統中都會有假設；然而，由於訓練資料涉及的固有隨機性，這些假設在訓練資料中會呈現出不同的語境。

為了 100 公尺賽跑而訓練的運動員，會直覺地知道為 100 公尺賽跑所接受的訓練，與為 400 公尺、800 公尺或跳高訓練是不同的。要獲得關於人工智慧訓練的類似直覺是一種挑戰，而且特別困難，因為一般都認定電腦系統具確定性，也就是說，如果執行相同的運算兩次，也會得到相同的結果。然而，人工智慧模型的訓練方式並不完全有這確定性，人工智慧運作的世界也不具確定性，建立訓練資料的過程涉及了人類，這也充滿不確定性。

大多數訓練程式為了展現隨機性會設計各種效果，例如，初始模型權重通常具隨機性，即使會儲存這些權重以便可以重現，但最初仍是隨機的。如果所有訓練參數，如資料、模型綱要、隨機種子值及訓練程式等，都能精確記錄下來，通常可以重現類似模型；然而，這個原始模型仍然是隨機的。

因此，訓練資料的核心是固有的隨機性，與訓練資料相關的大部分工作，是在定義系統的可能性和不可能性，尤其是抽象化方面；本質上，是試圖將隨機性控制在更合理的範圍內。建立訓練資料是想涵蓋預期的情況，也就是預期會發生的事情，而且，正如稍後將更深入探討的內容，主要是使用資料的快速重新訓練，來處理這個世界預期的隨機性。

以下列出一些在處理訓練資料時需要揭示和重新審視的常見假設，以實用方式結束這一小節：

- 蒐集的新鮮資料的位置、時機和方法
- 重新訓練或更新綱要的可用性
- 「真實的」效能期望，例如，希望擁有的綱要、任務關鍵的綱要
- 進入實際標註的所有標註背景，包括指南、離線訓練課程及標註者背景等

用定義和過程來防範假設

定義一個過程，是建立用來防範隨機性護欄的最基本方式之一，即使是最基本的監督程式也需要某種形式的過程，它定義了資料的所在位置、負責人和內容及任務狀態等。

在這個語境下，品質保證沒有統一的規範，存在各種相互競爭的方法和觀點，本書也將討論之中的許多觀點。一般來說，將從手動技術轉向更自動化、「自我修復」的多階段流水線，範例過程可見圖 6-3。

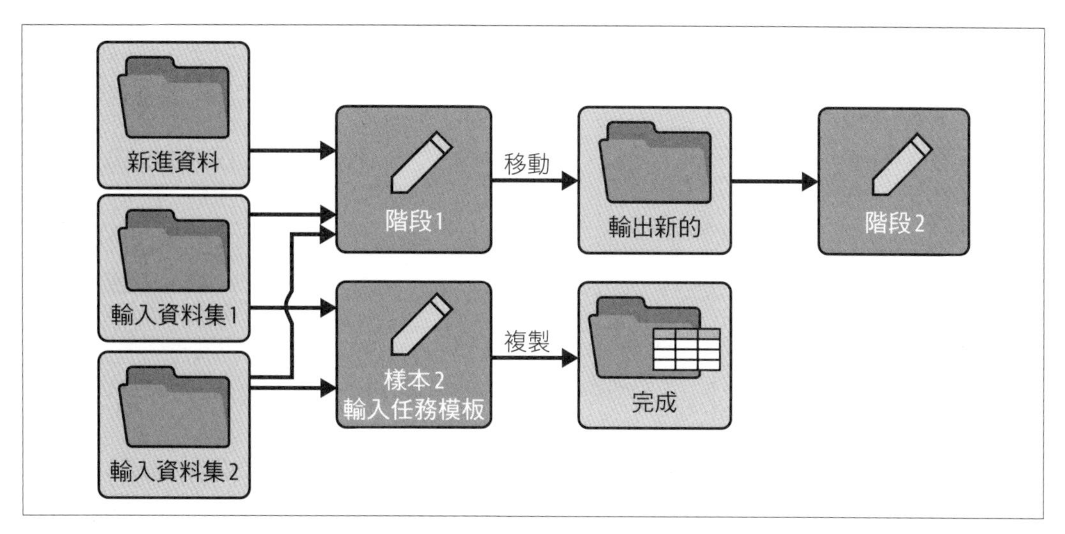

圖 6-3 標註過程中工作流程的視覺圖表

一旦理解訓練資料的基礎知識，很快就會意識到這個明顯的瓶頸：實際標註。要加速過程中的核心部分，有很多方法，以下將探索這些過程和取捨，這裡的選擇馬上就會變得十分複雜，這是訓練資料中最常遭人誤解，但也是最重要的部分之一。

人類監督與傳統資料集不同

「監督式、半監督式、非監督式」這些術語在資料科學工作中經常出現。任何人類介入都是某種形式的監督，無論是結構化資料、選擇特徵、還是自行設計損失函數。當我提到「人類監督」時，意思是由人類監督資料，不論之後用於建模資料的技術方法為何。[2] 本書的一般重點是對監督式訓練資料的目前理解：自動化已知事物，而不是發掘。[3]

人類監督的訓練資料與傳統資料集不同，是新的，有不同目標、涉及不同技能集合，並使用不同演算法式的方法。

2 對於技術讀者而言，通常會認為監督式學習是演算法可以存取答案鍵，例如 { 輸入：輸出 } 配對。雖然這個定義有效，但這裡的重點是人類監督的層面。

3 訓練資料可以與其他方法結合使用，在某些情況下發現新概念，但一般來說，重點大多在於重複現有已知的工作。

發掘與自動化之對比

在典型的傳統機器學習案例中，通常不知道答案為何，而希望能發掘它；但在新的人類監督案例中，已經知道正確答案，希望以資料科學可耗用的方式來結構化這種理解，也就是產生訓練資料。當然，這是非常粗略的描繪，並不總是真實的，但我用它來為平均案例建構對比案例。

例如，在傳統案例中，不會知道某人的電影偏好，所以希望能發掘；或者不知道天氣模式的形成原因，所以希望去發掘它。

在類似的思考線索中，深度學習概念經常會視為機器學習內的獨特概念。通常，人類監督的訓練資料與深度學習方法是一起並行的，因為深度學習期望有自動特徵提取；[4] 然而，使用深度學習方法並不是強制要求。

例如，表 6-1 列出這三個概念之間常見的關係。

表 6-1　目標、訓練資料方法和演算法選擇之間的關係

目標	演算法式方法範例	訓練資料
發掘	機器學習	傳統
自動化	深度學習	新的：人類監督

發掘和自動化目標是訓練資料內兩個主要陣營，它們既互補有時又互相交錯。

請看圖 6-4，左邊是一個試算表，右邊是一輛汽車看到的世界。在傳統案例中，即試算表，資料已經固定，標籤很少；而相比之下，新案例中的原始資料本身沒有意義，必須由人類添加標籤來控制意義，這意味著有更多自由度和能力。換句話說，在傳統語境下只有間接的人類控制，而在新語境下有直接的人類控制。

這並不是要減少傳統資料集或以發掘為中心的使用案例持續重要性。此外，需要清楚說明的是，影像分析本身並不是新事物，而且許多理論從概念上來看也不是全新的，但資料的結構化方式以及主流行業方法的假設，現在有了實質上的不同。

4　對於技術讀者來說，正如我們所知，深度學習通常會視為機器學習的一個子集合。我有時會將機器學習甚至人工智慧當作是一個包羅萬象的術語，來涵蓋與這兩種方法相關的事物；這樣做的目的是保持對訓練資料藝術的關注：資料建模取決於資料科學的方法。

Owner	Country	File_date	IPC_class
Company A	US	6/18/2008	H05H13
Company A	EP	1/30/1998	A61N5
Company A	EP	1/30/1998	A61N5
Company A	EP	1/30/1998	A61N5
Company A	JP	8/28/1997	A61N5
Company A	JP	10/4/2002	A61N5

圖 6-4　表格資料（發掘）與複雜的人類監督資料的比較

人類監督的訓練資料和傳統資料集是涵蓋不同問題的不同方法，不應該過度簡化，認為它們都是一樣的；試算表與本書所討論的資料假設和結構，就有著本質上的不同。但也不應該將它們視為競爭對手，人類監督的訓練資料，不太可能在以發掘為中心的使用案例中幫得上忙，因此兩種方法仍然都是需要的。

發掘

傳統資料集通常用於發掘新見解和有用的啟發式規則，起點常見為文本、表格和時間序列資料。這些資料通常會用來當作是發掘的一種形式，例如像是 Netflix 推薦電影的推薦系統、異常偵測或汽車翻新成本。

在傳統資料集技術中，沒有人類「監督」的形式，人類可能參與定義預處理步驟，但不會像在標註過程中那樣積極建立新資料；人類可能仍然會參與特徵工程，或者在傳統以發掘為中心的深度學習語境下，可能甚至沒有特徵工程。總體而言，資料是固定的，定義一個數學演算法目標後，演算法就會開始工作。

特徵工程（*feature engineering*）是選擇更相關的特定行或切片實務，例如為汽車翻新成本預測器選擇里程表行。

在新的訓練資料技術中，人類正在監督資料，我們已經知道正確答案，目標本質上是複製這種理解，「有樣學樣」。

這種直接控制能使得新技術適用於各種新的使用案例，特別是在「密集」或「非結構化」資料領域，如影片、影像和音訊。與固定資料不同，甚至可以控制新資料的產生，比如拍攝新影像。

一般概念

在建立、更新和維護訓練資料時會涉及許多概念，雖然本書前面部分涵蓋許多具體內容，但這裡想花一點時間來思考貫穿訓練資料多個領域的更一般性概念：

- 資料相關性
- 質化和量化評估的需求
- 迭代
- 遷移學習
- 偏差
- 元資料

資料相關性

延續討論驗證現有資料的主題，要怎麼知道我們的資料實際上與現實世界相關？例如，可能在測試集上得到完美的 100% 分數，但如果測試集本身與現實世界資料無關，那就麻煩大了！

目前還沒有已知的直接測試，可以確切保證資料與生產資料相關，只有時間才能真正告訴我們答案；這與傳統系統可以載入並測試 x 位使用者的方式相似，但真實的使用樣式總是不同的。當然，可以盡力規劃預期的使用並相對應地設計系統，就像在傳統系統使用測試和其他工具來幫忙，但首先還是要有一個好的設計。

整體系統設計

在機器學習中設計資料蒐集系統通常有許多選擇。例如一家雜貨店，系統可以放置在現有的結帳櫃檯上，以防止盜竊或加快結帳速度，如圖 6-5 所示。

或者，可以設計一個完全替代結帳的系統，比如在整個商店放置許多攝影機，並追蹤顧客行動。這裡沒有正確或錯誤的答案，要意識到的主要重點是訓練資料與其建立的背景緊密相連，後面的章節會更深入討論系統設計。

圖 6-5　左圖，與現有系統整合的範例；右圖，全新流程的範例

原始資料蒐集

從高階系統設計的角度來看，原始資料的蒐集和儲存一般來說已超出本書範圍，有部分是因為原始資料可用的選項範圍廣泛。原始資料可以來自現實生活中的感測器，如影片、音訊或影像等，也可以是螢幕截圖、PDF 掃描等，幾乎任何人類可解析形式能表達的東西，都可以做為原始資料。

質化和量化評估的需求

質化（qualitative）和量化（quantitative）類型的評估都很重要，最好對量化方法給予適當重視。量化度量是工具，而不是全面解決方案，不能提供系統是否真的能有效運作的安心感。通常，會不小心「過分重視」這些工具，將之視為系統成功的神諭，所以可能需要減少這些度量在您和團隊眼中的重要性。

以度量為導向的工具也會更強調資料科學團隊，而遠離那些實際上以質性而非統計性，一次查看一個樣本結果的專家。大多數真實世界的系統，並不像那些過分依賴度量的人所認為的那樣有效；度量有其必需性，也很重要，只是要與同樣重要，且始終需要的人類質性能力區分開來。

迭代

在傳統程式設計中，會對函數、特徵和系統的設計進行迭代。

訓練資料也有一種類似的迭代形式，使用這裡討論的所有概念。模型本身也是迭代的；例如，它們可能按預定頻率重新訓練，比如每天一次。

這裡最大的兩種相互競爭方法是「射後不理」和「持續重新訓練」。在某些情況下，重新訓練可能不切實際，因此會建立一個單一的最終模型。

優先順序：應標記哪些資料

作為資料集建構的一部分，知道需要從較大的原始資料集中建立一個較小的集合；但要怎麼做？這就是「應標記內容」的關注點，通常，這些方法的目標是找到「有趣」的資料，例如，如果我有數千個相似的影像，但其中 3 個顯然和其他不同，我可能會從最不同的這 3 個開始，以獲得最好效果。這是因為這些異常值將最受益於人類的判斷。

遷移學習與資料集的關係（微調）

簡單入門法遷移學習（transfer learning）的想法，是在訓練新模型之前，先從現有的知識基礎開始。遷移學習會用來加速新模型的訓練，雖然遷移學習的實作細節超出本書範圍，但我希望引起眾人對訓練資料和資料集選擇與微調（fine-tuning）相關，並影響它的方法等這些事情的關注。

您可能聽說過，在遷移學習或預訓練模型中使用的流行資料集，包含難以去除的偏差。有些關於這些資料集會影響研究人員的理論，包括偏差會滲透到模型設計中，這通常在某種程度上是真的，但也與真實世界的監督式人工智慧應用不太相關。

為了更清楚地說明，可考慮影像偵測任務的預訓練語境，預訓練知識其中很大一部分是像偵測邊緣、基本形狀或有時是常見物體之類的事情，在這個語境下，這些基礎等級的特徵更像是訓練過程的成品，而不是真正的「訓練資料偏差」。換句話說，它們是特徵，將它們包含進來的原因是因為常規性，或是它們的存在具有意義上的價值。

這裡有一個關鍵的區別，相對於前面討論對於歷史資料集的擔憂，原始資料集只是一個起點，真正的資料集將根據它以適配。換句話說，如果真實資料集有問題，模型仍然會試圖學習它；但如果原始資料集的問題在真實資料集中並不存在，那在微調或遷移學習過程中仍然保留它的機會就會大幅降低。

要針對特定案例測試這一點，可以同時進行有遷移學習和沒有遷移學習的訓練，再互相比較。通常，這些比較會顯示遷移學習更快，但實際的最終結果，即訓練過程後模型的最終狀態會是相似的。可以將這視為檢查，然後在持續的迭代中，將知道是否可以「安全地」使用遷移學習，並且不太需要擔心偏差。

要擔心的是：「因為間接使用之前模型訓練的訓練資料，如果那個模型中存在不想要的偏差，可能會延續到新案例中；也就是說，對之前的訓練資料集有依賴性。」然而，請務必記住遷移學習的意圖：更快達到最佳點的方法。在實務上，這通常意味著要讓一般的「低層次」概念存在於模型中，例如邊緣、基本形狀或語音的基本部分等。此外，一般會認為，人類層級偏差的大部分內容，在成為錯誤「損失」來源的新標籤時，早已在前幾次訓練覆蓋過去了。

例如，考慮可以在意義完全不同於原始資料集的影像上訓練，如一個在 Common Objects in Context（COCO），大規模物件偵測、分割和標註資料集（*https://oreil.ly/iMDel*）上預訓練的模型，對「SKU 6124 Cereal box」這種產品就不會有概念。一個常見的誤解是，使用遷移學習會自動地比不使用遷移學習更好，但實際上，不使用遷移學習也可以達到與使用遷移學習一樣好的結果。對於實際應用來說，與其說遷移學習是對模型效能或偏差的關注，不如說是一種計算優化。

技術上，無論遷移學習的起始權重如何，模型都應該能夠收斂到同一點，作為語境，預訓練的權重代表了原始資料集學習到的表達法，如更高維度。我在這裡互換使用「權重」和「資料」，以聚焦於訓練資料的比較，但在資料科學實務中它們當然不一樣。以下情況可能存在：資料不足以收斂或完全覆蓋原始權重，並且原始集合中的資料仍然存在，例如以未變更的預訓練權重形式。如果原始資料集包含對新任務有用的資料，即新集合中沒有的資料，則可能希望保留這些剩餘資料。原始資料集加上起始權重的聯合資料集，現在可能比任何一個單獨的集合都有更好的效能，對於更大的新資料集，擁有一個真正的聯合資料集的可能性較小，在這種情況下，遷移後資料集的更多或所有權重可能會「覆蓋」過去，這也取決於預訓練集合的語境。如果目的是利用語意資訊，則這與用它來偵測「基本」概念，如前面提到的邊緣是不同的使用案例。

雖然再深入探討這個主題已超出本書範圍，但本質上，只要將遷移學習視為一種優化手段使用，例如節省訓練時間，並且在其上層仍有自己的新資料，則來自原始資料集的偏差就不太可能成為一個實質性問題。隨著新資料集相對於預訓練資料集的比例增加，潛在問題甚至變得更不明顯；另一方面，如果在您的案例中，原始資料集透過遷移學習，仍然存在或明顯影響資料的最終分布，就應該將預訓練模型的資料，視為當前整體資料集的一部分，並仔細檢查不希望的偏差。

因此，總結一下關於遷移學習的兩項要點：

- 它不是擁有您自己的特定領域（新）資料集替代品。
- 它通常更像計算或演算法優化，而不是偏差關注。然而，如果保留原始資料集或權重的重要部分，且這些權重超出基本內部概念，如邊緣和形狀，這樣它就是一個偏差關注[5]。

5　需要注意的是，理論上它總是可以帶來不想要的偏差，但實際上相關沒那麼明顯，因為新資料集通常會覆蓋最「重要」的權重。

再次強調，如果訓練資料集中存在不希望的偏差，且直接使用該資料集，不是件好事；如果只為了加快初始權重設置，而使用了遷移學習資料集，則風險會低得多。對於任何懷疑偏差可能成為問題的情況，可以同時比較有遷移學習和沒有遷移學習的訓練，並檢查原始資料集，以尋找不想要的偏差。

這是一個不斷發展且有爭議性的領域，上述內容的主旨只在於提供與訓練資料相關的大方向概覽；請注意，這一切都在監督式（人類審查資料）背景下進行。

判斷每個樣本

最終，人類會監督每個樣本，通常一次一個，這時候，必須記住每個人做出的決定，對最終結果都會有實際的影響。在面臨艱難的判斷時，此處沒有簡單的解決方案，然而有一些可用的工具，例如採用多個意見的平均值，或要求考核。

通常，包括專家在內的所有人都會有不同意見，在某種程度上，這些獨特的判斷可以視為一種新型的智慧財產權。想像一下帶有攝影機的烤箱，一位擁有招牌菜的廚師可以監督一個訓練資料集，從某種意義上能反映這位廚師的獨特口味。若要簡單介紹這種概念，可說：系統和使用者內容之間的界限因訓練資料而變得模糊，而這種方式仍在發展中

倫理和隱私考量

首先值得考慮的是，某些形式的監督資料實際上相對沒有偏差，例如，我很難想像草莓採摘資料集會有任何立即的倫理或隱私顧慮。然而，在某些語境中，存在非常真實且嚴重的倫理擔憂，雖然這不是一本倫理學的書，但已經有一些相對詳細的書籍討論偏差在自動化中的影響。不過，我將觸及一些最直接和實際的顧慮。

偏差

「偏差」（bias）一詞有許多意義；在這裡只提幾幾個：技術偏差（technical bias）、不平衡類別偏差（imbalanced classes bias）、期望的人類偏差（desired human bias）和不期望的人類偏差（undesirable human bias）。

首先，即使在技術偏差內，這個詞也有多重意義。在機器學習建模中，偏差可能意味著添加到計算中可變部分的固定值。例如，如果您希望模型在權重總和為 0 時傳回 3，您可以加上 3 的偏差。[6] 它也意味著以真實分布平均值的距離衡量的估計值偏差，而真實分

6 範例靈感來自 Farhad Malik 的論文〈Neural Networks Bias and Weights: Understanding the Two Most Important Components〉，《FinTechExplained-Medium》，2019 年 5 月 18 日（*https://oreil.ly/MdbQu*）。

布在實際應用中是完全無法理解的。這些措施對資料科學家和研究人員可能有用，但這不是我們所關注的偏差，即人類偏差。

不平衡類別是指一個標籤比另一個標籤有更多樣本，這很容易陳述，但解決方法實際上則未定義。要理解原因，請參考以下範例：想像我們正在為機場掃描儀設計一個威脅偵測系統，如圖 6-6 所示。

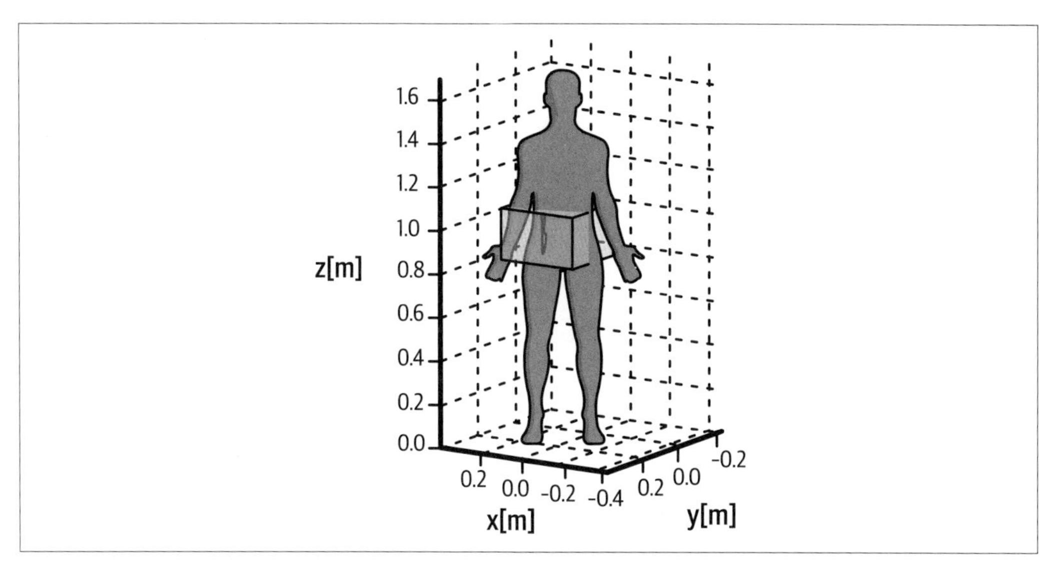

圖 6-6　3D 毫米波掃描器的原始掃描範例

有可能建立像「前臂」和「威脅」這樣的類別，但需要多少前臂的範例？又需要多少威脅的範例？嗯，在這種情境下，前臂的變異性非常低，這意味著可能只需要一個小樣本集，就可以建立一個很好的模型；然而，威脅這類別就可能存在各種變化以及試圖掩蓋之處，意味著可能需要更多的範例。

乍看之下，在那種語境下「前臂」可能與「威脅」並不平衡，但這實際上是我們想要的，因為從概念上講，相較於「前臂」，「威脅」是一個更難的問題，可能需要 10 倍或者 100 倍的資料量；但樣本的絕對數量並不重要，重要的是需要多少資料，才能在該類別上發揮作用，這就是不平衡類別問題。可能需要 10 倍的資料量，標籤 A 才能與標籤 B「平衡」；另一種方法是將「威脅」細分為更小的類別。

這引出一個有點微妙的問題。在範例中，我們一直假設所有「威脅」的實例都是相等的。但如果訓練資料不足以代表現實生活中的資料呢？這實際上是一個不同的概念，即資料分布。

問題在於，修正「明顯」的偏差有多種技術解決方案，例如困難負樣本探勘（hard negative mining），但沒有一個可以修正資料與現實世界之間的關係；就好像一個傳統程式可以通過數百個「單元測試」，但仍然完全無法滿足終端使用者的需求。

模型需要「偏向」於偵測您希望它偵測的內容，因此請記住，從這個角度來看，您正在試圖使模型「偏向」於理解您對資料的世界觀。

偏差難以避免

想像一下這種情境：

- 在特定月分建立一個資料集
- 為了保持新鮮度，只使用過去 6 個月的「新」資料
- 為了優化模型，對輸出和錯誤的採樣進行人工審查和修正

但這實際上意味著每個「新」的範例都會回收到模型中，換句話說，假設在第一天發生了一次預測和隨後的修正，能使用它多久？假設這個「新鮮」的修正在 6 個月內有效。但真的是這樣嗎？

實際上，即使它是「正確的」，6 個月後，它的基礎會是一個現在已經過時的模型。這意味著，即使使用過去 6 個月內修正的資料重新訓練模型，仍然會有來自「舊」模型的偏差滲入。

這是一個極難建模的問題，我不知道科學的解決方案在哪。這也會是一個更需要意識到的流程問題，因為今天做出的決定，可能很難在明天完全撤回。

以寫程式來類比可能是系統架構。修正一個函數可能相對容易，但更難的是明白這個函數是否應該存在。作為一個實際問題，一個工程師在修正現有函數時，很可能會從那個函數開始，所以即使實際上改變了所有字元，修正後的函數仍然會包含原函數的「精神」。

除了實際的資料和實例之外，另一個例子是標籤模板。如果假設總是使用現有的預測結果，可能很難識別這些模板是否仍然相關。

元資料

想像一下，您花了數千小時，可能還有數十萬美元來建立多個資料集，然後才意識到並不清楚建立時存在的假設。這意味著資料可能比預期的用處少、完全無用；甚至更糟的是，在預期語境之外使用時，可能會由於意外結果帶來過多的負面影響。

讓技術上完整的資料集變得大多無法使用的原因有很多，以下描述其中一些。一個令人驚訝的常見問題是，失去有關資料集建構方式的資訊，想像一下，例如一位資料監督者對專案有所疑問，並透過電子郵件或聊天訊息等管道發送：「發生這樣或那樣的情況時，該如何處理？」而問題得到解決後，他就繼續過日子。然而，隨著時間推移，這些知識往往會遺失，如果該問題再次出現，就必須再次詢問同事並等待回應，或者在某些情況下，可能無法使用原始紀錄或找不到同事。因此，最好盡可能為語境保留足夠的元資料，例如，將其包含在紀錄系統中的定義內。

資料集的元資料

元資料是指那些模型不直接使用的資料集相關資料，例如，建立資料集的時機和人員。不要將標註稱為「元資料」，因為標註是整體訓練資料結構的主要組成部分；若將標註稱為元資料，元資料就等於元元資料（meta-metadata），一點意義也沒有。

需要注意的是，有些人將任何類型的標註都稱為元資料，就遵循傳統教科書的定義來說，這是合理的；但實務上，標註和綱要會視為與一般元資料不同的事物。

防止遺失的元資料

有許多常見的元資料「遺失」範例：

- 資料集的原始目的為何？
- 建立它的人是誰？
- 在什麼語境下建立它？
- 何時捕獲資料？何時受到監督？

- 使用哪些感測器類型和其他資料規格？
- 該元素最初是由機器製作還是由人製作？使用哪些輔助方法（有的話）？
- 該元素是否經由多人審查？
- 提出哪些其他選項，例如每個屬性群組？
- 在資料集建構過程中，模板化綱要是否發生變化？如果是，何時變化？
- 與「原始」資料相比，該集合的代表性如何？
- 資料集是何時建構的？例如，原始資料可能有時間戳記，但這很可能與人工查看它的時間不同；而且這可能會因每個樣本而異。
- 有哪些指南展示給監督者？這些指南是否修改過，是的話，又是何時修改的？
- 這個資料集中有哪些標籤，標籤的分布是什麼？
- 將原始資料與標註關聯的綱要是什麼？例如，有時標註在靜態儲存時會以如 *00001.png* 的檔案名稱儲存，但這是假設它在資料夾「xyz」中。所以如果出於某種原因這個假設變了，或者沒有在某處記錄，哪些標註該屬於哪些樣本可能不明確。
- 這是否僅指「已完成」的資料？這裡缺少標註是否意味著該概念不存在？

透過在建立過程中盡可能捕獲足夠多的資訊，可以避免元資料遺失。一般來說，使用專業的標註軟體將有助於這一點。

訓練 / 驗證 / 測試，都是錦上添花

在建立模型時，常見的做法是將原始資料集分成三個子集合；訓練 / 驗證 / 測試（*Train* / *Val* / *Test*），這樣做的目的是要有一個用來訓練模型的集合、還有從訓練集中保留下來的第二個驗證集、以及保留到工作完成後進行一次性最終測試的第三個集合。從現有集合中採樣並分割它相對簡單。

然而，原始「集合」來自哪裡？這是訓練資料背景的關注點：建構原始的、更新的、持續的集合本身。

關於分割這些子集合有多種考量點，如隨機選擇樣本以避免偏差，但這比較偏向資料科學而非訓練資料的關注點。

通常，原始資料會比可以標註的資料還多，因此，基本選擇過程的一部分是選擇將標註的原始樣本，通常有多個原始資料集；實際上，許多專案很快就會擁有數百個這樣的原始資料集。更一般地說，這也是整體組織和資料集結構的關注點，包括選擇哪些樣本該納入哪些集合。

樣本建立

現在會從頭開始探索，建立一個訓練資料的單一樣本方式，這將有助於建立對訓練資料核心機制的理解。

系統將會擁有一個已經在一組訓練資料上訓練過的深度學習模型，這些訓練資料主要包括兩個組成部分：

- 原始影像（或影片）
- 標籤

以下將討論幾種不同的方法。

用於草莓採摘系統的簡單綱要

想像一下正在開發一個草莓採摘系統，需要知道草莓的樣子、它在哪裡以及成熟度，這裡引入一些新術語，好更有效率地工作：

標籤

標籤（label），也稱為類別（*class*），[7] 代表最具大方向的意義，例如，一個標籤可以是「草莓」或「葉子」。對於技術人員來說，可以將其想像為資料庫中的一個表。通常附加到特定的標註（*annotation*）（實例）上。[8]

標註（實例）

圖 6-7 中顯示一個單一範例，與一個標籤相連，以定義它的內容；標籤通常還包含位置或空間資訊，定義某物的位置。沿用之前的技術舉例，就像資料庫中的一列。

7 其他名稱包括：標籤模板（label template）、標註名稱（annotation name）、類別（class）。

8 通常只透過參照 ID。

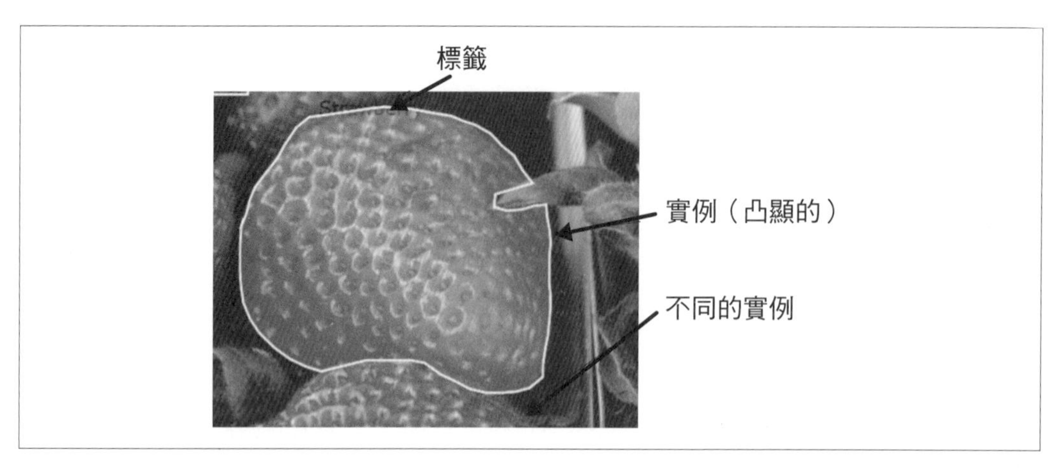

圖 6-7　標記和未標記的實例

屬性

> 一個實例可能有許多屬性（attribute），指特定實例獨有的特徵。通常，屬性代表物件本身的可選特性，而不是其空間位置。

這個選擇將影響監督的速度。單一實例可能有許多獨特的屬性；例如，除了成熟度，還可能有疾病識別、產品品質等級等。圖 6-8 就是一個範例。

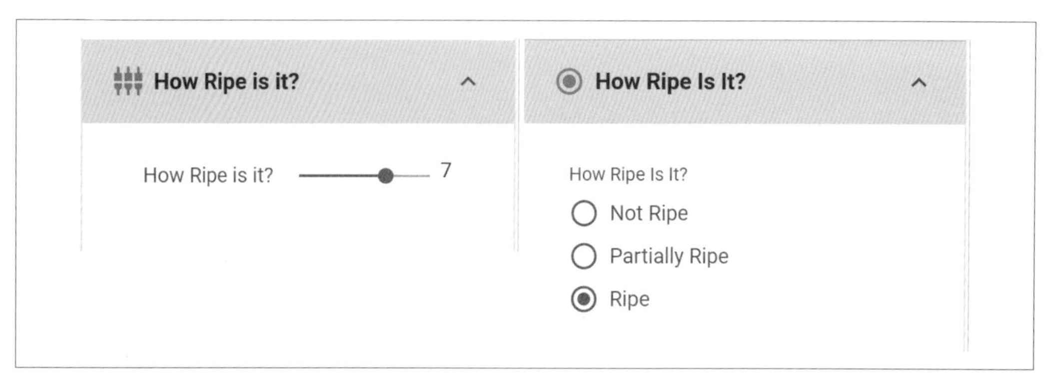

圖 6-8　顯示屬性選擇的使用者介面範例

想像一下，您只希望系統採摘特定成熟度的草莓，就可以將成熟度表達為一個滑塊，或者也可以有一個關於成熟度的多選擇選項，如圖 6-8 所示。從資料庫的角度來看，這有點類似於一個行（column）。

幾何表達法

也要選擇要使用的幾何表達法類型。這裡的選擇就像實際監督一樣，是訓練資料的一部分。

幾何形狀可以用來表達物體，例如，可以將圖 6-9 中顯示的草莓表達為方塊、多邊形和其他選項，其他章節有相關討論。

從系統設計的角度來看，可以選擇使用哪種類型的原始資料，如影像、音訊、文本或影片；有時甚至可以將多種模態結合在一起。

圖 6-9　帶有方塊和多邊形幾何形狀的標註範例

角度、大小和其他屬性在這裡也可能適用。

空間位置通常是單一的。現在，雖然物件在給定時刻一般只會在一個地方[9]，但在某些情況下，單一圖框可能擁有多個空間標註。想像一下，一個橫梁擋住對汽車的視線：為了準確標記汽車的區域，就可能需要使用兩個以上與同一標註相關的封閉多邊形。

9　這裡說的是在一個參考圖框中。多模態標註可以表達為一組相關實例，或給定參考圖框的空間位置，例如攝影機 ID x。

二元分類

一種基本的作法是偵測某物存在與不存在之間的差異。做到這一點的其中一種方式是二元分類（binary classification），有點像是問「照片中是否存在紅綠燈？」

例如，該集合中的兩張影像可能看起來會像圖 6-10：

圖 6-10　左圖，資料集中顯示紅綠燈以及背景中的樹木影像；右圖，資料集只顯示樹木的影像

要監督第一個範例，只需要兩件事：

- 捕捉與檔案本身的關聯：例如，檔案名稱是「*sensor_front_2020_10_10_01_000*」，這是與原始像素的「連接」。最後將讀取這個檔案，並將值轉換為張量，例如，位置為 0,0，指派 RGB 值。
- 以對我們有意義的方式來宣告它，例如：「Traffic_light」或「1」。這類似於說檔案名稱「*sensor_front_2020_10_10_01_000*」中存在一個「Traffic_light」。

第二個例子，可以宣告為：

- 「sensor_front_2020_10_10_01_001」
- 「No」或「0」

實務上，通常會有更多影像集合，不僅僅是兩個。

手動建立第一個資料集

可以用紙筆或白板來做這件事。首先，畫一個大方框，並給它一個標題，例如「我的第一個資料集」，再畫一個小方框，在裡面畫紅綠燈的草圖和數字 1。重複這個過程兩次，畫一個沒有紅綠燈和有數字 0 的影像，如圖 6-11 所示。

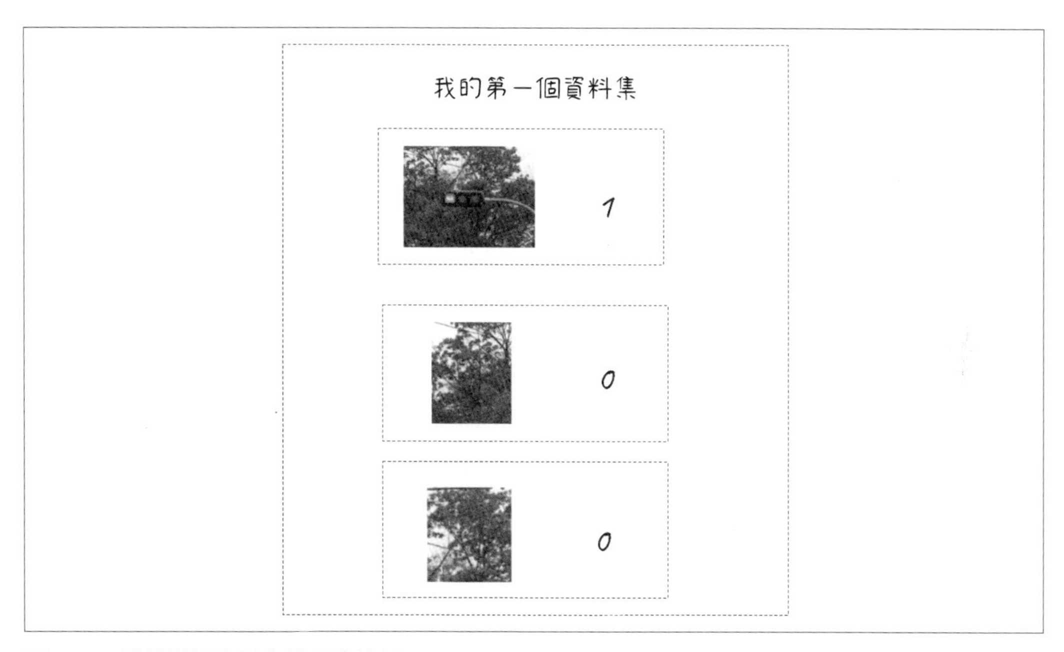

圖 6-11　簡單訓練資料集的視覺範例

這是最基本的概念，它可以使用筆和紙來完成，當然也可以用程式碼來完成。實際上，就算需要適當的工具來建立生產訓練資料，但從概念角度來看，每種方法都是同樣正確的。

例如，設想這段 Python 程式碼，這裡建立了一個串列，並用第 0 個索引是檔案路徑、第 1 個索引是 ID 的串列來填充它。假設相同資料夾中實際存在著 .jpg，完成的結果就是一組訓練資料：[10]

```
Training_Data  = [
 ['tmp/sensor_front_2020_10_10_01_000.jpg',     1],
 ['tmp/sensor...001.jpg',                              0],
 ['tmp/sensor...002.jpg',                              0]]
```

10　敏銳的讀者可能會注意到，一旦完成，這就變成了一個矩陣。矩陣的形狀在這裡沒有意義，通常最好將這些視為一個集合。然而，Python 集合也引入和這裡無關的一些怪癖；所以我使用串列。

這缺少一個標籤映射：0 代表什麼？可以將這個簡單的字典表達為：

```
Label_map = {
          1 :  "Traffic light",
          0 :  "No Traffic light"
}
```

恭喜！您剛剛從頭開始建立了一個訓練資料集，無需任何工具，且只需最少的努力！經過一點整理，這將是一個基本分類演算法完全有效的起點。

您還可以看到，透過簡單地向串列中添加更多項目，就可以擴大訓練資料集。

儘管「真實」的資料集通常會更龐大，且通常具有更複雜的標註，但這是一個很好的開始！

來解析一下正在使用的人類演算法。按順序，會做以下事情：

1. 看影像。
2. 根據對紅綠燈的知識來繪圖。
3. 將對紅綠燈的認知映射到稀疏值上，例如，「紅綠燈存在」。

儘管這是如此顯而易見，但對電腦來說卻不是那麼明顯。例如，此領域先前的方法，例如定向梯度直方圖（Histograms of Oriented Gradient，HOG），和其他邊緣偵測機制，並沒有真正理解「紅綠燈存在」和「紅綠燈不存在」。

為了這個範例，我做了一些假設，想像紅綠燈是由某個過程預先裁剪的，假定紅綠燈的角度是正確的等等。實際上，通常會使用空間形狀，如方框或立方體，以便模型可以確定位置，例如物件偵測。此外，可能還有許多其他狀態或預處理流水線。

當然，在實際應用中，這些過程會變得更為複雜，但這個例子展示這個過程的分類，和將我們的理解映射到電腦上的部分；這種做法有著更多更複雜的形式，但是核心思想。如果能理解這一點，就已經遠遠超越許多人。

最終，其他方法通常都是建構於分類上，或者向樣本添加「空間」屬性。到頭來，即使在某些先前的過程已經執行，仍然需要一個分類過程[11]。

11 演算法通常會預測一個連續範圍，然後再執行一個函數例如 softmax，來轉換為這些類別值。

升級後的分類

為了從「存在」擴展到「有內容」，將需要多個類別，表 6-2 顯示這種布局的一個例子。

表 6-2　原始資料與相應標籤的視覺比較

樣本編號	原始媒體	標籤名稱	整數 ID
樣本 1		紅色	1
樣本 2		綠色	2
樣本 3		無	0

關於要使用字串還是整數，一般來說，大多數實際訓練將使用整數值；然而，這些整數值通常只有在附加到某種字串標籤時，才會產生意義：

```
{ 0 : "None",
  1 : "Red",
  2 : "Green"}
```

我會在這裡介紹標籤映射的概念，雖然這種類型的映射對所有系統來說都很常見，但這些標籤映射可能會變得更加複雜。同樣要記住的是，一般來說，「標籤」一詞對系統並沒有意義，但它會把 ID 映射到原始資料，如果這些值錯誤，可能就會嚴重失敗；更糟糕的是，想像一下，如果測試也依賴於同樣映射的話會怎樣！

這也就是有可能的話，最好「列印輸出」；這樣可以視覺上檢查標籤是否與所需的 ID 匹配。有一個簡單的例子，一個測試案例，可能會對一個匹配了 `string` 的已知 ID 進行 `assert`。

紅綠燈在哪裡？

繼續紅綠燈範例，先前方法的問題是不知道紅綠燈的位置。在機器學習建模中有一個常見的概念：物件性分數（*objectness score*），前文有提到過，還有其他更複雜的方法來識別位置。從訓練資料的角度來看，只要有一個定界框存在，就確定了哪裡，即空間位置，學習這一點的演算法實作則取決於資料科學。

維護

現在已經講解建立單一樣本的基礎知識方式，並介紹一些關鍵術語，可回到大方向的過程觀察。第 2 章曾講解設置訓練資料軟體、綱要和任務等基本事項，但是持續的維護行動真實面貌為何？

行動

這些是在從模型訓練過程傳回某種形式的資訊之後，通常可以採取的行動。

增加綱要深度以提高效能

提高效能的最常見方法之一是增加綱要的深度，一個例子是將標籤類別各個擊破，特別是表現不佳的類別；本質上，這既是要識別也是要改善最弱的特定類別。借用之前的例子，這裡使用「紅綠燈」標籤，當效能表現參差不齊時，可能不清楚哪些範例需要改善效能。

在審查結果時，會注意到「綠色」似乎在失敗案例中出現得比較頻繁，一種選擇是嘗試將更多綠色加入普通紅綠燈集合中；或者更好的方法是，將「紅綠燈」類別分割為「紅色」和「綠色」，這樣可以非常清楚看出哪一個表現比較好，可以重複這個過程，直到達到期望的效能，可透過如圖 6-12 所示分割大小來做到這一點。要實作這一點有一些細微之處和方法，但它們大抵不脫這個想法，關鍵在於，每次「分割」時，在效能方面就會更清楚該怎麼走下一步了。

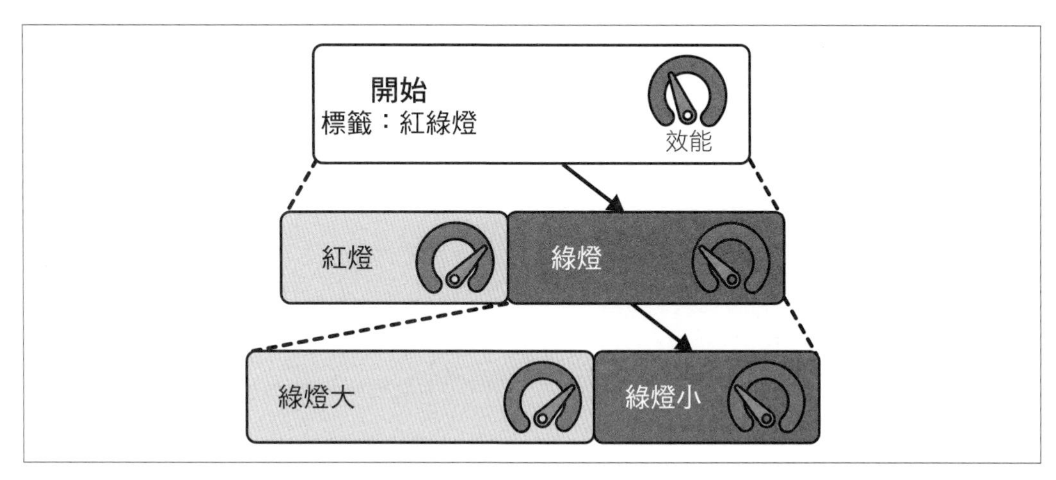

圖 6-12　將單一標籤基於效能需求而擴展為多個更具體屬性的改善路徑範例

進一步對齊空間類型與原始資料

想像一下，您一開始選擇了影像分割，然後，在意識到模型沒有按預期訓練時，可能可以簡單地切換到「更容易」的任務，如物件偵測，甚至是全影像分類。

或者，可能物件偵測產生了一堆重疊的方框，它們沒什麼用處，而您需要切換到分割以準確捕捉意義，如圖 6-13 所示。

圖 6-13　方框無法提供有用資訊的範例，故切換到分割以獲得更好的空間結果

圖的左側從方框開始，導致了重疊的偵測結果；透過轉移到分割，可以獲得更清晰的分割，如右圖所示。儘管在某些情況下，有些方法較不理想似乎很明顯，但最佳方法往往沒有那麼明確。

建立更多任務

為了提高效能而標註更多資料幾乎已經成為陳腔濫調。這種做法通常會與其他方法結合使用，例如劃分標籤或更改空間類型，然後有更多的監督。這裡的主要考量是更多標註是否會提供淨提升（net lift）。

更改原始資料

在某些情況下，可以更改原始資料的來源或蒐集機制。範例包括以下幾點：

- 更改感測器類型或角度。
- 更改要捕獲哪部分的螢幕。

淨提升

標註一個資料集時，通常會想做兩件事：

- 識別之前未知的案例或問題案例。
- 最大化每個新增標註的價值。

為了說明淨提升的需要，可設想一個由心形、圓形和三角形組成的原始、未標註資料集，如圖 6-14 所示。

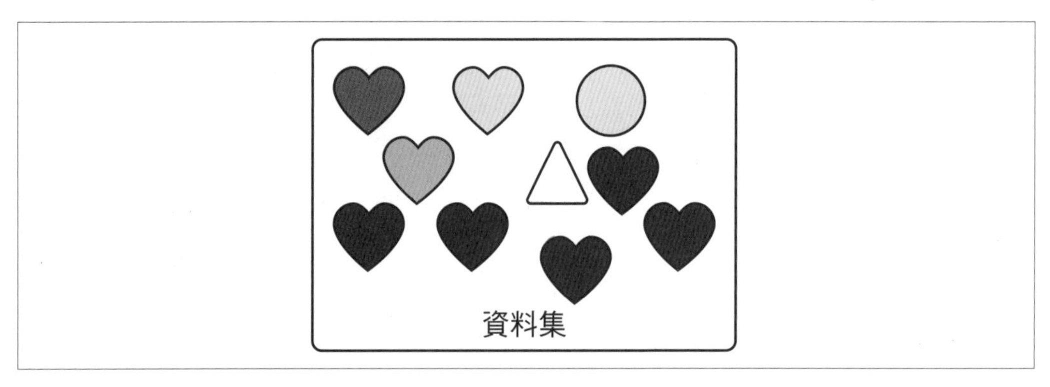

圖 6-14　以抽象形狀來表達資料元素的範例資料集

如果只標註心形，則監督的每個心形所提供的價值就很小，不瞭解完整圖面也是一個問題，因為沒有標註任何圓形或三角形。相反地，應該還是要嘗試標註，以獲得真正的淨提升，這通常意味著標註不同的樣本，來為模型提供價值，見圖 6-15。

圖 6-15　透過標註不同形狀，而不僅僅是略有不同的心形，使效能隨時間改善的範例

有幾種方法可以測試看到的某一種類型樣本是否已經足夠：

- 該標籤類型的相對效能較高，如第 66 頁的「標籤和屬性：內容」所示。
- 相似度搜尋等過程已經識別出過度相似的資料元素，或缺失的元素。
- 已經查看資料並感覺它非常相似，或者知道元素缺失了。

請注意，模型對一個類別需要的資料可能比另一個類別少，有時差距甚至數個數量級，這是完全可以接受的，並且可以透過資料科學的方法來達成，例如使用多個模型或同一基礎模型的多個「頭部」（head）。關鍵不在於每個標籤都有 1:1:1 的比例，而是在於標籤要能夠表達問題的難度。為了擴展並重新框定前面的例子，如果真的需要偵測略有不同顏色的心形，可能會需要比三角形或圓形更多的心形範例。

訓練資料操作的系統成熟度層次

從早期探索到概念驗證，再到生產，圖 6-16 中定義常見用來確定所處階段的方法。

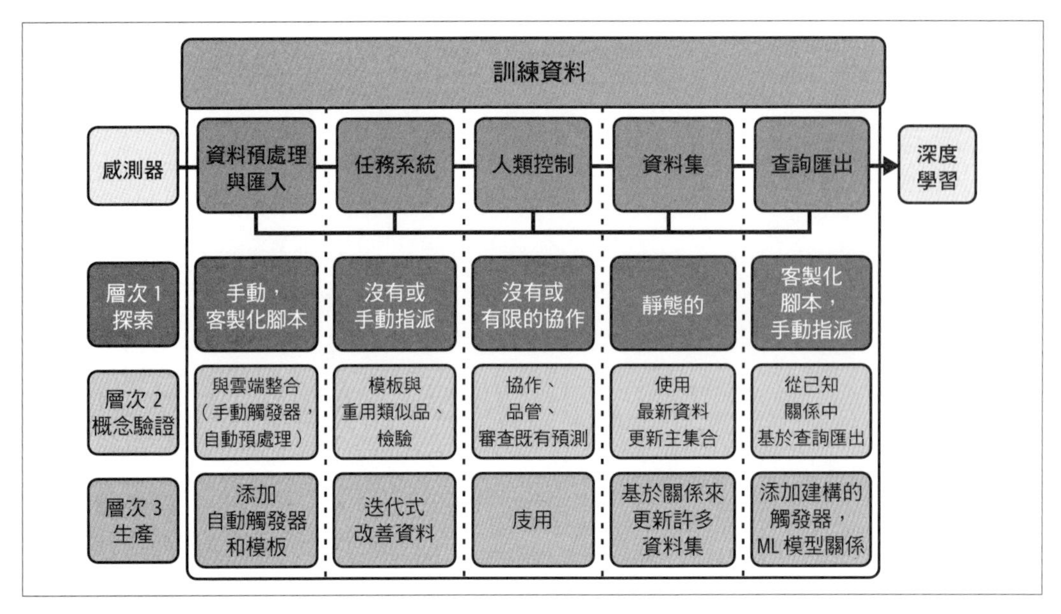

圖 6-16　訓練資料操作的系統成熟度層次

應用與研究資料集

訓練資料的需求和形式繼續迅速演變。一般人想到資料集時，會想到像 MS Common Objects in Context (COCO) 2014（*https://oreil.ly/iMDel*）、ImageNet 2009（*https://oreil.ly/cv2hP*）等視覺類，和 General Language Understanding Evaluation (GLUE) 2018（*https://oreil.ly/_1Ji-*）[12] 等流行的研究資料集。這些集合是為研究目的而設計的，按設計來說，它們變化相對較慢。

一般來說，是研究會圍繞這些資料集而變化，而不是資料集本身會變化。這些資料集會用為效能基準。例如，圖 6-17 顯示同一個資料集在 5 個不同年分的使用情況，這對研究比較來說很有用。核心假設是資料集是靜態的，這裡的關鍵點是資料集不像演算法有那麼多變化；然而，這與經常發生在產業界的演算法變化比較少，而資料變化較多的情況相反。

12 這些資料集都經過了巨大的努力，其中一些隨著時間的推移已大幅更新。這裡的內容並不是要否決它們的貢獻。

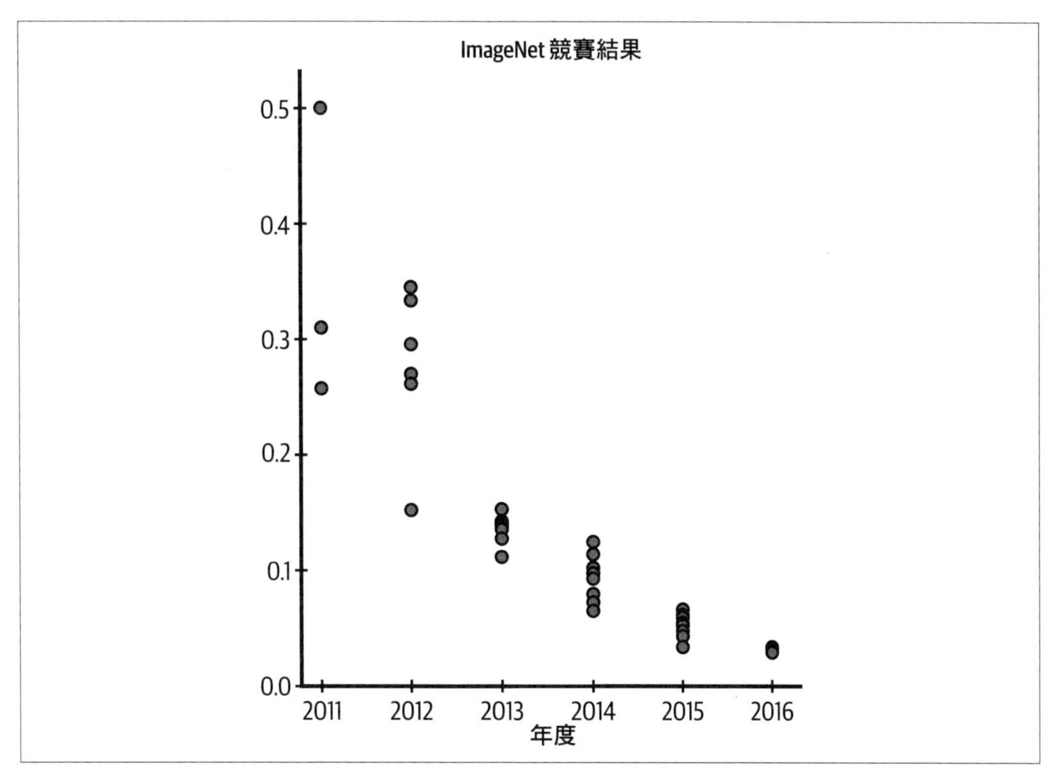

圖 6-17　顯示由於研究演算法的改善，相同的資料集會隨著時間而降低錯誤率。來源：維基百科（*https://oreil.ly/FjUH0*）

在實際商業產品的背景下情況將有所變化，一般來說，經驗法則是超過 12 個月的資料，不太可能準確地代表目前的狀態；因為一般而言，對於實用資料集的假設是，它們只在實際訓練的當下是靜態的，否則總是在變化。此外，商業需求與研究需求非常不同，建立資料集的可用時間、更新時間、建立成本和錯誤的影響等，在這兩種情境中都截然不同。

訓練資料管理

前文已經談過這個過程的一些維護問題，訓練資料管理涉及執行實際任務的人員組織，以及整個操作週期中的資料組織。

訓練資料管理背後的核心理念之一，是要維護訓練資料周圍的「元」資訊，例如在建立資料時存在的假設；在不斷改善和重用資料的背景下，這對於大型組織來說尤為重要。想像一下，在設置流水線、訓練人員和建立實際資料集上投入大量預算的情況下，卻因為不當處理而「遺失」資訊的情形。

品質

有關品質的討論往往可以迅速升級成宗教式爭論，一些人神祕地援引統計資料，而其他人則召集大量的信徒來支持他們。

在情緒激昂之際要記住幾件事情：

- 所有資料集都包含錯誤，但許多機器學習程式仍然獲得可接受且有用的結果。這實際上不應該是一個驚喜，因為它就像所有程式一樣，都會有某種程度的錯誤。
- 程式碼程式或資料程式中的每一行程式碼都不是孤立存在的，有各種提示，這些提示在各個時間點上都可見，並且發揮監督和制衡的作用。如果看到載入圖示卡住了，就知道出了問題；作為一個標註者，如果沒有任何綱要與我所看到的相匹配，就知道出了問題。
- 如果誤差範圍大到需要很多人去看它才能得到正確答案，綱要可能就是錯誤的。

標註品質本身只是整體品質的一個層面，而且不能只透過「增加更多」標註來改善，適當地調整資料集大小也會影響模型的整體品質，這是要使用符合您需求的客製化資料集的另一個原因。如果樣本過大或過小，輸出將受到負面影響，過多的冗餘資料會從統計學角度扭曲結果，並產生更多錯誤；而資料太少則無法準確描述模型。

標註品質永遠不會因為做了比較多的工作、將樣本複製給更多人等，就完全解決；就好像接受「更多」教育，但只是重複相似的課程，也不會自動成為一個更厲害的員工。

完成的任務

要知道在特定時刻已完成哪些樣本，實際上非常具有挑戰性。整體來說，這是因為我們信任其他人來識別完成和未完成狀態；其次，由於綱要經常變化，所謂完成的定義也在改變。例如，一個檔案相對於一個不再相關的綱要而言，可能已經算是完成了。

最基本的管理需求是將「完成」的樣本與「未完成」的樣本分開。這很重要，因為任何用在訓練中的樣本，對網路來說都是有效的；因此，如果將一個樣本包含進來卻沒有進一步標籤，它就只會是背景。

為什麼「完成」很重要：

這可能導致嚴重問題：

- 使得建立高效能網路／除錯變得困難。
- 如果這類錯誤進入到驗證測試集，測試集也將同樣受影響。

雖然在小型資料集中這看起來微不足道，但在大多數重要資料集中：

- 資料科學家永遠不會觀察到 100% 的樣本，有時甚至不會觀察到大量樣本，甚至任何一個樣本！在使用遷移學習的情況下，以 ImageNet 上預訓練為例，任何曾經使用過 ImageNet 的人都一樣！
- 在大型資料集中，不合理地期望可以找到一個人來審查所有內容。

相較於網頁設計，這是訓練資料的「測試案例通過，但使用者看不到重要的結帳按鈕，因此停止銷售」情況。

一般來說，應該會使用軟體來管理這一過程，並確保完成／未完成狀態得到良好追蹤。同樣要考量的是，在許多外部建立的資料集／匯出的資料集中，這種「已完成」追蹤會遺失，而所有樣本都會假定為已完成。表 6-3 列出 3 個常見案例，顯示「已完成」狀態的變化。

表 6-3 追蹤「已完成」狀態

追蹤「完成」狀態背景	合理追蹤「已完成」工作狀態的方式
人工審查	使用「審查迴圈」概念，表示檔案狀態在審查迴圈完成之前不算完成。
綱要變化	任務與其相關的綱要。如果綱要發生變化，則應將「已完成」狀態視為可疑的。
多模態	使用複合檔案或標籤、任務群組，將多模態元素組合在一起，這樣一個複合檔案完成時，可視為完成了一件事。

新鮮度

訓練資料的某些層面會「歷久不衰」，包括：

- 遷移學習類型的概念／「低層次」表達法，可能可以維持幾十年的時間範圍，雖然尚無法證實
- 嚴格控制的場景，例如某些類型的文件閱讀、醫學掃描，可能在幾年的時間範圍內歷久不衰

持續性沒那麼久的：

- 新奇場景／不受限制的現實世界場景，例如自動駕駛汽車
- 涉及不在嚴格控制空間內的感測器的任何事物，例如，任何戶外活動
- 特定的「頭部／端點」標籤
- 分布的階梯函數（step function）變化，例如，感測器類型變化、場景變化，如日／夜等

不同的應用自然有不同的新鮮度要求。然而，一些看似「能持續很長時間」的模型之所以如此，是因為它們一開始就相對地過度建構。

處理整個新鮮度方面的「訣竅」之一，是確定要保留的樣本；可能的話，最好測試並比較滾動視窗與連續聚合之對比。

維護資料集元資料

在匆忙建立訓練資料時，常會讓人忽視關鍵的背景資訊，而且這可能很難回頭，尤其是在開發許多不同的資料集時，缺乏現實世界真實分布的語境訓練資料集，沒有什麼價值。

任務管理

實際情況是只要涉及到人類，就不可避免地需要某種形式的組織或「任務」管理系統，即使它「隱藏」在幕後。通常，這最終涉及到某種形式的人員管理技能，雖然很重要，但也超出本書範圍。談論任務時，我們通常會專注於訓練資料特定的關注點，如工具和常見的效能度量。

總結

為機器學習系統建立有用的訓練資料需要仔細規劃、反覆完善和深思熟慮的管理。本章探討訓練資料透過將人類知識作為機器學習演算法的基本真實目標，以編碼從而控制系統行為的理論：

理論

系統的實用性取決於其綱要，監督資料的人很重要，有意選擇的資料效果最佳。訓練資料就像程式碼，專注於自動化而非發掘，人類監督與經典資料集有所不同。

概念

資料相關性、迭代、遷移學習、偏差、元資料。

樣本建立

定義綱要、標籤、標註、屬性和空間類型。二元和多類別分類的例子。

維護

更改標籤、屬性、空間類型、原始資料。考慮新標註的淨提升。規劃系統成熟度等級。

管理

追蹤品質、任務完成、新鮮度、元資料和演變中的綱要。

關鍵重點：

- 綱要、原始資料和標註之間的一致性至關重要。
- 管理訓練資料生命週期的複雜性是關鍵，對大型、真實世界的系統來說更是如此。
- 訓練資料透過定義基本真實目標來控制系統行為，如同程式碼，為機器編碼人類知識。

本章讓人瞭解透過增加綱要深度來提高效能的方式，還有其他行動，例如進一步對齊空間類型；也回顧維護概念，如專注於每個新標註的淨提升。

我介紹 MLOps 的主要訓練資料部分以及規劃系統成熟度的路徑，介紹訓練資料管理的概念：訓練資料和人員的組織。

第七章

人工智慧轉型與應用案例

引言

這是人工智慧轉型時代的開始。最深入地嵌入人工智慧、在整個組織中廣泛地融入人工智慧，並讓公司裡的每個人都可以使用、訓練和管理人工智慧，包括最底層員工，這樣的公司才是最成功的公司。

本章將涵蓋兩個主要主題：

- 人工智慧轉型和領導力
- 應用案例發掘、評估標準和解鎖您自己的專家

本章還提供豐富指導，幫助識別深受應用人工智慧影響的領域，包括可以用來測試想法的評估標準、要問的範例問題以及要避免的常見錯誤等。如果想直接進入實作細節，應用案例部分可能對您來說會最有價值，在轉向實作時，設置人才願景很重要，這也是即將要探討的內容。第 225 頁的「新的『群眾外包』：您自己的專家」將使您能夠重新利用現有工作，以具有成本效益的方式達成應用案例。

閱讀本章後，將能夠深入瞭解要如何：

- 從今天開始在工作中人工智慧轉型。
- 為業務評估人工智慧應用案例。
- 為自己和組織定義訓練資料的知識需求。
- 瞭解採用現代工具的辦法，並開始讓團隊、同事和員工與訓練資料工作有一樣目標。

具備正確的心態、領導力、應用案例和人才願景時，就可以使用現代訓練資料工具來將其變為現實，我將透過將這些概念具體化為工具來總結本章。訓練資料工具在過去幾年中取得了長足的進步，有很多東西需要學習。

人工智慧時代已經到來。本章將提供公司轉型，以及成為人工智慧領導者所需的心態、領導技能、應用案例和人才戰略。

人工智慧轉型

對於希望將公司轉型為優先利用人工智慧的商業領袖來說，人工智慧轉型就是答案，可以從今天開始，且由您啟動。到目前為止，我們已經介紹訓練資料的基礎知識，並深入探討自動化等特定領域。現在，將視角拉遠以看到整個森林，要如何實際在公司開始使用訓練資料？

本章將分享 5 個關鍵步驟，如圖 7-1 所示。以下將從思維和領導力開始，然後轉移到具體問題定義，最後介紹成功的兩個關鍵步驟：標註人才和訓練資料工具。請將此計畫僅視為適應您需求的起點。

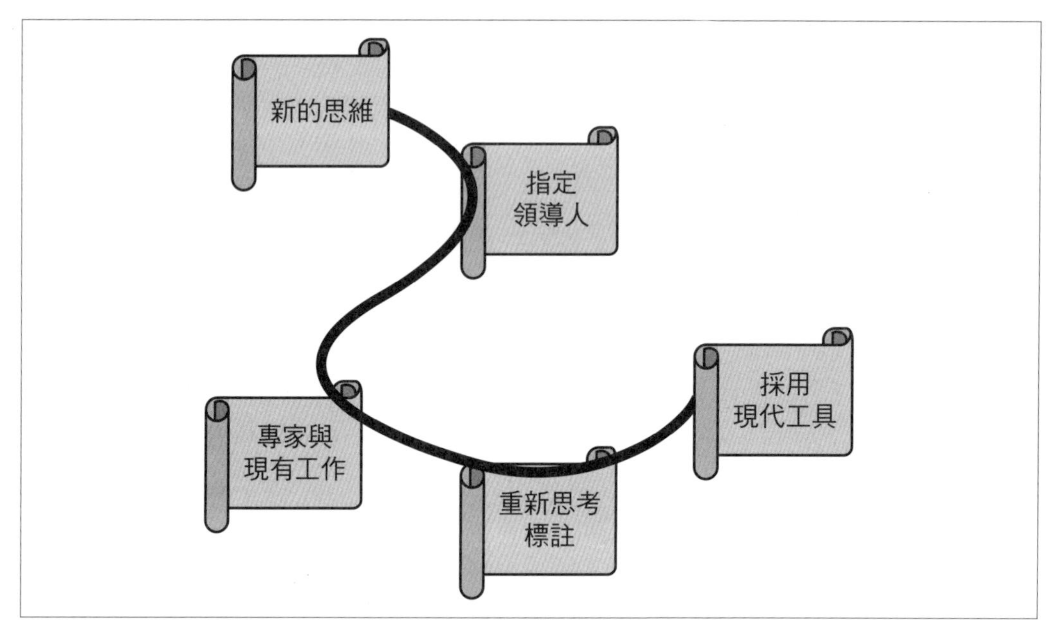

圖 7-1　人工智慧轉型地圖

要在公司中快速採用現代的人工智慧，以下是 5 個關鍵行動：

- 創造新意義而非僅分析歷史——創意性對齊的革命。
- 指派一位人工智慧資料領導人來帶領這一變革。
- 專注於涉及專家的應用案例，並使用現有的高批量工作。
- 重新思考標註人才——最好的對齊者已經為您工作了！
- 採用新的訓練資料工具，如人工智慧資料儲存、UI/UX 和工作流程。

在過去的十年左右時間裡，人工智慧主要在傳統案例取得巨大勝利，正如前幾章的討論。

現在最大的商業機會在於監督式學習，包括像大型語言模型這樣生成性人工智慧系統的人類對齊。這種監督是關於需要標註（對齊）的非結構化資料。

早期的工作通常是組織一個「標註專案」，這意味著將資料扔給某個團隊，並希望得到最好的結果，就像去速食店點餐一樣。當然，它可以消除當下的飢餓感，但終究不是一個健康的長期解決方案。

真正的人工智慧轉型，就像健康飲食一樣，需要努力。這是一種思維的轉變，從將標註視為一次性專案，轉變為將日常工作視為標註。

將日常工作視為標註

為了建立這一點，可參考以下關於公司的這個陳述：

> 公司的日常工作都可以視為標註。

沒錯，大多數員工每天採取的每一個行動，無論是真實情況還是比喻，都是標註。這裡的真正問題是，要如何將這些行動從每天的遺失，轉變為重複、以同樣品質程度的自動完成方式來捕獲？這種思維轉變反映在圖 7-2 中。

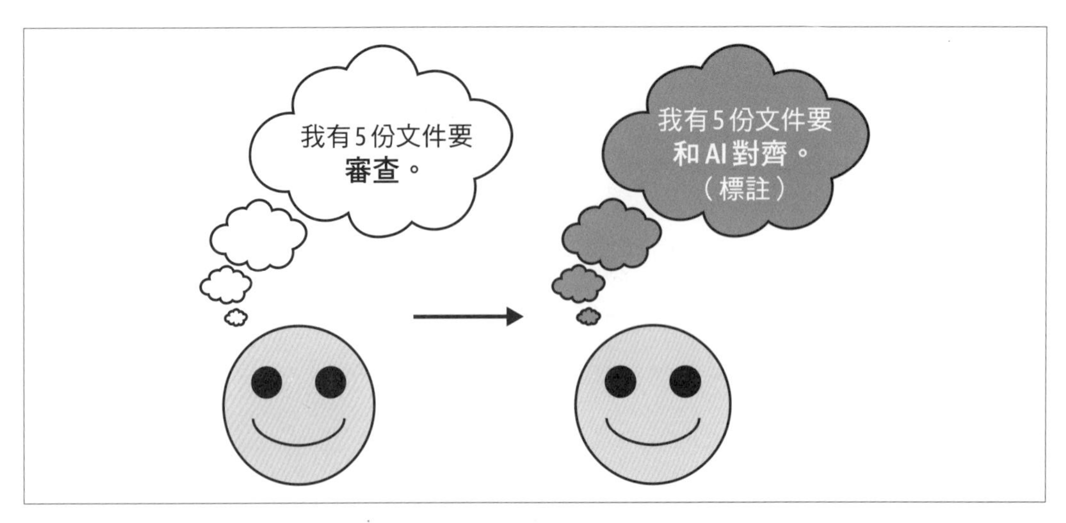

圖 7-2　從審查到標註（對齊）的思維過程轉變

為了顛覆這種情況，每當員工做的事情沒有捕獲為標註時，就表示流失掉具有生產力的工作，能透過標註捕獲的工作比例越大，生產力就越高。進一步的比較可見表 7-1。

表 7-1　傳統工作方式與以人工智慧訓練為中心的資料捕獲比較

之前	之後
所有日常工作都是「一次性的」。	日常工作是處理尚未在標註中捕獲的例外情況。
訓練僅適用於人類。	訓練也適用於機器。
如果不在電腦裡，就不存在。	如果不在訓練資料中，就不存在。

這裡的一個粗略類比是，從類比到數位的轉變中，若意識到它沒有以數位形式存在，那它就不「存在」；無論現實情況。現在同樣地，如果它不存在於資料中，這裡指的是人工智慧訓練資料，它也可能同樣不存在，因為它無法幫助公司提高生產力。

現在來為這個理論提供一些結構。

人工智慧轉型有兩大類型：

- 激勵營運的所有相關層面以考慮人工智慧，並建立新的報告單位。
- 激勵以訓練資料為首的思維，並重組報告的關係。

在一家傳統公司中，這通常指的是建立大規模系統和採用人工智慧工具。

而在一家人工智慧產品公司，則是關於跟上最新趨勢、更新和人工智慧工具。通常，人工智慧產品公司會比較關注技術基礎設施等級的工具，而傳統公司可能使用由這些人工智慧公司所生產的工具。

以資料為中心的人工智慧創造性革命

除了資料科學建模之外，以資料為中心的人工智慧（data-centric AI）也會專注於訓練資料，甚至比資料科學建模更重要。但這個定義並不能完全公正無私；相反地，應該要進一步將以資料為中心的人工智慧視為創造新資料，好解決問題。

創造性革命是一種思維，指使用人類指導來創造新的資料點以解決問題，打開這種巨大潛力的大門，將幫助您和團隊定義最佳應用案例。接下來是指派某人來領導此一變革：訓練資料主管（Director of Training Data），這個職位在大多數公司都很新，鑑於人工智慧成本的主要部分是來自生產訓練資料的人力勞動，自然需要找一個人來負責這個職位。

可以創造新資料

在以資料為中心的思維中，關鍵點在於可以做以下兩件事之一：

- 使用或添加新資料
  - — 對現有檔案和資料的新連接
  - — 新感測器、新攝影機、新的資料捕獲方式等
- 添加新的人類知識
  - — 新的對齊和標註

以自動駕駛汽車案例為例，如果想偵測有人插隊，可以創造「被插隊」的意義，如圖 7-3 所示。

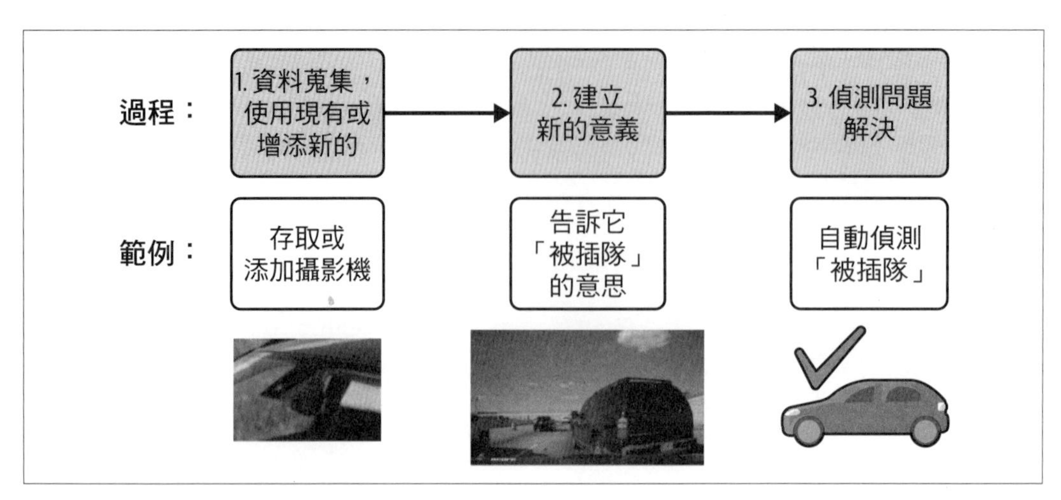

圖 7-3　以資料為中心的人工智慧建立新資料的第一個範例

或者，如果想自動偵測「犯規」的意義，也可以建立，如圖 7-4 所示。

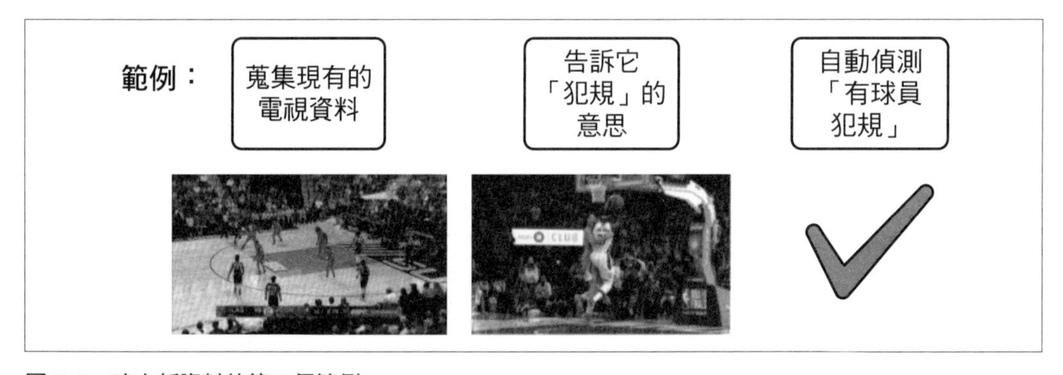

圖 7-4　建立新資料的第二個範例

可以改變蒐集的資料

這聽起來可能很明顯，但請考慮以下兩種情況的差異。傳統的資料科學中，無法更改蒐集的資料，例如，如果您正在蒐集銷售資料，表示銷售歷史已成歷史，撇開小細節不談，就只是銷售而已，無法發明新銷售，或真正更改資料。

但您可以真正地蒐集訓練資料的新資料，可以安裝新的攝影機，發射更多衛星，安裝更多醫學成像設備，增加更多麥克風，更改蒐集頻率，提高品質，例如攝影機的解析度等等。

專注於可以控制的資料，可藉此直接提高效能。更好的攝影機角度？有更好的人工智慧就可以；更多的攝影機？有更好的人工智慧就可以；還是要更多的……？我想您應該明白了。

可以改變資料的意義

回到銷售範例。一筆銷售就是一筆銷售，試圖擴展試算表中的一列，使其超出本身內容也不會有多大價值。

有了訓練資料，就可以創造本來完全不存在的意義。查看如影像的媒體，電腦之前對它的解讀是不具有意義的結構；但現在可以直接說，「這是一個人」、「這是一罐低糖汽水」或「這是車道線」等，這種標註行為會將您的知識映射到電腦中。

創造力是唯一的限制。您可以說「這個人很傷心」，或者「這罐低糖汽水有凹痕」，可以根據自己的需要來塑造、修改它，擁有無限自由度的這種特性將使它更為強大。

可以創造！

因此，當下次有人對您說，「以資料為中心的人工智慧，是一種獲得更好模型效能的方式」時，您將知道它不只是那麼簡單！而是意味著可以改變蒐集的資料，以及該資料的意義，也意味著可以用全新的方式，來編碼對問題的理解；或意味著即使以前沒有解決方案，現在也可以定義解決方案，因為您可以創造！

為重大專案考慮階梯式改善

接下來描述的一些成果，是需要許多人、許多資源和數年努力才能完成的重大專案，可將它們視為概念性的思考啟動器。

先從零售購物的考量開始。在這種情境下使用這些新方法，可以監督機器，告訴它購買人以及食品的樣子。

這解鎖了全新的應用案例，比如完全取代收銀員，可不是只有省下 5% 錢而已，而是一種購物和設計商店方式的根本性轉變。進一步的比較可見表 7-2。

表 7-2　主要專案捕獲監督前後的概念性比較

概念	之前	之後
購物	每次購物，收銀員每次結帳，就失去了工作。	購物人員的標註。
駕駛	每次我駕駛，付出的努力、就失去了工作。	駕駛的標註。 專業標註者標註常見場景。 捕獲我的駕駛以協助這一努力。
文件審查（想像貸款、請求等）	每次我審查文件，就失去了工作。	檔案的標註。 捕獲工作以減少未來類似工作。

再說一次這關鍵見解：可以標註的任何東西都可以重複。

建立人工智慧資料，以確保人工智慧的現在和未來

在理想情況下，對 AI 對齊的每分錢投資，都有潛力為所有類似員工角色增加價值，甚至創造全新的收入管道。請記住，雖然這是真實且可能的，但人工智慧存在許多挑戰和風險。大多數人工智慧專案需要人類的參與和監督，專案完全失敗，且無法達到部署所需的最低效能水平並獲得回報，這種可能性是存在的；您的團隊越能學習本書中的概念，就越能為生產成功和人工智慧投資的真正回報做出貢獻。透過建立人工智慧資料轉型，您正在確保人工智慧的現在和未來，它將徹底改變現有的專案，並幫助您在未來對抗競爭對手。

任命領導者：人工智慧資料主管

所有革命都需要領導者，一個宣揚新資訊的人，來召集部隊、安撫疑慮。而領導者必須有一個團隊，本節將列出最佳實務和常見職位角色，並討論要怎麼把它們匯聚在一起，形成最佳團隊結構，以支援您的訓練資料革命。

團隊組織概念是訓練資料成功的關鍵。從公司的角度來看，會發生什麼變化？組織中是否會反映出訓練資料與資料科學之間的差異？需要什麼新的組織結構？即使您已經在一個以人工智慧為中心的組織中，也存在著特定於訓練資料的細微差別，這可以幫助加快您的進度。

對人工智慧未來的新期望

現在將一群人聚集在一起以標註的標準做法，似乎有點類似過時的打字工作，也是一群人做著類似且重覆的事，只會將內容從這種媒介轉移到另一種。無論是外包還是其他方式，標註的「打字池」在某些情況下可以運作，但顯然效率低下且有限。當戰略方向、區域性優先事項或個人工作目標發生變化時會怎樣？業務單位、團隊和個人層面上的自主性又在哪？

相反地，如果人人都將人工智慧視為日常工作的一部分又會怎樣？如果每個新的或更新的流程首先考慮到人工智慧轉型會怎樣？如果每個新應用首先考慮將工作捕獲為標註會怎樣？如果每個業務首先考慮標註如何融入他們的工作會怎樣？探索表 7-3 中的前後對比例子，以考慮人工智慧轉型的影響。

表 7-3　員工對人工智慧新期望的前後對比

之前	之後
雇用新的獨立工作池（通常外包）	現有的專家和資料輸入人員（主要）
一次性專案，獨立，一次性努力	日常工作的一部分，像是使用電子郵件或文字處理
「附加」思維	「人工智慧優先」假定或要求人工智慧存在，整合系統，輔助現有工作流程
將人工智慧「推」給員工	員工將人工智慧「拉」進組織

是的，要求員工進行人工智慧訓練，而不只是做尋常工作，他們可能會要求更高工資。然而，即使支付更高的工資給特定人士，但如果他結合人工智慧之後可以表現出像兩個或三個人那樣生產力，仍然會有非常好的資本回報。

在轉型過程中，需要額外的幫助很自然，根據業務需求，可能有需要外包的有效應用案例，就像任何勞動力一樣，會標註需要一定範圍的專業知識。但關鍵區別在於，標註將成為正常工作，而不只是「那些人」要做的單獨專案。

對一系列人才的需求，需要在獲取人才時採取不同的方法，在公司業務沒有其他任何背景的情況下，專門僱用來「標註」的員工，與直接僱用到公司中的其他層級員工有明顯的不同。

將此概念化的另一種方式，是想像一家有 250 人的公司，一夜之間要雇用 50 人一定是件大事；但對這家公司來說，雇用 50 名標註者可能還可以接受。但公司應該試著把這 50 個人，視為會真正聘用進來這家公司的員工。

您可能已經在思考，有哪些領域是不錯的目標，和 / 或「聽起來很好，但我就是看不到標註某個流程的方法。」之所以提出打字池這個概念，是因為，當人工智慧是一種事後的附加過程時，總會出現這樣的障礙。組織越是積極地將人工智慧納入其中、將標註視為他們日常工作的新部分、直接參與標註，就會出現越多機會。

有時是提議和修正，有時是替代

其中一個您可能已經在使用的整合式提議和修正簡單例子，是電子郵件。例如，在 Gmail 中，當您輸入時，它會提示可以接受或拒絕的建議短語；此外，也可將建議標記為「不佳」，以幫助修正未來的推薦、提議或預測等，如圖 7-5 所示。

will prompt you to

圖 7-5 人工智慧向使用者的提議範例

這凸顯一個重要的考慮因素，適用於未來購買的所有產品，也回到使用人工智慧會使某人更有生產力，而不是直接取代他們的這個主題。

上游生產者和下游消費者

訓練資料工作是資料科學的上游，訓練資料中的失敗會流向資料科學，如圖 7-6 所示。因此，獲得正確的訓練資料很重要。

為什麼要將訓練資料和資料科學區分開來？

因為生產訓練資料的人，和消費它的資料科學人員日常職責之間，有著明顯差異。

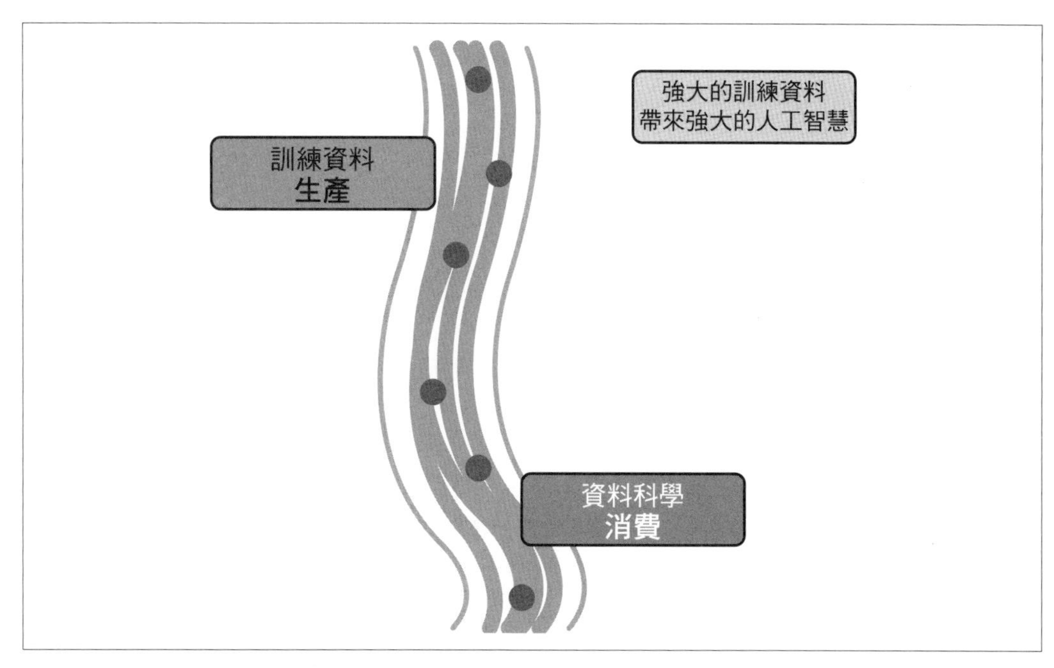

圖 7-6　訓練資料的生產，與其由下游資料科學使用的關係

生產者和消費者比較

我認為訓練資料和資料科學之間的關係，就像生產者和消費者之間的關係，可參見表 7-4。

表 7-4　生產與消費訓練資料的比較

訓練資料：生產者	資料科學：消費者
將業務理解和需求以資料科學可用的形式捕獲 將非結構化資料轉化為結構化資料	建立將最新資料映射回業務需求的模型
負責標註工作流程	使用標註輸出
管理資料集的建立、策劃、維護	使用資料集，輕度策用（curation）
監督資料科學輸出與業務問題的有效性	對訓練資料的預測輸出的有效性
範例 KPI（關鍵績效度量）： 資料覆蓋的業務需求百分比 需要重做的標註百分比 標註的量、多樣性和速度 標註的深度	範例 KPI： 模型效能，例如召回率或準確度 推理執行時間效率 GPU／硬體資源效率

生產者和消費者思維

對於資料科學家來說，思考方式通常是「已經有什麼資料集可以用於 x ？」或「如果有 x 資料集，就可以做 y。」這幾乎可以說是一種短路思維，即一個專案開始時，一有想法就問，「能多快為此獲得一個資料集？」

打個比方，假設我餓了、吃點東西，且現在就想吃，而不想擔心農作物、收割機或類似的東西。這沒有錯，是人都需要吃東西，但必須意識到其中的差異，也就是說，我再怎麼餓，也不會想到農場和農民，因為當然，它們與我的情況有關。以本例來說，農民就像訓練資料的生產者，他們對訓練資料同樣重要。

對訓練資料瞭解越多，並且越重視生產過程，反而越不關注實際使用這些資料的考量點。

要說明這一點，我曾與一位領先的訓練資料生產主管討論過，他試圖弄清楚獲得一種特定類型的旋轉方框方式，我建議以 4 點多邊形來標註，並且可以根據多邊形的邊界提供方框。這對他來說難以想像，因為他以為方框和多邊形是兩種完全不同的標註形式。

越深入資料科學世界，就越會關注成為資料的真實消費，而不是其生產。資料科學消費步驟通常相對明確，例如，一次性映射。人類互動會產生資料，大規模人工智慧資料生產因此面臨持續性挑戰，生產則是訓練資料專家需要關注的重要事情。

為什麼需要新結構？

糟糕的資料等於糟糕的人工智慧。人工智慧很危險，在商業環境中會失靈，並且會被浪費，甚至是負投資。

其次，作為人工智慧轉型目標的一部分，必須有一位負有原則性責任的個人來帶領這一轉型，雖然副總裁或執行長也可以在戰略層面上扮演這一角色，但應該由人工智慧主管負責執行這一戰略。這個人工智慧主管角色對於人工智慧專案的成功自然至關重要，他的新角色將幫助主管建立圍繞資料所需的思維方式和工具，為了有效地做到這一點，他們必須就在公司內部擁有適當的權力。

第三，隨著參與人數的不斷增加，一個簡單的現實是，這會是一個由多個團隊組成的團隊，其中的成員具有許多獨特的特徵。即使是大公司眼中的小團隊，也可能有至少一到兩名生產經理，以及 20 到 50 個標註生產者。在某些情況下，每個使用人工智慧工具的人，都在產生某種形式的人類對齊，大型組織中，可能有數百甚至數千名標註生產者，他們都致力於將多個人工智慧和人工智慧工具與商業利益結合[1]。

1　要快速說明一下外包，即使一部分標註者是外包的，仍然涉及如此巨大的預算，將他們視為兼職或甚至全職可能會比較理想。

管理這麼多人員，需要強大的領導力和相應的預算支持。

預算

資料科學和訓練資料組織中最令人困惑的問題之一，是管理預算的方式。通常，相較於大量從事資料生產的人員，只需要一個非常小的資料科學專業團隊就夠了。從成本角度來看，資料生產的成本可能比資料科學高出一個數量級，然而，資料科學預算項目往往是頂層項目。

如果總體目標是最大化人工智慧結果，有種改良的設置是：

AI / ML 結構：

- 資料生產：與資料生產相關的所有事物，包括插入和更新資料儲存、訓練資料、人類對齊、資料工程和標註
- 資料消費：消費資料的系統、查詢資料儲存、包括資料科學的工具和人員
- 支援和其他角色

這個概念似乎很直接，那為什麼團隊還沒有按照這種結構來設置？

從過去經驗來看，其中一個原因是資料科學所背負的大量硬體成本。雖然這種人工智慧訓練和執行成本預期會隨著時間的推移而降低，但在團隊建立和擴展時便需要指派這些成本。此外，從資源的分而治之（divide-and-conquer）的角度來看，資料科學團隊已經承擔了管理硬體成本的負擔，因此進一步讓他們操心訓練資料問題沒有多大意義；相反地，把預算和專門的團隊人數花在強大的資料生產和資料消費模型，將能夠最大化團隊這項技能組合，並最終提供更好的人工智慧。

人工智慧主管的背景

在尋找適合擔任人工智慧主管這一重要角色的人時，有幾種技能集需要考慮：

- 這是一個人員領導角色。
- 這是一個變革推動者角色。
- 此人必須與業務需求保持一致。
- 理想情況下，此人能夠跨越公司的多個部門；可能已經是公司等級的分析師。
- 必須具備一定程度的技術理解能力，可以參與工程部門的討論。

不需要的背景條件：

- 正規教育要求。這個職位比較偏實戰經驗。實際上，這個人可能持有 MBA、大學部或研究生科學學位等；最有可能的是，他們也會跟上最新的機器學習領域的補充課程和線上課程。
- 「資料科學家」。事實上，這個人擁有的資料科學背景越多，就越有可能將重點放在演算法方面，而不是這種新的創造性、以人為本的領域。

主管的預算需要分為兩個主要部分：人員和工具。

訓練資料主管角色

鑑於前述的團隊結構，最理想的是在早期就建立訓練資料主管職位。

例如，此人可以向人工智慧副總裁、工程副總裁或技術長報告。即使將這個角色整合到某種人工智慧主管角色中，責任等級也不會改變。

理想情況下，這是一個全職、專職的主管，如果無法找到專職人員，這個角色就可以由其他人擔任。

圖 7-7 說明訓練資料主管的職責和描述關鍵團隊成員角色的範例，這不意味著完整的職位描述，只是凸顯角色的一些關鍵結構要素。人工智慧中心內的角色可能是兼職或全職職位的組合，假設與其他組織部門的互動主要來自需求。

請注意，圖 7-7 中提到的是「團隊」或一位以上的「工程師」。當然，您的組織不會完全符合這個圖表，將它視為一個起點，每個方框都可以看做是一個角色；一個人可能扮演所有或大部分角色。

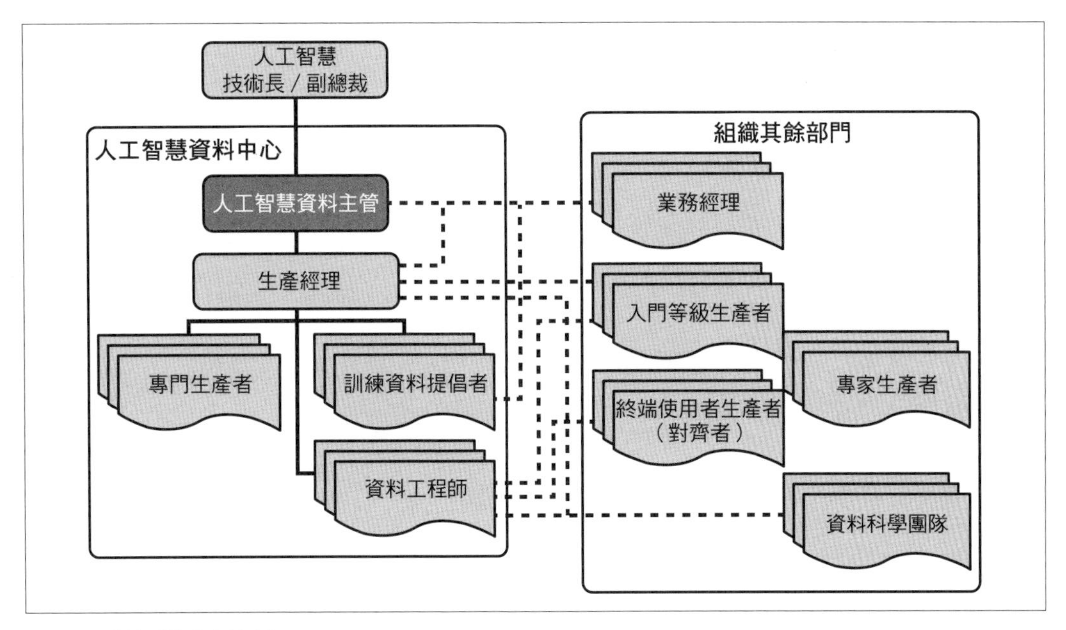

圖 7-7　新組織圖表範例

以人工智慧為中心的公司調整

- 生產者仍然會隨公司而變動。例如，專家可能是終端使用者，或者可能是兼職和外部人員，但仍然是指定的合作夥伴，而不是一個通用的「池」。
- 可能有較少或一個提倡者也沒有。
- 業務經理可能是整體的產品經理。

傳統公司的調整

這些公司可能有更少的專職生產者和更多的提倡者。

訓練資料團隊參與的範圍

主要組織會將人工智慧納入其流程的想法，與建立一個團隊或部門來訓練資料的想法並不相互排斥。在人工智慧成熟的組織中，團隊可能主要充當顧問，掌握最新趨勢並維護整體工具。

最適合組織的做法將取決於具體情況；這裡，我的主要目的是傳達一般的範圍，以及需要一個單獨團隊的想法，即使他們不是負責實際生產標註資料的人。

團隊將有三個主要責任領域：

- 諮詢和訓練
- 維護其他團隊中生產者使用的工具集
  - 資料匯入 / 存取
  - 支援標註生產
- 積極管理標註資料的生產

專職生產者和其他團隊

如果一個人的工作量很重，重到他的全職工作就完全是標註，那這樣專職生產者就會直接隸屬於生產經理，不隸屬於任何特定業務部門。再次強調，從長遠來看，這可能很少見，但對於剛開始轉型為這種結構的團隊，以及沒有其他生產能力的各種專案而言，這是現實。

為了簡化圖表，可以將外包團隊視為專職生產者。

組織來自其他團隊的生產者

其他業務單位的生產者範圍涵蓋從入門菜鳥到專家，可能不同的終端使用者也會製作自己的標註；終端使用者的標註更常在使用應用程式，或提供某種形式的最小回饋時「偶然」產生。

其中一些頭銜不言自明，但其他頭銜可能更加模糊。下一節將逐一介紹每個角色為更好人工智慧做出貢獻的方式，一起來深入瞭解吧！

人工智慧資料主管的職責

首要責任是負責整體資料的生產和消費，聚焦於將生產視為優先事項。

這包括以下主要責任領域：

- 將業務需求轉化為成功生產的訓練資料。
- 透過將業務需求映射到訓練資料概念，來產生訓練資料的工作。
- 管理一個負責促進日常標註生產的生產經理團隊。
- 管理那些與業務經理合作，以識別訓練資料和人工智慧機會的「提倡者」。這在標註的可行性問題方面特別有關，例如，一位線經理（line manager）提出的各種想法中，可能只有少數在當時是成本效益高的標註。
- 管理訓練資料平台。

除了標註工作的一般效率和可見性之外，這個人還必須將標註的生產力映射回商業使用案例，提倡者也可以做這個，而主管則是第二線。

人工智慧主管還需要關注一些額外的事情：

- 透過與資料科學（DS）協調來管理資料的消費，或者直接管理 DS。
- 間接地充當資料科學（或內部 DS 團隊）的制衡，充當對業務結果和 DS 輸出的檢查，超越純粹的定量統計。
- 一般主管層級的責任，可能包括人員數、盈虧責任、KPI、供應商和供應商關係、報告、規劃、招聘及解僱等。

當然，主管可以根據需要來填補以下任何角色。

訓練資料提倡者

這個角色是教育者、訓練者和變革推動者，他們的主要職責包括兩個領域：

- 與業務經理密切合作，識別關鍵的訓練資料和人工智慧機會。
- 在生產經理「前面」工作，確定即將到來的工作，並成為業務經理和生產經理之間的黏合劑。

在專注於人工智慧產品的公司中，他們的重點應該是訓練：

- 教導關於現代監督式學習實務的最佳用法。

在傳統企業中，將有更廣泛的內容：

- 教育組織中的人們關於人工智慧轉型的影響。實際上，將興趣轉化為可行的標註專案。
- 從該業務領域招募標註者。在實際層面上，這意味著將從事常規工作的員工，轉變為在標註系統中執行其工作，例如 20% 工作的員工。
- 訓練。特別是在兼職標註者的背景下，此人負責解釋使用工具和解決問題的辦法。這與生產經理不同，後者更專注於訓練全職標註者，因為訓練一名醫生與訓練一名入門級員工的方式不同。

訓練資料生產經理

此人主要關注實際完成標註工作的任務管理：

- 與資料科學互動以設置綱要、設置任務和工作流 UI、管理訓練資料工具，通常是非技術性的。
- 訓練標註者。
- 管理日常標註過程。
- 在某些情況下，此人也可以進行基本的資料載入和卸載。
- 在變革管理相關討論中，負責向標註工作新手解釋標註工作的合理性。
- 使用資料策劃工具。

標註生產者

標註生產者通常分為兩類：

- 兼職，這會越來越成為每個人工作的一部分
- 全職，專業訓練和專門人員

  — 可能是新招募的人員或現有工作的重新指派。

標註生產者的主要職責包括以下幾點：

- 實作將人工智慧與業務需求的日常對齊
- 揭示人工智慧綱要中的問題
- 人工智慧工具的日常第一線使用，以及使用人工智慧的工具

資料工程師

資料工程師的職責包括：

- 負責資料載入和卸載，訓練資料工具的技術層面、流水線設置及預標記等。
- 特別重要的是組織從各種來源，包括內部團隊獲取的資料
- 規劃和架構新資料元素的設置
- 組織整合，以理解捕獲標註的技術細節

資料工程師會定期與資料科學團隊互動。以前，這是因為有必要性，一般沒有密切規劃的話，專案根本無法運作；現在，圍繞人工智慧資料儲存的標準不斷增長，可能在概念層面上有更多互動，而不是詳細談論每個實作細節。

> **歷史背景**
>
> 以前不需要生產概念的幾個原因為：
>
> 在經典機器學習中，即使再怎麼雜亂無章，資料集都已經存在，因此無需「生產」資料集。
>
> 早期的努力與日常業務目標區分得比較明顯，這意味著有更多理由進行一次性規劃、一次性專案或孤立專案等，但隨著人工智慧轉型成為業務主流，這種分離便成了人為障礙。

使用案例發現

如何識別可行的使用案例？哪些是必需的，哪些是可選的？本節提供一個基本的評估標準，以識別有效的使用案例，之然會擴展更多背景，以進一步識別好的使用案例。

本節將從具體到抽象來組織：

- 良好使用案例的評估標準
- 與評估標準相比的使用案例範例
- 概念性效果、二階效果和持續影響

簡化的評估標準可能是日常工作中的首選，而其他部分則可作為支援知識。雖然歡迎您完全按照這些評估標準使用，但我鼓勵您將這裡的所有內容視為思考的開始，而且只是對訓練資料使用案例思考的介紹。

良好使用案例的評估標準

整體而言，一個良好的使用案例必須有辦法捕獲原始資料，並且至少符合以下條件之一：

- 經常重複
- 涉及專家
- 增加新功能

這些因素越多，使用案例的價值可能越大，表 7-5 列出評估標準。請注意，這個評估標準聚焦於特定於訓練資料的使用案例問題，而不是通用的軟體使用案例評估標準。

表 7-5　好使用案例的評估標準

問題	結果（範例答案）	要求
能獲得原始資料嗎？	是 / 否	必需
是否經常重複？	是 / 有時 / 否	這些項目中至少有一個是必需的
是否涉及專家？	是 / 有時 / 否	這些項目中至少有一個是必需的
是否對多人的現有工作產生積極影響？	是 / 有時 / 否	這些項目中至少有一個是必需的
是否增加新功能？	是 / 有時 / 否	這些項目中至少有一個是必需的

都在這了！這可以是日常參考評估標準，需要時，可以使用表 7-6 中更詳細的評估標準來補充。

在深入探討之前要注意一個關鍵事項，一些使用案例可能是一個大型專案，具有廣泛的範圍，當然，範圍大小將依具體案例而定。如果一個使用案例相對於組織資源和能力來說要付出很大心力，則由您決定其適用性[2]。

2　我還省略了一般的使用案例 / 專案管理問題，例如「相對於我們的資源，範圍是否可接受？」

詳細評估標準

現在已經有了一般的想法，可以擴展。表 7-6 中提供更詳細的問題，尤其是擴展並區分新功能概念，我添加例子、反例和一些與重要原因有關的文字來幫助理解。

表 7-6　詳細使用案例評估標準

測試	例子	反例	為什麼重要
是否已經捕獲資料？或者是否有清晰的機會增加更多感測器來（完整地）捕獲資料？（必需）	現有檔案（例如發票），現有感測器，添加感測器	汽車經銷商人員銷售互動	• 獲取原始資料捕獲是必需的步驟。 • 如果無法獲得原始資料，其餘的都不重要！
是否涉及專家？	醫生，工程師，律師，一些專家	超市購物	• 讓更多人並且可能更頻繁，且在更多情況下，使用受限資源。 • 專家意見具有極高價值。 • 更容易獲得的資料，通常已經以數位形式存在。
工作是否經常重複？每分鐘多次？每小時？每天？每週？	自動背景去除／模糊 顧客服務和銷售 行政檔案審查		• 已經有一個很好理解的樣式，至少對人類而言。 • 很可能已經相對受到限制。 • 經常重複的任務，從總體上看具有高價值。 • 可能已經捕獲現有原始資料。

增加新功能的使用案例

有時目標是解鎖新使用案例，超越擴增或替代，如增加新功能。若目標是增加新的人工智慧功能時，幫忙製作出色使用案例的評估標準可見表 7-7。

表 7-7　目標是增加新的人工智慧功能時的使用案例評估標準

測試	例子	反例
工作是否因為成本高昂而很少完成？ 增加頻率是否具有很大價值？	檢查	體育場建設
是否可以將一個大約的過程轉變為更準確的過程？ 這個過程是否掩蓋某些東西，因為目前更深入執行不切實際的？ 目前是否正在使用真正想要弄清楚的東西，來取代替已通用的東西？ 改善這個過程的準確度是否會帶來更多的好處而不是傷害？	水果成熟度、農產品發霉或擦傷偵測、凹痕罐頭偵測 機場偵測系統只能偵測金屬，而不是非常特定的威脅	貸款批准
是否有因為需要太多時間，或其他不切實際的原因，例如因為量大而完全跳過的事情？ 如果能做到，是否具有很大價值？ 任何相對耗時的事情，就算很少發生。	影片會議和銷售電話的分析 影片上傳中的色情內容偵測，評論審查 保險財產評估[a]	

[a] 評估每棟房子可能需要一段時間，但可能每年或每 10 年只需做一次。

這個使用案例最大不同在於，這是在其他情況下不會發生的事情，例如，可能會每年對一座橋梁檢查一次，但每天檢查就是不切實際的，因此，自動化的橋梁檢查系統將增加新能力，即使目前這個使用案例不會經常重複出現，而是一年一次，且可能直接涉及或不涉及專家勞動，但仍然是一個好的使用案例。例如，實際的檢查員可能會尋找裂縫並測量，而工程分析仍然由其他人完成，無論是什麼方式，每天找個人來檢查都是不切實際的。

從無人工智慧過渡到以人工智慧輔助工作，甚至在某些情況下完全依賴人工智慧，其中自然會存在著重疊，例如成本重複。此外，增加人工智慧的目標差異很大，從不計成本增加新功能，到想提高效能或經濟性。

人工智慧有潛力增加一個原本不存在的新功能。然而，那個新功能可能比相似的人類能力更昂貴，而且一開始可能無法達到人類的水準，通常也可能不具經濟可行性。

重複的使用案例

a. 不要急於假設要替換，先考慮擴增。

b. 對於表單來說，一般的程式設計就很好了；相反地，要思考「獲得資訊後，會做什麼？」

c. 想要有好的想法，請看看公司中有多少「重複」角色。是否有成千上萬的人在做大致相同的事情？那是一個很好的起點。

專家和專業人士

所有工作都涉及一定程度的專業化和訓練。與其提供特定案例中「低垂的果實」，即容易達成的目標，不如探討通常有最多機會但不一定最容易的領域。專家案例通常指不容易達成目標的案例；當然，專家的意義將取決於您；我自己的心智模型是類似於「在正常教育之後，需要 5-10 年才能達到基本熟練程度的技能，或者是非常前瞻到限制可用人員範圍的領域。」

根據評估標準評估使用案例

以下將詳細介紹一個範例使用案例，然後將其與評估標準比較。

自動背景去除

您是否發現，最近視訊通話，有些人的背景是模糊的？或者您可能已經在使用這個功能了。無論如何，您都有可能已經與這個由訓練資料驅動的產品互動過。

具體來說，加入視訊會議，例如以 Zoom 通話時，可能會使用「背景去除」功能（圖 7-8）。這會將凌亂、分散注意力的背景，轉變為客製化背景影像，或平滑模糊背景，好像有魔法一樣。

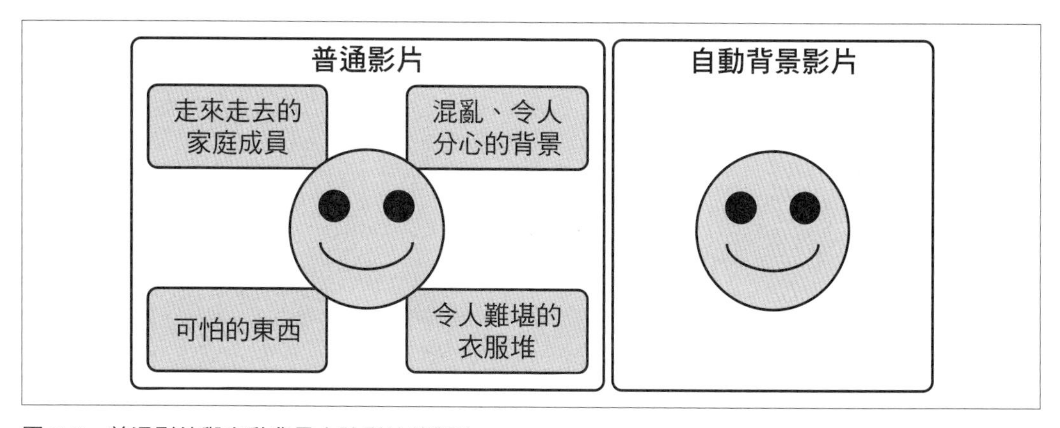

圖 7-8　普通影片與自動背景去除影片的對比

為了提供背景資訊，這種功能以前需要使用綠幕、特殊照明等等。對於高品質的製作如電影來說，通常需要人工來手動調整設置。

所以，訓練資料要如何參與呢？

首先，必須有辦法偵測出「前景」以及「背景」，可以拿影片為例子，標記前景資料，如圖 7-9 所示。之後，使用這些資料來訓練一個模型，以預測「前景」的空間位置，其餘部分就會認定為背景，並以模糊方式處理。

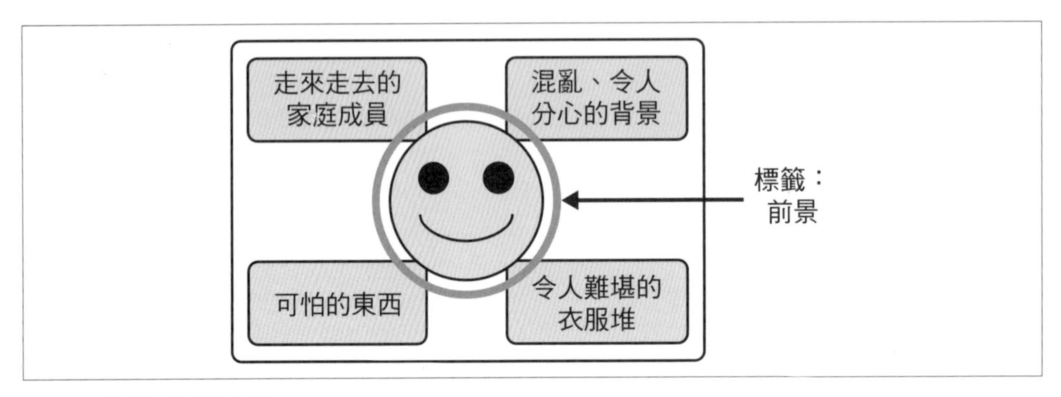

圖 7-9　標記前景的範例

這裡的重點在於，模型正試圖搞清楚哪些樣式構成了「背景」，而不必明確地宣告一堆雜亂的衣服看起來的樣子。

如果將問題限制為假設只有人類會出現在視野中，可以拿一個現成的模型來偵測人類，然後直接使用。

這樣的功能為什麼重要？

- 增加更多的平等性，無論有沒有一個引人注目的背景都沒關係。
- 提高隱私和會議效率，有助於減少干擾，例如有人進入通話區域的邊緣。

如果這看起來非常簡單，那就是重點，這就是訓練資料的力量。以前沒有綠幕就不可能實現的事情，現在變得像標記影片一樣簡單。

現在要注意幾個問題：

- 截至完稿時，獲得能夠進行「像素分割」的高效能模型仍然有些挑戰性。
- 人類的公共資料集已經做得相當不錯了。然而，如果必須從頭開始標記「Zoom 視訊通話」資料集，將會是一項艱巨工作。

評估範例

整體而言，自動背景去除案例在評估中得到相當高的分數，如表 7-8 所示，它涵蓋能夠獲取資料的要求。在「重複」類別中得到極高認同。另外，根據想要評估的使用案例子集合，它可能避免專家介入的需求性，並增加了一項新功能。例如，如果沒有這個功能，我無法想像能夠輕鬆地在咖啡館或機場中使用自訂背景。

表 7-8　使用評估標準評估自動背景去除使用案例的範例

問題	結果	要求
能獲得資料嗎？	是的，視訊串流已經數位化捕獲。	✓
是否會經常重複？	是的，單次視訊通話可能移除成千上萬的背景圖框，單一使用者每天可能有多次通話，並且有許多視訊通話者。	✓
是否會涉及專家？	有時會。設置綠幕效果需要一些專業知識，但也不像醫學或工程專業知識這麼難。	–
是否會增加新功能？	有時會。以前有可能獲得綠幕，但在旅行這樣的情況下，即使擁有綠幕也無法使用，所以會在這種情況下增加新功能。	–

使用案例

概念性效果（conceptual effect）領域列出了一小部分使用案例，為了此處的評估標準和時間考量，我只深入探討一個單獨的使用案例，以傳達任何使用案例都會是好的條件，並提供工具來思考增值和整體效果。考慮到潛在使用案例的廣泛性，我認為這比嘗試列出所有已知使用案例更有價值；許多這樣的最新列表可以透過線上搜尋找到。

使用案例的概念性效果

這與上面的想法相當相似，但從稍微不同的角度來看，如前一節從「什麼是好的使用案例？」的角度來看。現在我在看「這些使用案例在做什麼？」還包括了一些表層、明顯的二階效果，也就是採用技術本身範圍之外的技術所引起的效果，建議用表 7-9 來作為思考這些概念的二階效果起點。

表 7-9　概念性使用案例範例和二階效果

概念	範例	二階效果
（在先前已解決的問題上）放鬆對問題本身的限制	• 綠幕 → 任何背景。 • 必須達到一定年齡才能駕駛。 • 拼字檢查 → 文法檢查。	• 背景不會用來評估在工作面試的適合性。 • 如果父母不會開車，「帶孩子去某處」將有不同意義。 • 除了正確拼字之外，也改變對正確文法的期望值。
替換或擴增日常工作	• 人工數羊 → 自動數羊。 • 人工駕駛 → 汽車駕駛（與人類效能相當）。 • 人工將通訊路由到部門 → 基於意圖（銷售、支援等）的自動通訊回報。	• 改變工作的意義。 • 創造和轉移數百萬個工作。人們將需要學習新技能。 • 郊區可能會進一步擴展。 • 沒有有效使用人工智慧的公司，相較於有效使用的公司，將有較差的成本結構，例如與沒有有效使用數位技術相同。
使人類變成「超人」	• 機場安檢掃描。 • 體育分析。 • 自動駕駛（減少事故）。 • 在日常醫療工作中充當「第二雙眼睛」。	• 機場安全可能變得更快更有效率（希望如此！） • 體育運動的強度可能會增加，因為教練對頂尖水準的期望會擴展到更多人。 • 事故可能更加罕見，甚至更具新聞價值。
使受限資源可供更多人使用[a]（或沒有那麼多限制）	• 放射科醫師的時間。以前，放射科醫師一天只能在有時間時看病人；現在，人工智慧醫療系統可以協助放射科醫師看更多病人[b]。 • 這也消除了地理限制。 • 自動駕駛。由於共享資源，出租車費用較低，增加了流動性。	• 醫療護理可能更容易獲得。 • 可能改變「第二意見」的意義。 • 將出現新的危險，例如，增加的群體思維、資料漂移，或對人類專家意見的重視度降低。

[a] 這與「放鬆限制」類似，但範例相當不同，所以將它們維持在不同類別中。

[b] 當然，這方面的實作細節有許多限制。

使用案例的持續影響

核心思想是，訓練資料是將人類知識編碼到機器中的更簡單方式。

「複製」人類理解的成本接近於 0。以前，放射科醫生的時間是稀缺資源，但它將變得更豐富；以前，綠幕只存在於電影製片廠，現在它在世界任何地方，包括大家的智慧型手機上。

我使用「理解」這個詞來區分能夠寫進書本上的東西，以及直到現在只能存在於人類頭腦中的東西。現在，機器也能形成「理解」[3]。

這帶來了以下後續影響：

- 可以顯著增加行動的頻率。

  例如，以前可能一年或十年只能進行一次視覺性橋梁檢查；現在，類似等級的分析可能每隔幾秒就會進行一次。

- 以前的「隨機」過程將變得相對「固定」。

  我們都知道車禍會發生，但漸漸的，會越來越少。以前的隨機過程將成為幾乎一定發生的事情；以前會要求親愛的人「到家時打個電話給我」，現在則是成為國際新聞！「相隔 24 個月後，剛剛發生了第一起車禍！」

- 以前不可能的事情將變得可能。

  例如，找一個「牙醫」放在口袋裡；遲早，您能夠將手機感測器對準嘴巴，就可以獲得之前需要看牙醫才能看出來的毛病。

- 「個人」協助的更多個人化和有效性將會提高。

新的「群眾外包」：您自己的專家

標記人員和訓練資料文化方面相輔相成，瞭解訓練資料的人越多，就會出現越多機會。您自己的員工和專家參與越多，通常品質就會越高。還有一些其他事情要記住：

- 相信「訓練資料優先」的以資料為中心思維方式是一回事。
- 是誰在實際做標記又是另一個決定。
- 將現有團隊重新定義為「群眾」，將幫助您以更高品質獲得更多資料。

透過仰賴自己的員工，可以在控制成本的同時獲得更好的結果。

3 技術上，這是我們無法合理視覺化呈現的「高維空間」。許多機器學習模型具有數百個維度，而我們只能合理地繪製四個（空間 (x,y,z) 和時間 (t)）。

訓練資料投資報酬率的關鍵槓桿

這些因素最終將決定訓練資料的「壽命」，以及其轉化為確實提高生產力的能力：

人才，或者在標註的人

一位管理大型標註團隊的人曾說：「標註品質的最大決定因素是建立標註的人。」

訓練資料文化程度

這可能是一個分水嶺式的差異。人們是否意識到某些東西可以轉化為訓練資料。

當涉及到 AI 標註人才時，如果必須做出選擇，請傾向於品質而不是數量。

標註資料的代表意義

以此為背景，請設想您的標註工作，進一步支持了應該設立專注於此事的業務部門需求，這也凸顯了在購買過程的各個階段都需要提高警覺性。例如，如果您正在購買一個自動化系統，而由供應商來負責標註日期，對於您的未來這又有什麼意義？以下是所面臨的風險：

- 業務知識、商業機密、流程和競爭優勢
- 為建立、更新、保護和維護它而需投入的大量人力
- 在 AI 轉型期間保持競爭優勢的關鍵力

控制自己的訓練資料取捨

讓團隊具備處理訓練資料所需知識，可以為您的業務帶來許多好處：

- 充分利用現有專家和領域知識，提高品質
- 重新利用或重新調整現有工作，獲得更好的成本模型
- 建立耐用、可共享和可重複使用的訓練資料庫
- 控制輸出的經濟性和品質
- 更多的內部管理額外開支，可能更少的靈活性
- 需要組織知識和變革努力

硬體的需求

首先，先來解決一些令人震驚的問題。大型、成熟的人工智慧公司花費數千萬到數億美元在人工智慧計算資源上，例如 GPU、資料攝取或儲存等，這意味著硬體成本是一個關鍵考慮因素。

其次，訓練資料是您的新金礦，這是您最重要的資產之一；人也可能是您最重要的資產，但這可是人的具體體現，非常重要。您要如何保護它？

實際上，如果您不去控制硬體，則幾乎無法保護該資料。如果有合約爭端的話會發生什麼事？如果供應商的控制不如想像中那麼好呢？您擁有關鍵業務資料和紀錄，訓練資料必須以同樣方式處理。要搞清楚，我指的不只是標註工具，任何供應商所捕獲，那些用於訓練人工智慧的資料都必須列入考慮。

這意味著，儘管 SaaS 解決方案可能適用於起步、概念驗證等方面，但對於持續的訓練資料需求來說，硬體成本和它對公司的重要性程度大到不能不對其進行控制。

實際上，除非在客戶端上執行，否則如果您將任何形式的預測、標註自動化等交由供應商的伺服器，實際上您將需要協商隱藏在標註工具成本中的大量硬體成本。

常見的專案錯誤

在此處，資源不足尤其普遍。我見過許多獨立的專業人士對人工智慧感到好奇，從病理學到牙科都有，擁有這種好奇心當然很棒，但現實情況是，要建立真正的原型等級，或甚至是生產中使用的東西，都需要強大的團隊合作和大量資源。

開始的幾個常見障礙包括：

- 專案資源不足。單一醫生不太可能建立一個通用的人工智慧，即使這是他們的專業領域。
- 關於所需資料量的誤解。例如，一家大型牙科診所的所有病人在所有時間內的 X 光影像數量上可能相當可觀，但它本身仍然可能不足以支撐通用牙科人工智慧。
- 大多數人工智慧專案具有非常長的時間軸。建立合理的系統需要數月甚至數年的時間。而且通常，預期的壽命和維護時間是以年或甚至更長的時間來計算。

現代訓練資料工具

有效使用訓練資料工具可以造成數量級的差異，第一步是意識到高階概念的存在。如果您完整閱讀本書，代表已經朝著這個方向邁出了一大步；將這本書和其他素材展現給您的團隊是加速這個過程一個很好的方式。

軟體可以協助提供支援並鼓勵轉型，但它只是整個轉型的一部分。

專注於訓練資料的軟體，會設計成能夠擴展到實際捕獲所需業務流程的廣度和深度，以滿足所需的保真度（fidelity）。標記整個影像，與標記帶有複雜屬性，並經過專門審查過程的多邊形之間，存在很大區別。

訓練資料軟體已經取得了明顯的進步，自誕生以來獲得數百萬美元的投資。現代的訓練資料軟體更像是辦公室套件，包括多個複雜的應用程式相互作用，雖然也許還沒有那麼複雜，但從趨勢上看，幾年內將會達到這樣的複雜度。

請考慮學習曲線，而不是追求完美

在訓練資料軟體中，有一種追求完美和熟悉度的傾向，尤其是當現有的早期團隊碰巧熟悉某種綱要時。顯而易見的事實是，所有軟體都有臭蟲。前幾天，我使用 Google 搜尋，它重複出現功能表和搜尋結果，而那可是一個經過數十年工程努力的產品！如果回顧早期的電腦應用程式，它們的使用者介面非常晦澀，大家都不得不學習許多概念才能執行簡單的任務。同樣的原則在這裡也適用。

另一個要瞭解的真相是，這些應用程式和使用案例的複雜性正在不斷增加。剛開始時，我可以在半小時內提供大多數關鍵功能的示範；現在，即使我將示範範圍限定為比如標註者的特定角色，或比如影像的特定媒體類型，仍可能需要半小時！端到端的完整覆蓋範圍將需要幾天，就像連一些基本的訓練課程，對於從未使用過文字處理器或電子試算表的人來說，也需要花費幾天的時間。

這樣如何應對這個學習曲線呢？

更深入和更廣泛的討論

> 雖然 UI 設計和客製化很重要，但過分關注這些元素可能會讓人錯過關鍵點。如果專家忙到無法進行一些基本訓練以弄清楚使用應用程式的方法，或只是時間不夠，那他們實際上是否能提供高品質的標註呢？

客製化和配置

此外，儘管現成的軟體絕對應該是起點，但必須承認，還是需要一定程度的客製化和配置。

訓練和新知識

需要新的訓練和知識，從領導階層到一線員工，從概念到具體的工具。

需要新訓練和知識

以下討論一些具體的訓練需求，這裡指的是人員訓練，而非訓練資料。

每個人

- 簡介：對監督式人工智慧的內容，以及它與特定業務產生關連的大方向概述。
- 清晰定義人工智慧的角色。例如，如果人工智慧負責產生建議方案，人類就負責對齊。
- AI 對工作的影響。例如，AI 監督導致更有生產力和有趣的工作。
- 任務：提出適合這類型監督的流程想法。

標註者

- 標註工具的基礎知識。沿續前面辦公室軟體的比喻，知道使用標註工具的方式，將成為學習文字處理器的現代等價物。
- 更深入的訓練，部分內容包括閱讀這本書，以及進一步訓練偏差等敏感相關問題。

經理

以上所有內容，以及：

- 瞭解對於新的和已更新流程要提出的問題。
- 瞭解識別在財務上可行的訓練資料機會方式。
- 反思在這個人工智慧標註新時代中的生產力目標，每一刻未記錄在標註中的工作，都是浪費的時間。

高階經理人

- 需要反思公司的組織結構，考慮一些因素，例如建立新的訓練資料單位
- 應該培育和保護圍繞訓練的文化
- 需要仔細考慮供應商選擇，以達成未來的人工智慧目標

公司如何生產和使用資料？

是誰在製作耗用訓練資料的軟體？是誰在生產資料？

以下是我實務中看到的主要主題：

- 一家以軟體為重點的公司生產了一個由人工智慧驅動的產品，大部分或所有的訓練資料也是由這家公司生產。該公司將軟體釋出給消費者，或者另一家公司購買了該軟體並成為終端使用者。
- 一家具有內部訓練資料生產能力的公司，為自己的內部使用而建立軟體。通常，這可能涉及依賴外部合作夥伴或非常大規模的投資。
- 一家軟體公司生產了一個由人工智慧驅動的產品，但將大部分訓練資料留給最終購買軟體的終端使用者。

終端使用者公司唯一不參與訓練資料生產的情況是第一種，一般來說，這是因為將企業的核心能力轉移到軟體供應商，或者代表提供的產品是相對靜態，例如購買一個無法更新的「網站」。一般來說，由於很少有人希望擁有一個他們無法更新的網站，公司還是傾向以某種方式製作自己的訓練資料。

從高階主管的角度來看，在某種意義上，最關鍵的問題是：「您想要自己生產資料嗎？」和「您希望 AI 資料成為您企業的核心競爭力嗎？」

要避免的陷阱：在訓練資料中過早優化

在過程中過早的優化訓練資料可能會帶來挑戰，以下進一步探討這個問題。

表 7-10　過早優化，警示徵兆和避免方法

陷阱	發生方式	警示徵兆	避免方法
認為訓練好的模型 = 完成	1. 努力訓練一個模型。 2. 它在某種程度上能夠運作，讓人感到興奮。 3. 假設只需要一些小的調整。 4. 實際上還遠遠未完成。	• 討論出最終目標為「訓練好的模型」。 • 沒有討論持續的標註工作。 • 討論了迭代，但在有限的時間視窗內。	• 教育人們，目標是建立一個持續改善的系統，而不是單獨的一次性模型。 • 提前討論怎樣的效能等級才夠好，可以發布第 1 版。例如，對於自駕車，有些人採取了「跟人類相等就代表夠好」的方法。[a]
過早確定綱要	1. 耗盡大量資源標註。意識到標籤、屬性、整體綱要等不符合他們的需求。例如，使用定界框，然後發現需要關鍵點。	• 在早期的試驗工作和更重大的工作之間，綱要沒有明顯變化。 • 綱要是在很少涉及資料科學的情況下確定的。 • 在未證明取得成功後，就能夠解決下游問題的情況下，確定「最終」綱要。	• 期望綱要會變化。 • 用實際模型嘗試多種不同的綱要方法，看看哪種方法實際有效——不要假設任何人都有正確的背景可以提前知道答案。 • 問：如果模型做出完美的預測，是否真能解決下游使用案例？例如，如果它完美預測這個鋼筋上的方框，是否能解決整體問題？
過早承諾自動化	1. 查看人工標註可能需要多少資源。 2. 尋找自動化解決方案。 3. 起初對自動化結果感到滿意。 4. 意識到自動化並未完全達到他們認為的效果。	• 出現不切實際的期望，例如，預期自動化幾乎能夠解決標註工作。 • 在不涉及資料科學的情況下探討自動化。 • 在任何重要的人工標註之前，已經詳細討論自動化。 • 由於錯誤地假設自動化已處理訓練資料，導致管理層對訓練資料的關注度降低。	• 意識到只需少量人工標註即可開始獲得對需求的方向性理解。 • 在夠多的手動人工標註以充分瞭解領域之前，最好使用最少的或零自動化。 • 將自動化視為過程中預期的一部分，而不是萬能的解決方案。

陷阱	發生方式	警示徵兆	避免方法
錯誤計算工作量	1. 查看整體資料集大小。 2. 預測需要多少標註。 3. 假設需要所有標註。	• 假設所有可用資料都需要標註（可以對最有價值的項目進行資料過濾）。 • 沒有考慮持續累積的資料或生產資料。 • 沒有考慮收益遞減，例如，每個進一步標註項目增加的價值，比前一項目增加的價值還少。	• 獲得夠大的實際工作樣本，以瞭解每個樣本通常需要多長時間。 • 意識到這會一直是一個移動目標。例如，隨著模型變得更好，每個樣本的工作可能變得更難。
未花足夠時間使用工具 未獲得正確的工具	請參閱第 35 頁的「工具概述」。	• 過於關注「獲取一個已標註的資料集」，而不是關注實際結果。 • 不切實際的期望；將其視為簡單的購物網站，而不是嚴肅的新型生產工具套件。	• 意識到這些新平台就像「Photoshop 走進一家酒吧，遇到一個兼職資料工程師的粗魯工頭。」它是複雜且新穎的。 • 工具越強大，瞭解它的需求就越多。將其視為學習一個新的主題領域，一種新的藝術。

[a] 我不評論這種方法是正確還是錯誤的。

沒有萬靈丹

標註沒有萬靈丹。標註是一項工作，為了使這項工作有價值，必須真正地努力於此；所有提高標註生產力的方法都必須基於這個現實面。

訓練資料必須與業務使用案例相關。為此，它需要來自您的員工見解，其他一切都是雜訊或深入專業的、情境特定的概念。

不是將這些優化視為真正的收益，而是應該將錯過它們視為功能性的文盲。

這種謹慎很重要，因為作為一個尚未建立起規範的新興領域，能清晰理解歷史、未來目標和最新概念框架也就更加重要。

訓練資料的文化

讓每個人都參與訓練資料是 AI 轉型的核心。就像 IT 團隊無法神奇地獨自重新建立所有業務流程一樣，每個業務線經理都越來越意識到數位工具的功能，以及要問的問題。

關於現代訓練資料的最大誤解之一是，它是資料科學的專屬領域。這種誤解實在限制了團隊的發展，資料科學是一項艱苦的工作，然而，必須應用這項艱苦工作的情境常常令人困惑，如果認定 AI 專案為「資料科學團隊的責任」，您認為公司整體的成功機率有多大呢？

很清楚的是：

- 以主題知識形式呈現的非資料科學專業知識，是訓練資料的核心。
- 主題知識人員與資料科學家的比例就像是廣闊的田地對上單一穀粒。
- 資料科學工作越來越變得自動化，並整合到應用程式中。

其中的好處在於，如果有更多人瞭解訓練資料，大多數資料科學家會很高興。作為一名資料科學家，我大部分時間不想擔心訓練資料，因為已經有夠多事要擔憂了。

並非所有事物都馬上適合作為訓練資料，能夠識別出可能有效以及可能無效，就是這種文化的關鍵部分。越是自下而上的這些想法，就越不可能成為看似簡單，但實際上極其困難且會失敗的事情。

新的工程原則

建立更好的資料工程設置第一步，是認識業務需求、專業標註人員和資料日常關注點這三者的交集。這會需要一個 AI 資料儲存庫，可以將所有的 BLOB、綱要和預測結合在一個地方：

分離標註體驗的 *UI/UX* 關注點

例如，建立嵌入到現有和新應用程式中的 UI/UX。

使訓練資料儲存庫成為中心元件

執行 Web 伺服器時，使用標準的 Web 伺服器技術，訓練資料也一樣。隨著這個領域的複雜性和投資不斷增加，將訓練資料轉移到專用系統或一組系統，會越來越有意義。

從資料科學中抽象化訓練資料

這裡的一個簡單斷點是資料集建立。如果允許自行建立訓練資料，並允許資料科學對其查詢，而不是靜態的資料集，也將獲得更強大的責任分離。當然，在實務上會有一些交互作用和溝通，但從方向上來說，這提供了更清晰的責任範圍。

總結

AI 時代已經來臨，您準備好了嗎？人類的指導是 AI 轉型的基石，以資料為中心的 AI 涉及建立新的綱要、捕獲新的原始資料，以及進行新的標註以建構 AI。

總結一下本章介紹的一些其他關鍵點，包括：

- 指派一位像訓練資料主管這樣的領導者來推動 AI 策略、監督資料生產、並與資料使用者互動。
- 使用以頻率、專家和新功能為焦點的標準來識別高影響的 AI 使用案例。
- 重新思考您的標註人才戰略，充分利用現有的專家作為標註人員。
- 實作現代的訓練資料工具，用於標註、工作流程、驗證和基礎設施。

接下來，我將介紹自動化，並查看一些案例研究。

第八章

自動化

引言

自動化可以幫助建立堅固的流程，減少繁瑣的工作負擔，提高品質。本章將首先介紹預標記（pre-labeling）的主題，即在標註之前執行模型的想法。我將介紹基本概念，然後深入探討更進階的概念，如僅對部分資料預標記。

接下來，互動式自動化是指使用者添加資訊以幫助演算法的過程。互動式自動化的最終目標是使標註工作成為人類思維的更自然延伸，例如，繪製一個方框以自動獲得以多邊形標記的更緊密位置，對我們來說感覺很直覺。

品質保證（quality assurance，QA）是訓練資料工具的常見用途之一，我將介紹使用模型來除錯基本事實的新方法。其他工具可以自動檢查基本案例，並檢查資料的一般合理性。

預標記、互動式自動化和 QA 工具將帶給您極大獲益。在介紹基礎知識之後，我將介紹資料探索和發掘的關鍵層面，如果能夠查詢資料，並僅標註最相關的部分，會怎麼樣呢？這個領域包括將一個未知資料集篩選到可管理大小的概念等。

我將談到資料擴增（data augmentation），它的常見應用方式以及需要注意的事項。當擴增資料時，會基於現有的基本資訊來產生新的資料，從這個角度看，更容易將基本資訊視為核心訓練資料，然後將衍生過程，也就是擴增，視為機器學習優化。因此，儘管這裡的一部分內容超出訓練資料範圍，還是需要瞭解。模擬和合成資料具有特定情境下的用途，但我們必須直接面對效能的局限。

本章有很多內容需要探討和實驗，首先將深入研究目前常用的專案規劃流程和技術。

入門

高勞動成本、缺乏可用的人力、重複性工作，或幾乎不可能獲得足夠原始資料的情況下，都是使用自動化的動機之一，而某些自動化還比其他自動化更實用。我會先概述常用方法，然後說明值得期望和不必期望的結果類型。接下來，將探討關於自動化的兩個最常見的困惑領域：完全自動標註和專有方法。

本節最後會查看成本和風險。本節展示這些相互關聯的概念，及最終實際幫助您工作的方式，還可以幫助引導閱讀，並作為查找常見解決方案的參考。

動機：何時使用這些方法？

在處理訓練資料時，您可能會遇到自動化可以幫助解決的問題。表 8-1 涵蓋一些與自動化相關的最常見問題。

表 8-1　問題和相應自動化解決方案的參考

問題	解決方案
• 過多的例行工作 • 標註成本過高 • 主題專家的勞動成本過高	• 預標記
• 標註的價值增加不大	• 預標記 • 資料發掘
• 空間標註繁瑣 • 標註人員的日常工作繁瑣	• 互動式自動化 • 預標記
• 標註品質差	• 品質保證工具 • 預標記
• 標註工作中明顯的重複	• 預標記 • 資料發掘
• 幾乎不可能獲得足夠的原始資料	• 模擬和合成資料
• 原始資料量明顯超出手動查看的合理能力	• 資料發掘

檢查方法設計是用於綱要的哪一部分？

自動化對於不同事物有不同作用。有些自動化作用於標籤，有些則是屬性，還有些則是空間位置，例如方框和標記位置等，其他則可能是超出綱要範疇的更一般性概念。例如，物件追蹤通常是針對空間資訊，對意義，即標籤和屬性沒有太大幫助。只要可能，我會強調這一點，否則就需要深入研究具體細節，因為這通常取決於實作細節。舉個例子，如果一個方法在空間位置上提供了 2 倍的改善，但 90% 的人類時間都花在定義實際存在事物的意義（屬性）上，則這種改善的重要性就很小。這適用於所有直接影響標註的自動化。

人們實際使用的是什麼？

由於有這麼多新的概念和選擇，很容易感到不知所措。

儘管這些方法總是在變化，但此處將重點介紹我見過人們成功使用最重要的方法，而這些方法在所有專案中最廣泛適用。我將盡力回答以下兩個問題：

- 什麼是最佳實務？
- 您需要知道什麼，才能有效且成功地使用訓練資料自動化？

常用的技術

這些方法可能常用，但並不意味著它們很簡單、總是能適用等等。

您仍然需要足夠的專業知識來有效地使用這些方法，而您將在本章中獲得這些知識。以下是最常使用的技術：

- 預標記[1]
- 互動式自動化
- 品質保證工具
- 資料發掘
- 對現有真實資料的擴增

特定於領域的

這些技術取決於資料和感測器配置，它們也可能成本更高，或對資料需要更多的假設：

- 特殊目的的自動化，如幾何和多感測器方法
- 特定於媒體的技術，如影片追蹤和內插
- 模擬和合成資料

1 對有經驗的人來說，生產預測的分級也包括在這個概念中。

有關順序的注意事項

理論上，這些方法有一定的順序；但在實際應用中，這些方法幾乎沒有固定的使用順序。您可以把預標記作為資料發掘階段的一部分，也可以在標註期間進行，或者在後來的生產預測分級中進行。有時，只有在對一定百分比的資料標註之後，資料發掘才真正有意義。因此，我將把常見的方法放在本章開頭部分。

可以期望怎樣的結果？

就一個新領域來說，對這些方法能夠做的事，往往不會有多大的期望。有時，人們會發明或猜測預期的結果，我將在這裡解釋使用這些方法的一些預期結果。

表 8-2 涵蓋了這些方法。首先，它顯示了方法本身，接下來是當實作良好時的預期結果；最後，「不能」欄涵蓋最常見的問題和困惑。

表 8-2　自動化方法和預期結果的概述

方法	可以：	不能：
預標記	• 減少較無意義的工作。 • 通常在單一樣本內，例如影像、文本或影片檔案。 • 將焦點轉向修正奇怪的情況。 • 是其他方法的積木。	• 完全解決標籤問題。 • 仍然需要人工審查資料並進一步處理。
互動式自動化	• 減少乏味的 UI 工作。 • 例如，畫一個方框，然後得到一個繪製在方框內物體周圍的多邊形。	• 完全消除所有 UI 工作。
品質保證工具	• 減少對真實資料的手動 QA 時間。 • 發現模型的新見解。	• 完全替代人工審查者。
資料發掘	• 使人工時間集中在最有意義的資料上。 • 避免不必要的相似標記。	• 在已經執行良好的模型，且主要目標是對其評分的情況下效果良好。
擴增	• 在模型效能方面提供小幅提升。 • 例如，畫一個方框，然後得到一個繪製在方框內物體周圍的多邊形。	• 不需要基本資料即可執行。

方法	可以：	不能：
模擬和合成資料	• 涵蓋若不這樣做就不可能的案例。 • 在模型效能方面提供小幅提升。	• 適用於原始資料已經豐富，或情況相對常見的案例。
特殊目的自動化，如幾何和多感測器方法	• 透過使用基於幾何的投影來減少例行的空間（繪製形狀）工作。 • 一些有限的方法可以在很大程度上獨立於人類之外運作；其他方法通常需要首先標記第一個感測器，然後填入其他部分。	
特定於資料類型，如物件追蹤（影片）、字典（文本）、自動邊界（影像）	• 利用媒體類型的已知層面來減少例行工作。	

常見的混淆

在深入探討之前，先解決兩個最常見的混淆領域，即用於新模型建立的自動標記和專有自動方法。

用於新模型建立的「完全」自動標記

我經常聽到的一個常見誤解是：「我們不需要標記，我們把它自動化了」，或者「我們自動標記來建立模型（不需要人工）」。

與此密切相關的技術有很多，例如將較大的模型提煉為較小的模型，或者自動標記資料的特定部分等等。本章解釋了許多相關技術。這些技術與「完全自動地標記資料來建立新模型」大相徑庭。

考慮到當一個原始的人工智慧模型做出預測，即產生標籤時，這與建立那個「原始」的人工智慧模型本身是不同的過程。這意味著建立該原始模型必須涉及某種形式的非自動人工標記。此外，儘管與此有關，但 GPT 技術尚未解決原始模型的建立問題，GPT 模型可以「標記」資料，您可以微調大型模型或提煉為較小的模型，但「原始」GPT 模型對齊仍然需要人類監督。

儘管這種情況最終可能會改變，但仍處於今天的商業關注範圍之外。如果能夠對用於新模型建立的任意資料進行真正的全自動標記，就將達成人工通用智慧（artificial general intelligence，AGI）這種難以捉摸的概念。

專有自動方法

「使用我們的方法可以獲得好上 10 倍的結果」——有時這是一個神話，有時是真實的。

本章的目的是傳達可用的一般方法和概念。正如您將看到的，當這些方法相互疊加時，與有目的性地盡可能緩慢地手動操作相比，可以獲得相對更明顯的好結果。

然而已有大量具體的實作。我在祕密特定於供應商的方法中看到的最常見主題是，它們的範圍通常非常狹窄，例如，它可能僅適用於一種類型的媒體、一種資料分布或一種空間類型等。很難提前驗證您的使用案例是否恰好滿足這些假設。從統計資料來看，這不太可能。

解決此問題的最佳方法是瞭解本章中所解釋的一般方法，並趨向於使用能夠讓執行最新研究並使用自己方法變得容易的工具。

使用者介面優化

所有工具都具有各種基於使用者介面的優化功能。它們類似於複製和貼上以及快捷鍵等，學習它們很值得。由於這些功能是每個工具特有的，而且有許多算是「瑣事」，所以本書不會涵蓋。

在「標準」UI 預期範圍之外，還有互動式優化，這些是特定命名的概念，將在以下單獨介紹。

風險

所有自動化即使按預期執行，也會引入風險。以下是特定於標記的一些風險：

淨提升不足

　　這是當自動化實際上沒幫助的情況。令人訝異的是，這種情況很普遍，特別是涉及使用者介面的自動化時。

結果更差

自動化可能使結果變得更糟。例如，超像素（super-pixel）方法可能導致斑駁的標記，其準確度不如追蹤的多邊形。不要假設失敗狀態就等於手動標記。

成本超支

如下一節所詳述，自動化有許多成本，包括實作時間、硬體成本和人員訓練成本等等。

特定於方法的風險

每種方法都是獨一無二的，都伴隨著其獨特的風險。

即使看似相似的方法也可能具有不同效果；例如，更正預標記的方框與預標記的多邊形不同，又與屬性分類不同。

過於輕率處理

有時候，這些自動化工具看似只是節省一點時間，或是某種顯而易見的事物。我們必須記住，每一個自動化都像是一個小系統，這個系統可能會出錯，並導致問題。

取捨

自動化有時可能感覺像魔術一樣。如果系統可以只為我們做某件事，那不是很好嗎？這種神奇的感覺使得其中一些方法幾乎具有宗教般的狂熱。儘管許多自動化可以且確實可以提高訓練資料的結果，但它們需要仔細的取捨分析、規劃、訓練和風險分析，才能安全有效地使用。

值得注意的是，大多數這些技術隨著時間的推移已經發生變化，因此它們現在不再僅僅是幫忙節省更多的機會，而是成為一般標準期望的程度了。這類似於使用文字處理器的公司不再認為它會比打字機更節省。

令人驚訝的是，透過謹慎地結合自動化方法，資料集可以迅速改善。但是，自動化並不是魔法，所有方法都具有取捨，本節將提供一些一般性規則，以幫助評估自動化的概念性取捨：

- 自動化的概念性質
- 設置成本

- 進行良好基準測試的方法
- 相對於問題範圍自動化的方法
- 考慮校正時間的方法
- 方法如何堆疊，這也可能堆疊成本和風險

值得牢記的是，無論使用哪種自動化，仍然需要主題知識，包括 GPT。

自動化的性質

使用自動化的一般指導原則是，人類應該始終在每次標註中添加真正的價值。如果標註過於重複，這是需要改變的強烈訊號，而自動化是所有選擇其中之一，例如更改綱要。

一些自動化會利用另一個模型的知識，有點類似於知識蒸餾。現在，不要再期望透過直接循環方式來執行現有模型，以獲得更好的新模型，但可以利用現有知識，使標註者的工作更專注於添加真正的淨價值。這也是為什麼自動化不能為新模型訓練的目的而「標註」，但可以成為人類強大助手的一部分。

在不使用某種形式的自動化情況下很難擴展專案。完全避免自動化可能會使專案在財務上難以解決，或者在完成時間上難以解決，或者兩者兼有之。沒有自動化的專案可能很難超越基本的啟動閾值，這裡的類比是擁有 CI/CD 過程，理論上可以不使用它們就可以工作；但實際上，您需要它們在商業環境中擴展您的團隊和專案。

設置成本

所有自動化都需要某種形式的設置。設置可以採取幾種不同的形式：

- 訓練使用它們的方式
- 實作工作
- 理解技術風險所需的時間

即使是具有最少設置的自動化，也需要對其假設有一定程度的訓練和理解，雖然這看起來很明顯，但它經常被忽略，所以一定要記住。

進行良好基準測試之辦法

以前，常見的做法比較自動化與 100% 完全手動完成的專案。

如今，完全手動標註整個專案的情況很少見。我所指的手動標註是指沒有模型審查、沒有預標記、沒有 UI 輔助功能，以及沒有使用本章中的任何方法。然而，相對於假想的 100% 手動標註，自動化方法通常會呈現為節省的百分比。

與其將其視為與手動標註的比較，不如將其視為與最佳實務的比較；而最佳實務正是適當使用這些自動化方法。

可以使用一些基準測試問題，來評估您的組織對自動化的使用：

- 是否合理地瞭解所有常見的可用方法？對於與我們情況相關的方法，使用多少百分比？例如，如果有 4 種可用方法，並且這 4 種都用了，則在戰略層面上就已經達標了。
- 透過調查，找出標註者認為他們正在做的工作有多獨特。他們是否認為要小幅調整每個標註中，還是在添加基礎價值？這都是可以定量的，重點是擺脫容易操縱或受雜訊干擾的低階度量。
- 自動化方法投資報酬率是多少？在成本方面，考慮所有供應品，例如硬體，或供應商成本、管理成本和資料科學成本。關於效益，可能的話，嘗試實際的下一個最佳替代方案。這需要清晰瞭解整個比較過程。

如何將自動化的範圍與問題相關聯？

想像一下，您有一個需要修剪的草坪，它位於小前院，大約與一個停車位的大小相當。您可以使用手推割草機或駕駛式割草機，駕駛式割草機的大小與停車位差不多，非常有效，幾乎可以立即覆蓋整個草坪。

駕駛式割草機的價格顯然遠高於手推割草機，並且需要儲存空間、耗材、燃油、維護等。因此，一旦開始使用，它將是最快修剪草坪的方式，但其啟動成本和持續成本遠大於收益。

設置良好的自動化範圍很重要。要考慮的一些問題如下：

- 自動化是否需要技術整合？是否可以透過 UI 或透過精靈來完成？
- 預期的啟動和維護成本是多少？
- 市場上是否有適合需求的現成方法？是否需要編寫專用的自動化？

如果這聽起來像專案管理討論，那很好，因為每個自動化都是一個專案。對於一個小草坪來說，大型割草機顯然太大了。但什麼才是訓練資料的正確尺寸度量呢？

修正時間

雖然可能不常將此考慮在內，但應該要多想想花在修正上的時間，一個需要大量修正的自動化，最後也不可能省下多少時間。如果使用一種空間加速方法，可以嘗試直接追蹤物件來繪製多邊形點。在考慮修正時間時，請確定實際上會更快的方法。

我曾經看過研究論文提到「點擊次數」的情況，他們說了類似這樣的話：將點擊次數從 12 減少到 1，因此效率提高了 12 倍。但實際上，還有另一種工具，可以讓您追蹤輪廓，這意味著根本不需要點擊，追蹤輪廓的速度和處理自動化錯誤所花的時間一樣快。

正如表 8-3 所示，這個魔法工具仍然需要一些時間來繪製。在此案例中，修正需要更多的時間，這意味著儘管它看起來較快，但實際上較慢。

表 8-3　繪製時間與修正時間的比較範例

工具	繪製時間	修正時間
追蹤輪廓	17 秒	不適用
魔法工具自動化	3 秒	23 秒

主題專家

也需要花時間理解的是，實際上所有這些方法最終都需要相似水準的主題專業知識。一個類似的比喻是，總體上這些工具代表一種類似文字處理器的東西。它節省您購買墨水、寄信等成本，但它不會幫您撰寫文件，只會自動格式化您指示其編寫的字元。

要說清楚的是，需要主題專家不代表他們一定要親自做每一個標註，他們也可以教導其他人標註特定部分、使用工具等。此外，可能有可以對比不同程度專業知識的情況。

使用主題專家不意味著您必須找全世界最昂貴或最專業的人，以醫學放射學標註為例，許多工作可以由技術人員、助手、住院醫師等完成，提到放射學專家不意味著必須是全職放射學家或放射學教授。

考慮自動化的堆疊方式

許多這些改善方法可以堆疊在一起使用。這意味著您可以一起使用多種方法以達到積極的效果，詳細資訊請參閱稍後敘述，這裡的風險在於其交互作用和副作用研究不足，類似於同時服用多種藥物。這可能會產生難以確定的錯誤，使故障排除變得更加困難，並產生多重成本。

預標記

預標記是將預測插入訓練資料集的過程，這很受歡迎，也是最普遍可用的自動化概念之一。

預標記的 3 個最常見目標是：

- 減少改善模型的工作量（標準預標記）
- 修正或對齊現有模型的結果（QA 預標記）
- 在現有基線預測之上添加客製化標註（客製化資料預標記）

通常最好要能清楚定義預標記和人工標註，並深入理解預標記背後的意圖。預標記的最大風險之一是「回饋迴圈」，其中連續的迭代會產生越來越多未捕捉的錯誤。預標記通常聚焦於樣本內的標籤上，例如影像中的定界框或分割遮罩，也可以用於資料發掘；更多資訊請參見第 256 頁的「資料發掘：應該標記的內容」。

標準預標記

假設有一個可以大致預測出臉部的模型，通常它的結果都不錯，但有時還是會失敗。為了改善該模型，可能會希望添加更多訓練資料，問題是，既然已經知道這個模型對大多數臉部來說都有效，所以真的不想一直重新繪製「簡單」範例，那要如何解決這個問題呢？

預標記來拯救您了！先從圖 8-1 中開始解釋。首先，執行某些過程例如模型預測，然後讓人與之互動；再來，通常會使用新資料來更新模型，以完成「迴圈」。

最初，審查資料的使用者會看到共 5 個預測。使用者可以直接宣稱樣本為「有效」，或系統可能假定未經編輯的任何樣本預設為有效。不管標記方式，淨結果就是第二階段：4 個正確範例和 1 個需要編輯的錯誤範例。

標註者仍然必須驗證正確的樣本。為了使此方法有效，驗證時間應小於最初建立驗證所需的時間。

這種方法的一般主題是，隨著時間的推移，它將人類使用者的注意力集中在困難的情況下，即「淨提升」。

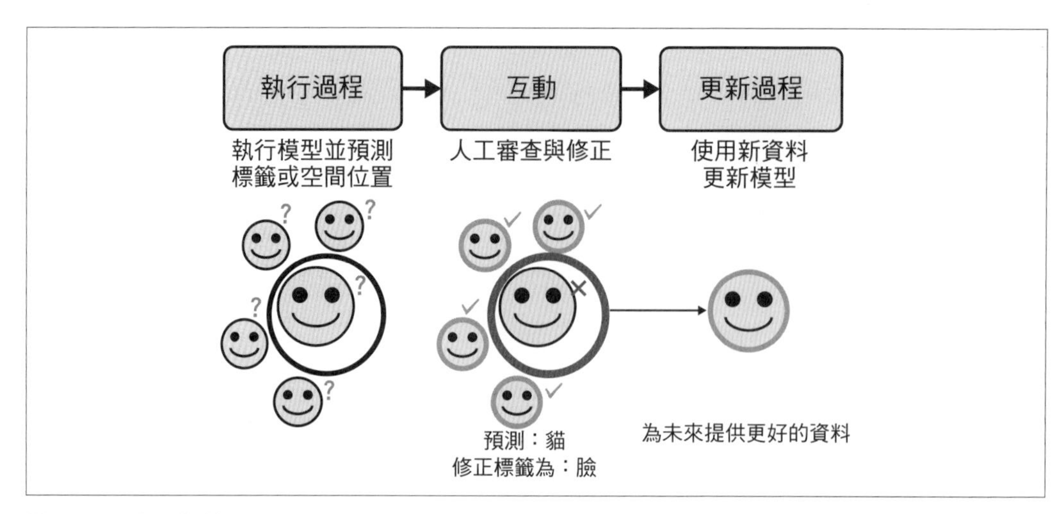

圖 8-1　預標記概述

優點

預標記之所以受歡迎，是因為它幾乎適用於所有東西，概念上很清晰，而且相對容易實作。預標記有一些明顯的優勢：

適用於幾乎可以預測的任何內容

　　標準預標記不與任何特定方法相關聯，它適用於幾乎任何領域，基本上，模型、系統或現有流程產生的任何內容都可以用作預標記。這意味著它適用於幾乎任何綱要概念，從某事內容到它的位置。

概念上清晰且易於實作

　　預標記相對容易實作和理解。現有系統，通常是模型產生預測，並將其顯示給使用者審查、添加更多資料等。由於這些系統可以隨時產生預測，然後在接下來的時間審查，因此儲存、載入和顯示這些資料相對簡單。

品質保證（有時）是內建的

　　在某些情況下，例如當模型產生預測時，預標記可充當品質保證控制。具體來說，它確保人們查看實際的預測，而不是整個過程中更加隱藏的其他自動化方法。使這些資料可見能夠建立與實際模型的關係，這可能非常有價值。

模型品質保證和預標記之間有什麼區別？

在載入資料的技術過程方面有相似之處，而且在介面中，實際的修正機制通常也相當類似。通常，品質保證的目的仍然是改善未來的模型，這與預標記幾乎一致。

注意事項

預標記仍然需要系統產生初始資料，可能會引入意外錯誤，在效率方面可能具有誤導性，並且在更複雜的情況下可能變得混亂。有一些需要注意的地方：

需要現有相關的模型（或系統）

主要的注意事項是需要一個「初始」模型或系統來產生資料。預標記通常是流程中的「次級」步驟，這可以透過一些方法和語境來抵消，這些方法和語境只需要非常少量的資料就可以開始，例如，可能只需要幾張影像，但這仍然是一個障礙。遷移學習並未解決這個問題，但它有助於減少開始使用這個新模型所需的樣本數量。

可能會引入新的錯誤模式、不良的回饋迴圈和遞減回報

如果不以「新的眼光」來看待資料，可能很容易錯過一些「看起來不錯」但實際上是錯誤的東西；它還可以透過不良的回饋迴圈來強化錯誤。當綱要難度無法好好對齊時，預標記的回報可能會遞減。

有時可能更慢或具有誤導性

在真實標註的語境中，對於某些情況，編輯可能會比從頭建立新內容還慢。如果模型預測複雜的空間位置，並且需要大量時間來修正，則從頭繪製可能會更快。從更具大方向的概念來看，現有模型可能在自動化價值方面具有誤導性，例如，一個現有模型預測了一艘漁船，因為它已經接受過關於漁船的訓練。這可能看起來很明顯，但最好要明確瞭解模型已經訓練過的資料，以理解實際的新工作和既有資料。在標準預標記的語境中，最好只修正規劃使用的模型，否則可能會很快就會出現混亂的正確和不正確。但是，接下來我要說的，是您可以將資料增值與現有模型分開。

只對部分資料預標記

可以使用不同的模型只針對部分資料預標記，已標記的資料部分，可以是一些頂級標籤，或僅是空間位置等等。

通常，用於預標記部分資料的模型通常不適合用作實際的主要模型。這是因為它可能太狹隘，例如只有空間位置，如分割任何東西；或可能因為它太龐大、計算密集或不可預測，如大規模的 GPT 模型。

預標記的一種擴展是使用模型來預測它已知的事物，並將它用作預測未知事物的起點。一個例子是分擔職責，例如，空間資訊和屬性更新；舉例來說，使用一個不打算更新以進行空間預測的現有模型，並將用盡全力集中在添加新資訊上，例如屬性。在某些方法中，會丟棄「微型模型」（micro model），這僅在標註自動化的範疇內使用，這樣的方法是透過節省它擅長維度上的時間來提供幫助，同時可以為「真實」模型添加意義，或其他所需的維度。

例如，想像一下有一個非常擅長預測人臉，但對其他事物一無所知的人臉偵測器。可以先執行這個模型，獲取人臉的空間位置，然後添加新資訊，例如高興、難過等，如圖 8-2 所示；儘管這可能看似微妙，但它與標準預標記有很大不同。我們並不特別試圖修正空間位置，而是嚴格地將其用作一種節省時間的方式，以便獲取標籤和屬性。

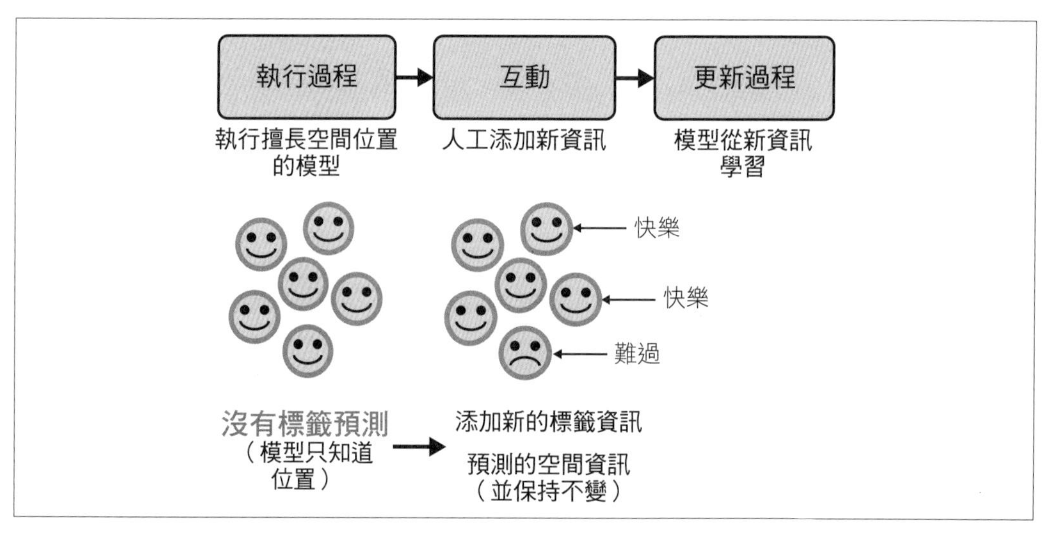

圖 8-2　只預標記部分資料

想像一個轉播籃球比賽的節目，每一個畫面中的手動識別，和追蹤每位球員，都將需要大量的標註工作，有相當不錯的「人物偵測器」可以執行，也有追蹤演算法等等，這些工具會負責確定空間位置。然後，人類標註可以集中在相關項目上，例如球員正在做的動作，這些是通用追蹤／偵測演算法不會提供的。請注意，這些方法也稱為：微型模型、現有模型預標記的客製化資料，有時也會稱為知識蒸餾（knowledge distillation）。

使用現成模型

因為我們的目標是添加新的資訊，而不是修正現有模型，所以可以使用現成模型，這意味著即使沒有任何快樂 / 難過模型訓練資料，也可以使用現有人臉偵測器來開始工作；這可能表示要求更快的設置時間。此外，由於我們並不直接關心改善模型，如果有內建的模型可用，就直接使用而不會有任何缺點。

明確的關注點分離

對資料的特定進行預標記，可能有助於當下的過程；但也可能一無所獲。相對於更一般的預標記，這是一種清晰的關注點分離，而在一般的預標記中，即時標註和整體資料變更的關注點分離會更加模糊。

現成的模型可能不存在，或者可能需要升級才能派上用場。有時它們對於改善空間偵測不直接有幫助或者不太好互動，而且相當靜態。

請注意，一些與 GPT 相關的預標記過程可能不太明確，或者可能存在不同的取捨。這是一個不斷發展的領域。

「早一步」的訣竅

談到更一般性的自動化思想，有可能「早一步」得到預測結果。這可能意味著在不瞭解類別的情況下，進行通用的物件或事件偵測。

通常，這會與其他一些方法結合在一起，例如，預標記。

開始預標記

資料攝取章節涵蓋更多細節，這裡只是提醒一下要開始的步驟：

1. 識別現有的模型。
2. 將模型的資料映射到訓練資料系統。
3. 使用現有資料來建立任務。
4. 標註。
5. 查詢並使用資料來重新訓練新模型。

接下來，來談談更動態的概念：互動式自動化。

互動式標註自動化

互動式自動化用於減少使用者介面工作；概念上，人們很清楚正確的答案是什麼，而我們正在努力盡快將這個概念引入系統。例如，使用者在視覺上知道物件的邊緣在哪裡，但不是追蹤整個輪廓，而是去引導互動式分割系統。流行的範例包括 SAM（Segment Anything Model）、方框到多邊形（box to polygon），例如 GrabCut、DxtER，以及追蹤演算法。

當使用者與這些方法互動時，通常是透過添加資訊，例如感興趣的區域，來幫助互動式演算法產生有用的內容，這些方法的效果會最好。理論上，這使得使用者介面工作更自然地往人類思維延伸。換句話說，當使用者提供「互動」（輸入）時，可以推衍出「互動式」加速的方法。回到語意分割的例子，如果我可以將電腦指向我正在查看的影像大概區域，並且它可以找出具體形狀，會怎麼樣呢？

請注意，互動式自動化是一個不斷發展的領域，此處所示的範例旨在作為說明，而不是決定性的。

這裡的一個主要假設是，使用者隨時準備添加初始資訊，然後查看互動過程的結果。這個過程可見圖 8-3，基本上由 3 個步驟組成：

1. 使用者產生初始互動。
2. 過程執行（通常需要幾秒鐘的時間）。
3. 使用者審查結果。

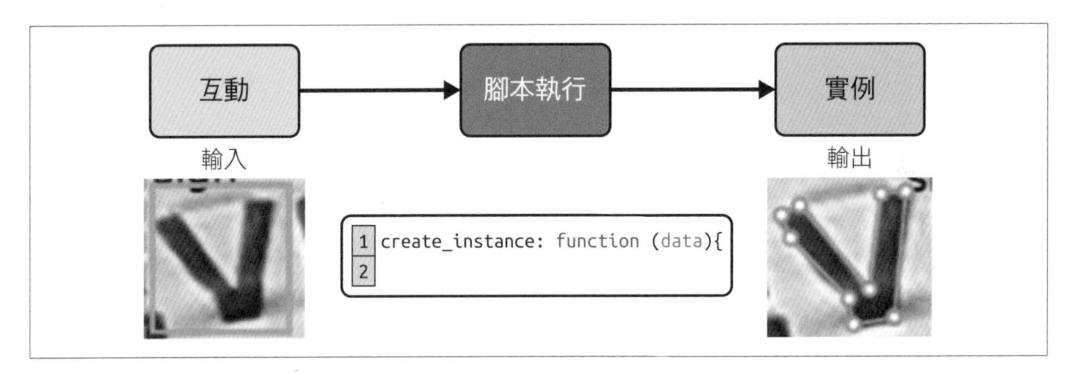

圖 8-3　互動式自動化的概念式概述

幫忙區分互動式自動化和其他方法的一個關鍵測試是，這過程應該沒有辦法在沒有某種初始使用者輸入的情況下執行。相比之下，完整的影像或完整的影片方法可以作為後台計算而執行，而無需直接使用者輸入；這正是關鍵區別。另一個不同之處是實際執行的，通常不是感興趣的模型。

在探討互動式自動化時，有一些優點和注意事項需要考慮：

- 優點
  - 對於複雜的空間位置，它可能非常有效。
  - 通常不需要訓練過的模型或現有模型。
- 注意事項
  - 有時可能是「重新造輪子」。例如，如果您有一個擅長偵測人的模型，最好就用它來開始，而不是手動識別每個人；即使只需點擊一次。
  - 通常需要更多的使用者訓練、耐心等。有時，這些方法執行時間過長，實際上並未節省多少時間。
  - 要讓這些方法真正運作良好，通常需要一些額外的工程工作，超越基本的輸入／輸出連接。

建立自己的自動化工具

一些工具提供了整合或現成方法，您可能無法修改這些工具的工作方式。在這樣的情況下，以下範例就是背後內部運作的指南。Diffgram 提供一個編譯器，使您能夠編寫自己的自動化，這意味著您可以使用自己的模型、最新的開放原始碼模型，調整參數以滿足自身需求等等。

技術設置注意事項

在這些範例的範疇內，我使用開放原始碼 Diffgram 的自動化程式庫。

範例程式碼都是 JavaScript 編寫的。為了簡潔起見，大多數範例都是虛擬程式碼（pseudocode）。請參閱相關範例以獲取完整的可執行程式碼範例。

什麼是觀看者（觀察者樣式）?

每當使用者執行某項操作，例如建立標註、刪除標註或更改標籤等，都會看作是一個事件（*event*）。

這是建立在訓練資料的語意層面。

例如，如果我想在使用者建立實例之後執行某些操作，像是訓練模型，則 `create_instance` 事件會比普通的 `mouse_click` 更有意義。

如何使用觀看者（watcher）

首先，必須定義一個在 `create_instance` 事件發生時執行某些操作的函數，如下所示。啟用此腳本，且使用者繪製範例標註後，可以在圖 8-4 中看到範例輸出：

```
create_instance: function (data){ // 此處放入您的函數 }

create_instance: function (data){
    console.log(data[0])
}
```

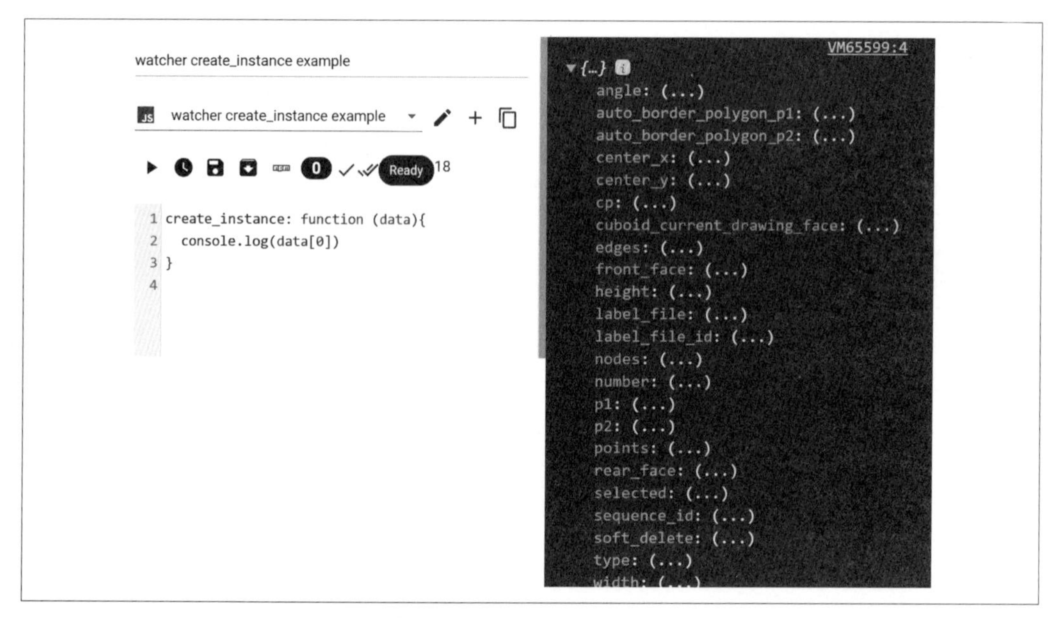

圖 8-4　左圖，互動式標註的程式碼編輯器範例；右圖，記錄建立的標註實例

互動式捕捉感興趣區域

以下是一個根據使用者的標註，來捕捉畫布中感興趣區域的程式碼範例。儘管可能看起來相當簡單，但這是邁向只基於剪裁區域來執行演算法的第一步，如圖 8-5 所示。

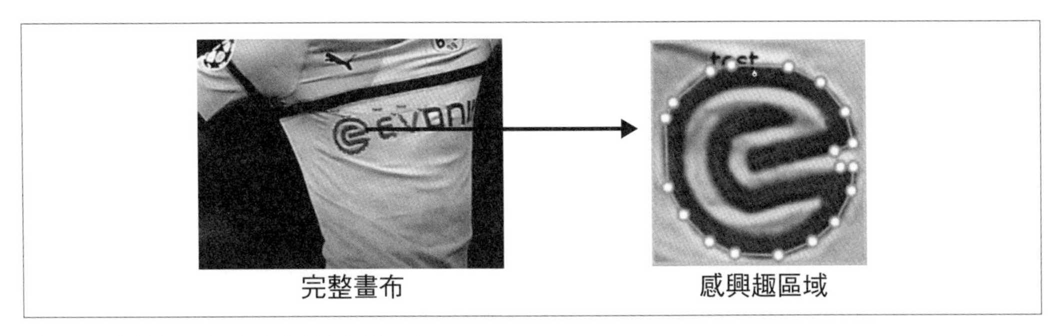

圖 8-5　完整畫布對比感興趣區域的範例

捕捉這個的程式碼看來會像這樣：

```
create_instance: function (data){
  let ghost_canvas = diffgram.get_new_canvas()
  let instance = {...data[0]}
  let roi_canvas = diffgram.get_roi_canvas_from_instance(
    instance,
    ghost_canvas)
}
```

更一般的說法是，這裡的想法是利用使用者的一些輸入，來預處理我們餵給模型的內容。

使用 GrabCut，互動式繪製方框到多邊形

現在，這個範例將採用我們感興趣的區域畫布，執行標準的 OpenCV GrabCut 演算法，並輸出多邊形點，然後將其轉換為可供人編輯的標註。

相當重要的是，可以將 GrabCut() 替換為喜歡的演算法。以下是簡化的虛擬程式碼（JavaScript）：

```
let src = cv.imread(roi_canvas);
cv.grabCut(src,//args)  // 替換為您的模型或偏好的演算法
cv.findContours(//args) // 因為它是密集遮罩
cv.approxPolyDP(//args)  // 減少到有用的點數量
points_list= map_points_back_to_global_reference()
// 因為感興趣區域是區域性的，但我們需要相對於整個影像的位置
diffgram.create_polygon(points_list)
```

可以在這裡找到查看完整的範例：*https://oreil.ly/dRa6W*。

完整影像模型預測範例

從直接互動式範例中拉開視角，我們還可以執行檔案等級的模型。您可以想像擁有一系列這些模型可供使用，使用者可能在大方向選擇要執行的模型。

大方向的想法是從使用者互動和原始媒體中獲取資訊，然後執行自動化。

JavaScript 中的範例可能如下所示：

```
this.bodypix_model = await bodyPix.load()
let canvas = diffgram.get_new_canvas()
let metadata = diffgram.get_metadata()
segmentation = await this.bodypix_model.segmentPerson(canvas, {});
Points_list = get_points_from_segementation()
diffgram.create_polygon(points_list)
```

完整範例可以在此處找到：*https://oreil.ly/U4gvf*。

範例：不同屬性的人物偵測

現在，回到一個更簡單的範例，還可以使用這些自動化工具來簡單地執行模型。

在這個範例中，我們在 Diffgram 使用者腳本（userscript）中使用了 BodyPix 範例，它會在整張影像上執行，並將所有的人分割出來。在這裡，選擇自己要添加的屬性「正在使用手機的人？」如圖 8-6 所示，這是非直接使用我們訓練資料目標模型的範例，以避免為已經完全理解的部分「重新造輪子」。您可以想像將這個模型替換為其他流行的模型，或者在第一輪執行中使用自己的模型。

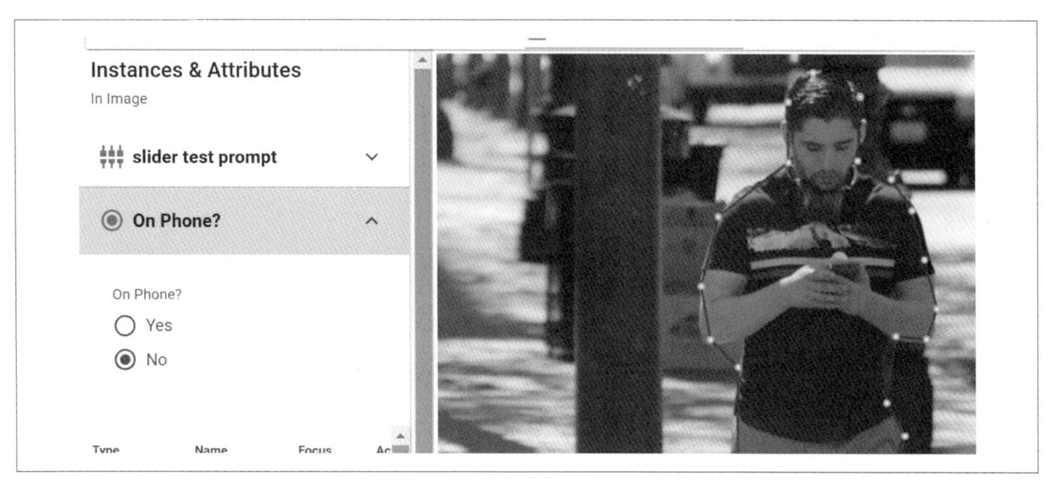

圖 8-6　具有添加屬性值的空間預測自動化範例

品質保證自動化

有一些新穎的訓練資料品質保證（quality assurance，QA）工具，可以對真實資料除錯，並降低品質保證成本。

使用模型來對人類除錯

這裡的主要想法是，模型實際上可以顯示基本真實（ground truth）資料的錯誤。聽起來很瘋狂嗎？所以，思考這個問題的基本方式是，如果模型有許多真實範例的話，它就可以克服小錯誤；舉個例子，有時我們會有測驗卷上的某個答案是錯誤的直覺，即使它也在答案欄中，我們也會思考，並有自信知道那不是答案。

在實務上，做到這件事的方式之一是使用交聯比（Intersection over Union，IoU）。如果模型的預測沒有附近的基本真實資料，不是模型錯誤，就是基本真實資料錯誤，這可以透過應用程式以排名列表的形式呈現。或者換句話說，這是識別出預測結果和現有基本真實資料之間最大差異的問題。

自動化檢核清單範例

儘管這聽起來很簡單，但檢核清單（checklist）是 QA 工作流程的重要部分。

這可以是人工審查的檢核清單，或者如果可能的話，可以用程式設計的方式進行。有一些工具可能預設就包含了其中一些，但通常最好的檢核會進一步設置成如同「測試案例」，其中定義與特定資料相關的參數，如校驗碼（checksum）。以下是一些範例參數：

- 樣本數量是否合理？
- 空間座標是否合理？
- 所有屬性是否由人選擇或批准？
- 所有實例是否由人批准？
- 是否存在重複實例？
- （特定於影片）是否存在著實例遺失的軌跡？例如，出現在圖框 n 中，在圖框 n+1 中遺失，在圖框 n+2 中又重新出現，並且未標記為結束序列。
- 是否存在依賴類型規則的問題？例如，如果存在 A 類別，則 B 類別應該也存在，但 B 類別卻遺失了。這與啟發式方法不同，通常更涉及審查現有實例而非產生新實例。

特定於領域的合理性檢查

根據您的領域，可能可以使用或建構特定的檢查。例如，如果類別是「人」，並且樣本的空間位置中，95% 的像素都是相似的顏色，則不太可能是正確的。或者，您可以檢查大多數像素是否處於具有不符合預期的直方圖分布中，例如，已知某個物件永遠不會有紅色像素。

資料發掘：應該標記的內容

資料發掘工具可以幫助我們瞭解現有資料集，識別能添加價值的最有價值資料，並幫助我們避免處理顯示遞減回報的資料。這回到了希望每個標註都會提供淨提升的概念，以實現對模型效能的積極增量改善。在這個語境中，「罕見」或「不同」的資料，就只是任何有助於實現淨提升的資料。

在概念上，您可以廣泛地將這些方法分為 3 個主要類別：

- 人類探索
- 基於元資料的
- 基於原始資料的

人類探索

所有方法都涉及在某個時候的某種形式人工審查。常見的人工資料發掘步驟包括以下活動：

- 在 UI 目錄中視覺式的探索資料
- 查詢資料以識別感興趣的子集合，例如「紅蘿蔔 > 10」
- 審查運用工具的結果，例如相似性搜尋

人類探索發生在過程的許多階段，可以是沒有標註的原始資料階段、具有一些標註並且可能需要添加更多值的資料、資料子集合以及來自各種工具實務的結果。

人類審查對於捕捉自動化中的錯誤至關重要，自動化可能對資料做出錯誤的假設，例如，如果資料量有限，以任何方式減少它都可能導致不想要的結果。雖然資料發掘的自動化方法可以是過程中非常重要的一部分，但人類理解始終是優先的。

原始資料發掘

原始資料發掘方法是關於查看實際的原始資料。

相似性搜尋是其中一例，一個使用案例是找到特定已知樣本類型的新樣本，這可能是在知道缺乏與給定樣本相似的標註資料情況下。過程是對該樣本執行相似性搜尋，以查找更多相似但尚未標註的樣本，然後，建立任務來審查這些樣本。

原始資料探索的另一個範例是識別資料的群組。例如，想像一下有白天和夜晚的照片，可以使用原始資料探索工具來查看這些資料，並將其分為兩批次。系統實際上可能並不知道所謂白天和夜晚的照片，但透過查看原始資料，它將知道有兩個（在視覺上）不同的群組。之後，可以從每個群組中採樣，例如 100 個白天樣本和 100 個夜晚樣本，這是為了避免獲得 1000 個與圖 8-7 所示類似分布的樣本；在資料包含許多相似之處並超出手動查看的合理範圍時，會是使用此方法的絕佳時機。

另一種用途是識別異常值。例如，您可能會標記那些可能因為沒有足夠數量，而無法正確理解的罕見樣本。

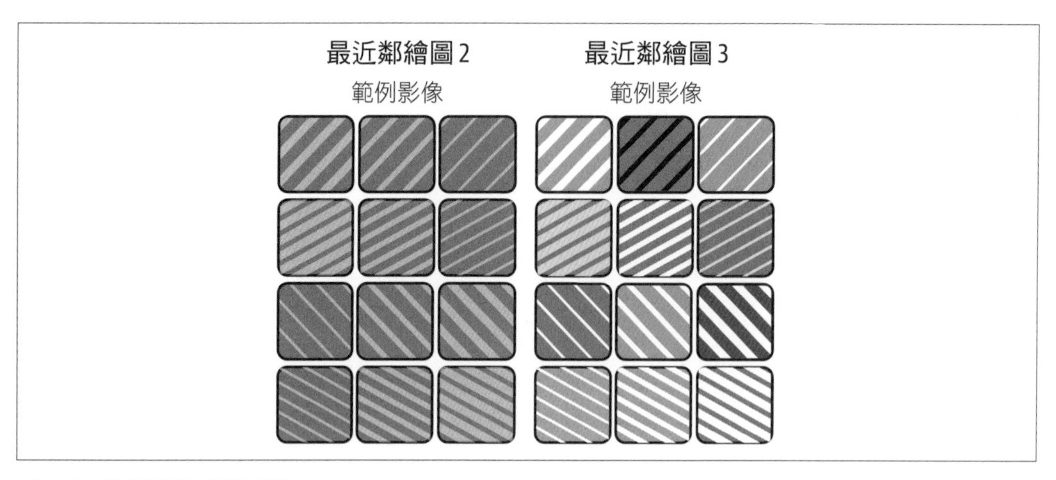

圖 8-7 相似性比較的範例

元資料探索

通常會附加有關樣本的元資料，它與實際樣本的原始內容無關。例如，如果您想像圖 8-8 中的汽車公司所做的事情，可以基於元資料來查詢，如白天時間、顯微鏡解析度或位置等。

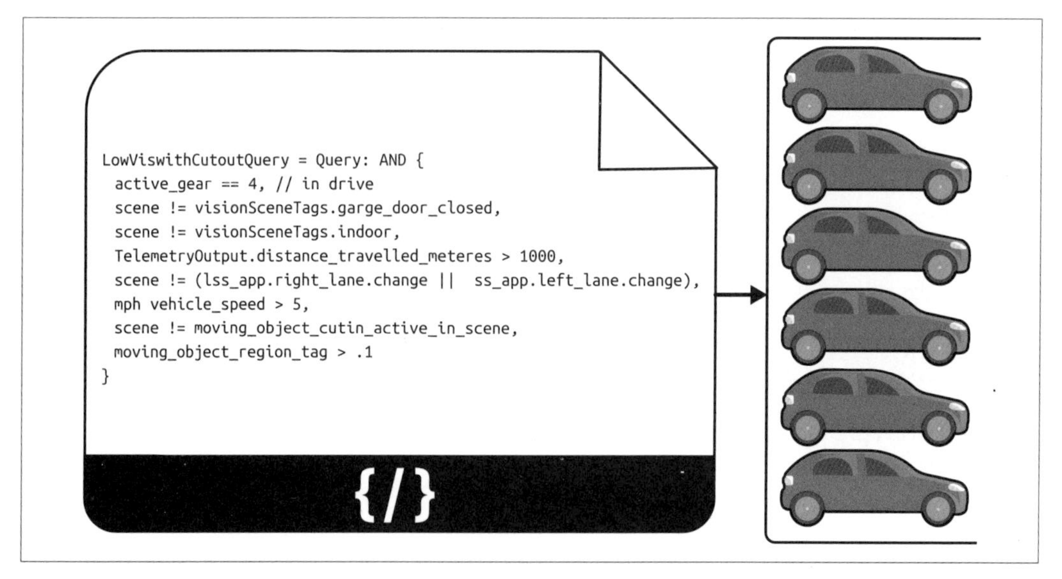

圖 8-8 查詢範例（虛擬碼）

確保在插入時添加元資料，以便有效查詢。圖 8-8 中的範例是虛擬碼，如果想進一步探索查詢語法參考，Diffgram 有一個很好的資源（*https://oreil.ly/ kCp-u*）。

添加基於預標籤的元資料

一個選項是使用現有網路進行粗略的預標籤，例如在整個檔案等級進行預標籤。假設對於一家機器人公司而言，意圖是只標記「白天」影像，但資料的元資料由於某種原因不可用，就可以建立一個網路來為影像貼上「夜晚」或是「白天」標籤，然後只標記那些「白天」影像。在實務上，這項方法的實作可能存在一些不完善之處，但從理論上講，這可以有效節省時間。

擴增

擴增是修改真實資料。例如，扭曲現有影像、改變亮度或引入重影等。擴增是一個積極的研究領域，而各有所見，有時，擴增會提議用來減少訓練資料工作的一種方式，例如，常用的程式庫和流程通常進行大量的資料擴增，但有時會忽略其所提供的實際提升。生成式模型也可以用於擴充資料，這是本書撰寫時正在迅速發展的話題。

簡而言之，擴增通常是一種暫時的支撐，或者提供相對較小的提升，甚至可能降低效能，大致在 -10% 到 10% 之間。它仍然可以很有用，而且瞭解使用它的時機和方式還是很重要的。

總的來說，共識似乎是在執行時增強，而且比早期方法繁榮時期的擴增程度要少得多。這意味著在大多數情況下不需要過度考慮擴增，就像我們不會為了常規程式碼的編譯優化而過度思考一樣。

擴增有其存在的價值，但必須記住的是，它充其量只能提供輕微的效能提升，而無法替代真實資料。

好一點的模型勝過好一點的擴增

普遍論點是隨著模型和演算法變得更加優越，擴增變得不那麼有效。這並不總是成立，但是一個好的經驗法則。

一個簡單的思考方式是，資料值幾乎有無限種微妙的組合，無論是文字、像素等。因此，嘗試訓練大量微妙不同的資料只求更理解它，很不明智。

從人的角度來看，同一個東西我不需要看到它的 100 種不同變化，才能識別。

是否使用擴增？

首要考慮的是它明顯改變局勢的方法。

接下來，評估任何擴增方法的最佳方法，是它提供的「淨提升」，這有時比一開始看起來更難測量。

例如，想像一個系統，它會預標記實例，空間位置很可靠地預標記下來了。然後專業使用者再添加額外資訊，例如農作物疾病的類型。在這種情況下，「淨提升」主要能節省時間，因此，如果設置流程、執行模型等的成本，即實際成本、複雜性等夠低，則預標記的每個空間位置都可以直接節省時間。實務上，如果這方面已經有一個強大的模型可用，或者已經在生產中執行，就會有其價值。

或者，來設想一些負面情景。

一種方法，例如超像素等用於更快速地標記空間位置，但是，它引入難以更正的錯誤和重影。乍看之下很容易看起來「正常」，因此會忽視這些錯誤，直到在資料集上花費大量時間為止，這可能會導致需要重做和／或難以理解的生產錯誤。

需要不斷更正的預標記方法也可能存在問題。校正速度比第一次正確繪製空間位置慢約3倍。因此，在抽象層面上，預標記必須非常準確才能達到損益平衡，更重要的是提供淨提升。

任何使用「外部」模型的情況都可能引起困難，它可能會對新的訓練資料引入偏差，也可說是污染。有一個實際的例子，想像一個似乎能可靠地偵測人員的偵測器，第一遍會做為「空間位置」，然後添加您的顧客標籤，如果該探測器有偏差，例如可能偏向多數種族，就可能很難發現，因為它是「隱藏的」，可能需要明確額外的品質檢查步驟來檢查這種可能。

整體而言，這些擴增方法的一般經驗法則是：

- 謹慎探索，總是存在取捨，請記住擴增方法將這些取捨隱藏得很好。
- 考慮「淨提升」，考慮諸如增加的複雜性、降低的靈活性、實際計算／儲存成本等成本。
- 許多方法有其明顯特定性，它們可能在一個特定情況、一個空間類型等方面非常有效，但在其他情況下可能失敗。

還要記住一些一般性的觀察：

- 最有效的選擇通常似乎偏向於空間類型而不是類別標籤。
- 通常，在探索任何基於「模型」方法類型之前，最好先建立一個「種子」資料集。
- 有時，幾乎無法避免使用「擴增」的訓練資料，例如在「修正」生產流水線的情況下。

訓練 / 執行時擴增

只要擴增方法和過程是可重現的，您可能不需要將其儲存在常規訓練資料旁邊。擴增的資料可能非常「嘈雜」，通常不太適合人類使用，然而，即使在使用現成工具時，在訓練時實作擴增也存在挑戰，例如記憶體和計算成本。在這種情況下，將其移至執行時並不總是像想像中那樣簡單。

補丁和注入方法（剪裁和注入）

這裡的概念是取資料的補丁（patch），即裁剪或部分，並建立新的組合；至於影像，可以想像將稀有類別放入場景中。這有點像混合式模擬，其中真實資料在不同地方模擬。

這仍然是一個研究領域。通常情況下，模型應該對這些類型的情境是穩健的。

模擬和合成資料

與擴增資料密切相關的是模擬和合成資料，這在很大程度上依賴於特定領域的語境，通常是訓練資料以外的其他藝術和學科結合。

所有合成資料方法仍然需要某種形式的實際資料和人工審查才能發揮作用，這意味著雖然合成資料很有潛力，但不能替代真實資料，這也是為什麼，最好把它視為真實資料的錦上添花。

讓我們快速回答一個重要問題，模擬資料有效嗎？非常簡短的答案是「是的，但可能不如您所希望的那樣好」。

下一個問題是，「它以後會表現得比較好嗎？」這個問題實際上更容易回答：不太可能。有一個簡單的思考實驗可以反映這一點，要模擬資料到所需的現實主義等級是一個人工通用智慧等級的難題，獲得看起來逼真的渲染則通常相對容易一些，但這些模擬的渲染和現實生活之間存在很大差異[2]。

2 有趣的是，我對研究型和產業型人士做過相關研究，通常都一致認為這是真的。

通常情況下，如果使用得當，模擬資料可以提供效能的輕微提升，有時也可用於無法或難以獲取資料的情況。

另一種思考方式是使用模擬來自動建立訓練資料，這有點像使用啟發法。我們不再由人類監督並說出正確的事，而是回到嘗試建立一個自下而上的模型；只是刪除了一層。

模擬仍然需要人工審查

圖 8-9 顯示一家大公司公開展示的一個範例，他們聲稱這是「完美的」資料。正如您所見，人行道上有一個補丁，他們宣稱這更符合真實，不過之後，卻忘記在訓練資料產生時考慮到這一點，結果產生在不完美路面上的完美人行道線。

他們是不是試圖教訓練資料，那個黑色斑點實際上是人行道？這是沒有道理的。當然，也許後來他們打算對其進行後處理，將完美的人行道投影（*project*）出來。也許，從理論上講，某些超專業的網路可以做到這一點。但至少從訓練資料的角度來看，這就是一個明顯的錯誤。

圖 8-9 只是一個小例子，但它能讓人明白，假設模擬會產生完美的資料非常不正確。

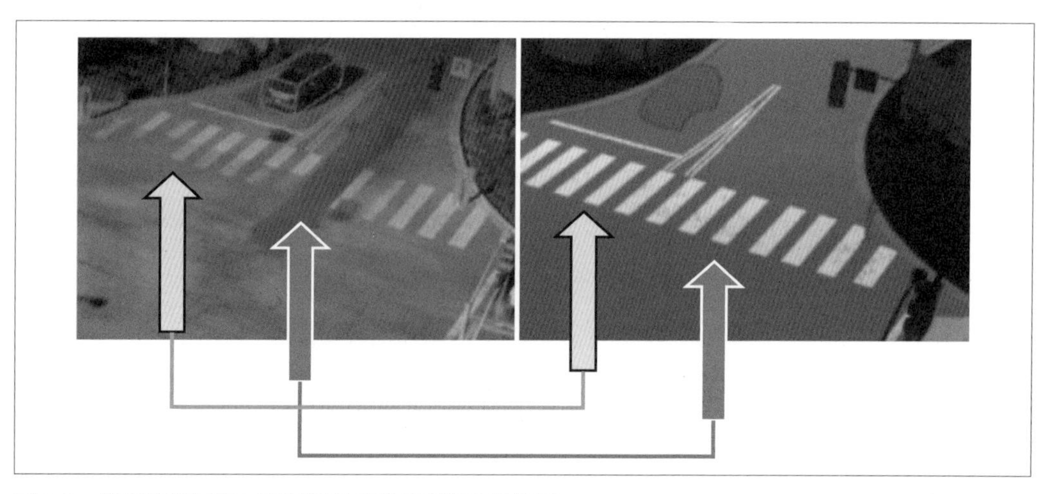

圖 8-9　聲稱完美但存在明顯標記錯誤的訓練資料範例

在圖 8-9 中，左圖顯示了帶有褪色白線的模擬影像，而且看起來像是人行道的東西完全遮擋住一些白線。右圖顯示訓練資料渲染，其中包含猜測線條應所處位置的標註，並忽略模糊和缺失的線條，如果直接實際訓練這些資料，它將誤導模型，因為我們會說一小塊人行道等於一條完整的線，但顯然這裡看不到什麼線。

對於那些不可能和罕見的案例，我真的會認為它們並不是「自動地建立訓練資料」，而是「自動地建立場景，然後人類可以為其建立訓練資料」。

例如，系統也許能夠自動識別哪些像素來自哪個物件，但是，如果模擬足夠隨機，那可能與事件無關。換句話說，重要的是要考慮模擬實際知道的內容。

有個角度可以思考這一點，如果我模擬一個超市貨架，它們看起來會很相似，除非模擬是專門設計來渲染不同的貨架。但它們將在哪個維度上有所不同呢？這些差異是否與生產資料有關？誰在為此寫程式？請記住，即使資料中的微小變化，也可能對結果產生巨大影響。

模擬存在一些明顯的有益用途：

- 產品影像。如果您已經知道產品的外觀，這對於購物類型的機器人來說應該是一個明確的使用案例。
- 自動駕駛中的罕見場景。

還有一些整體優點：

- 模擬可以提高效能。
- 模擬可以建立原本不可能或罕見的情況。

但也有一些缺點：

- 通常只會有小程度的改善，大致為 0-10%。對此可能存在某些特定情況的例外，因此值得研究一下。
- 通常，模擬的保真度與現實世界的距離可能比最初出現時遠很多，例如，影片中看起來視覺效果良好的內容，可能在像素與像素之間存在巨大差異。
- 設置、維護和操作模擬通常成本高昂。

在考慮模擬時，有一些需要深思熟慮的事情：

- 到底在模擬什麼？是在模擬光線狀況嗎？相機角度？還是整個場景？

媒體特定

許多自動化方法適用於所有媒體類型。在這裡，我簡要介紹流行方法與特定媒體類型相關聯的一些重點，然後會介紹一些常見的特定領域方法，但不會涵蓋所有媒體類型。本節主要目的是讓您瞭解特定媒體與自動化類型之間的關係，並介紹一些特定於領域的類型。

哪些方法適用於哪些媒體？

正表 8-4 中所示，一般來說，這些方法中的大多數都可以完美組合在一起，當然，每種方法都需要一定程度的工作和理解。不需要全部使用，可以直接跳過其中許多內容，但還是擁有一個非常成功的專案。

✓表示方法通常會相符。所有方法都需要一定程度的設置，並且存在著例外情況和可能沒有發揮作用的情況。例如，對於影像而言，使用具有資料發掘的預標記方法定義，會比對於影片來說更好定義。我在這裡加入更多註腳，以便在需要時擴展其背後的理由，同時保持圖表易於閱讀。

表 8-4　每種技術常用的媒體格式

方法 / 資料類型	影片	影像	3D	文本	聲音
使用者介面最佳實務	✓	✓	✓	✓	✓
預標記	✓	✓	✓	✓	✓
互動式自動化	✓[a]	✓	✓	有時[b]	研究領域
品質保證自動化	研究領域	✓	✓	✓	✓
資料發掘	有時[c]	✓	研究領域		
擴增[d]	有時[e]	✓	研究領域	研究領域	✓
模擬和合成	✓	✓	✓[f]	研究領域	研究領域
特定於媒體的[g]	各種方式——檢查方法				
特定領域的特殊目的自動化，如幾何和多感測器方法	少數常用方法	有時	少數常用方法	少數常用方法	少數常用方法

[a] 可能需要更多設置工作。

[b] 有各種「即時」模型訓練概念，但通常更關注單一使用者。

[c] 如果該方法需要轉換為影像，則可能會阻礙使用特定於影片的自動化方法；可能的話，請考慮發掘片段，並保留影片形式，因為它可以提高相容性。

[d] 擴增方法通常依賴於特定領域。意見不一。

[e] 許多擴增方法側重於影像，因此可能無法應用事件偵測或其他類型的動作預測任務。

[f] 因為大多數模擬預設是 3D 的。

[g] 如物件追蹤（影片）、字典（文本）或自動邊界（影像）等。因為每種媒體類型的方法都是獨特的，所以在選擇特定方法時要仔細檢查。

考慮因素

僅因為您使用某種資料類型，例如影片，並不意味著某種自動化將對該案例有效，例如，您可能可以輕鬆地識別影片中的人，但識別其中特定的互動可能會更難。

所有工具都具有各種可以提高效能的 UI 概念，包括常見的功能，如快捷鍵、複製和貼上等，這些方法有時會與其他事物混淆，因此我將其視為一個單獨的類別。

特定於媒體的研究

需要牢記的重要事項是，某些方法也許對某些媒體類型來說已經算成熟，但對於其他媒體類型則可能幾乎沒有研究，甚至沒有直接的類比。不是每個人都能夠意識到這件事，因為他們可能只專注於某一種媒體類型，例如 NLP 或電腦視覺：

影片特定

如果您對事件偵測等動作感興趣，則不建議使用某些這些自動化。例如，您希望確切知道事件是發生在哪一圖框中，則物件追蹤可能會引起混淆：

- 物件追蹤：這裡的主要想法是查看資料本身，並在多個圖框中追蹤一個物件。有多種追蹤概念，許多只需要單一圖框，即可提供隨著時間推移的有效追蹤。
- 內插：這裡的想法是人類建立關鍵圖框，並填充關鍵圖框之間的資料，如圖 8-10 所示。

圖 8-10　內插範例

特定於多邊形和分割：自動邊界

我在第 3 章中談過使用自動邊界的方法，這裡想簡單提一下，使用像這樣的技術來貼近邊緣，儘管看似簡單，實際上是實用 UI 自動化的絕佳應用。

特定於文本（*NLP*）

GPT 的預標記、本章前面提過的啟發式方法，以及字典查找，是三種最常見的方法。

特定於領域

許多領域都有僅適用於該領域的特定方法。例如，說到現實世界的機器人技術，通常會涉及 3D 幾何，而這種類型的幾何通常不適用於所有數位 PDF。有許多特定於領域的選項可以實作得很好。例如，如果您有多個感測器，可以透過標記一個感測器，並使用已知幾何來估計到其他感測器，從而獲得「一箭雙雕」的效果。加入內插和物件追蹤可以加速影片處理，使用字典和啟發式方法可以幫助處理文本，我將在大方向上逐一介紹這些方法，以便您能夠自信地瞭解它們。

基於幾何的標記

在某些案例中，您可以使用場景、感測器等已知的幾何，使用基於幾何的轉換來自動建立一些標記。這種情況高度依賴於您資料的特定語境。

多感測器標記自動化：空間

這裡的主要想法，是使用數學投影根據感測器的物理位置，來假設某物在空間中的位置。例如，如果您有 6 個攝影機，則可以建構一個虛擬的 3D 場景，然後標記其中一個攝影機，再將其投影到其他 5 個攝影機，通常，這意味著將投影到 3D 再投影到 2D。請注意，這不需要 3D 導向的感測器，例如 LiDAR 或雷達；但是一般來說，如果有這種感測器存在，則會更容易。

在理論上的最佳情況下，您可以獲得類似 5：1 的回報。例如，對於每一個攝影機的標記，您可以得到其他 5 個視圖的標籤。請記住，您仍然需要審查並經常修正投影，因此實際上回報最多為 3：1，也要記住，這需要具有多個感測器、額外的元資料以及投影到 3D 的能力。

空間標記

這與多感測器標記類似，但更側重於具有大量以幾何為中心概念的情況，例如車道線。

基於啟發式的標記

通常情況下，啟發式標記集中在兩個主要領域：NLP 和字典。

- 基於字典的標記
- 使用者定義的啟發式方法

這是一個有爭議的領域。如果您已經編寫了一套完美的啟發式方法，為什麼還要訓練機器學習模型呢？主要問題是，啟發式方法定義得越明確，就越像是在其中寫程式和工作，基本上是在重新發明特徵工程。由於基於深度學習方法的要點之一是自動特徵工程，這本質上是弄巧成拙的；這並不是說基於啟發式的方法沒有優點，遠非如此。該領域有一些非常有趣的研究，特別是針對基於文字的應用程式。

總結

再怎樣，主題都脫不了「人類」，從進階資料發掘工具到建立特定的元資料查詢，人類審核始終占據中心位置。當考慮建立自動化品質保證流程和合理性檢查的方法，在進行互動式自動化以擴展人類思維時，一切都與人類知識有關。它發生在當人類透過預標記來查看現有預測，並為其增加價值時；也發生在當您作為人類來評估自動化的取捨和風險時。總是有一些東西需要自動化，並且總是需要更多的人來設置、控制、監控和維護步驟。

您已經學習了大量的實用知識，以便了解自動化的進階風險、常見方法的回報以及從媒體類型到領域的許多細節，已經有了相對全面的概述和詳細資訊，可以針對具體挑戰進一步研究。接下來，我將深入現實世界的案例研究，以幫助您整合迄今為止學到的所有概念。

總體而言，有許多高品質的方法可以大幅自動化您的訓練資料處理，實作自動化時也需要考慮一些限制和風險，我已進一步概述當今可以實際使用的最常見方法、預期結果、涉及的取捨以及協同工作的方式。對於最受歡迎的方法，您現在可以更深入地了解一些細節。

接下來，讓我們深入研究現實世界的案例。

第九章

案例研究和故事

引言

現在我要分享一些令人興奮的案例研究和故事，旨在提供從工程到標註品質保證的各種觀點，這些是來自大公司、各種規模的新創企業，以及以教育為中心的資料科學競賽故事。

您可能剛剛開始 AI 之旅，或者可能已經具備相關知識。無論您或團隊在 AI 之旅的哪個階段，這些案例研究都經過精心挑選，以提供價值和關鍵見解，每個案例研究都將幫助您瞭解其他人在現實世界中實作 AI 的方式。每項研究都會有所不同，有些研究比較詳細，有些則比較簡短。

有些研究會比較簡單，當然也有較為詳細和開放的故事，並從一開始就用大方向概念，來確定技術深度和場景視角的等級。在這些較為詳細的範例中，我將指出每個範例之間一些的細微差別，並且涵蓋您可以學習、融入組織中的經驗教訓。

最重要且反覆出現的主題之一，是現代訓練資料新穎的程度。想像一下，我們正處於編譯器日漸普遍的黎明時刻，編譯器會將高階程式碼轉換為機器碼，因此如果有人提出一種手動式優化程式碼的方法，[1] 對於能夠存取編譯器的新組織來說就沒什麼作用。

這種新鮮感帶來了許多挑戰。知識上常常存在差距。由於缺乏數量、相關性或保密性，可能很難獲得案例研究。本章會提供經過修改和匿名的新資源，但它們仍是基於真實故事，需要注意的是，由於這是一個快速發展的領域，因此完全可以預料的是，自案例發生以來一些細節可能會發生變化。

1 比如，無分支條件式（branchless conditional）

為了簡化，我使用了一個虛構的「X 公司」，以便在案例研究中能比較輕鬆地指稱，我會為每個研究更換 X 為其他字母。例如「Y」這個字母，將是該案例研究中受到關注的公司，每家公司的真實故事都不同，而這個作法就是在強調這一點。本章中的所有範例都是通用的，只反映產業等級的知識，並尊重機密性，與特定公司或環境的任何相似之處並非有意為之，而且／或者該作品屬於公共領域。

產業

所有這些產業中的故事和案例研究，都將有助於強化前幾章描述的人工智慧轉型概念，我將提供從高層組織角度到深度技術團隊層面的各式各樣觀點。

預覽將涵蓋：

- 一家採用訓練資料工具的安全新創公司
- 大規模自動駕駛專案的品質保證
- 大型科技公司的挑戰
- 保險科技新創公司的經驗教訓
- 四個簡要的額外故事

讓我們開始吧。

一家採用訓練資料工具的安全新創公司

這是一家大型安全新創公司的故事，它發現採用訓練資料平台會在幾乎所有團隊中產生好處。

標註者過去使用的是包含大量手動表單的內部解決方案。現在改用一種工具，將所有表單移到一個搜尋框中，透過能夠搜尋橫跨之前 5 個以上表單中的數千個屬性，並且透過在可能情況下的預載入資料，而明顯提高標註的速度，內部基準測試顯示，每個標註的時間從幾分鐘縮短到幾秒鐘。顯而易見的普遍結論是，配置良好或客製化的工具可以有效減少工作時間。

另一個變化是取代手動檔案傳輸過程。在此之前有一個笨拙的手動檔案傳輸過程，代表在地理上分散的團隊通常擁有多個資料副本，並且存在許多漏洞的安全控制。藉由轉移到單一標準化訓練資料的系統，所有安全控制都集中到一個地方，這也有助於降低資料傳輸成本，因為物件是透過參照來記錄的，而非實體移動；這有點像是從使用人工來運輸黃金，轉向現代的銀行業。

資料科學家可能受益最大。在此之前，兩個不同的團隊將例如帶有定界框的標籤和屬性，視為兩個不同的事物，而讓人混淆。藉由轉向訓練資料系統，他們能夠將自己的綱要合而為一。此外，現在也可以直接從系統查詢資料，甚至在資料集已經準備好審查或有所進展時收到通知。

最後，透過開始「系統化」一切，他們能夠打開產品的全新方向，去除許多個人身分資訊和標註方面的顧慮。

總之，採用標準訓練資料系統的好處包括：

- 改善安全性，從 A 到 B、C、D，再只到有一個符合 PII 的地點。此外，由於所有資料都可以靜態地保存在一個位置，因此也降低了資料傳輸成本。
- 現在，資料科學使用完全相同的綱要，而不是在 3 個不同的團隊之間有 3 個不同副本，這導致更快的模型產生。標註速度從無法接受的時間轉變為幾秒鐘，現在還可以進行「全新」的標註形式。
- 建立全新產品線。

儘管這可能看起來「太簡單」或過於簡化，但是一個真實發生的案例，帶動改變的，主要來自於決定使用一個標準的現成系統，並推動由核心變革的代理人團隊，來實作和傳播這項改革的政治資本。這是典型的正面人工智慧轉型案例。

大規模自動駕駛專案的品質保證

這個研究聚焦於標註品質保證（QA）的經驗教訓，此案例的觀察將專注於實際 QA 標註方面，並將更具體地關注標註方面。虛構的「X 自駕公司」經常不得不因混淆而更改綱要標籤。以下是從該過程中學到的一些 QA 經驗教訓。

整體主題是未能更新綱要。該團隊不斷擴展指令，並執行讓綱要惡化的更改，而不是全面擴展綱要，以滿足建模和原始資料的最低需求。

難以應對的綱要應該擴展，而非縮小

由於模型難以辨別「帶拖車的卡車」和「大型車輛」，因此修訂綱要，團隊最終決定不使用「拖車」類別，而將它們全部標記為「大型車輛」；這一標籤還包括其他幾種車輛，包括休旅車、半掛車和廂式貨車。這種回歸到更通用標籤的作法雖然有助於標註工作，但也使模型效能大幅下降，在這種情況下，「縮小」綱要是第二好的方法，最好的方法是仍然將某些類似「車輛」的東西標記為「車輛」，然後指定「尺寸」和「附掛」作為屬性，「附掛」部分可以包含「不清楚」的類別，這樣就可以知道車輛的真實狀

態。要謹記的是，可以在機器學習訓練期間聚合標籤和屬性，例如，資料科學可能會將「卡車」和「大型車輛」放入單一類別中，作為機器學習訓練的預處理步驟。

不要用特定於領域的假設，來證明顯然有問題的綱要

在 X 公司，被拖曳的小型物件會標記為拖曳它的物件，例如，由大型車輛牽引的發電機，將貼上「大型車輛」標籤；方法是讓 QA 團隊澄清「小」和「大」的定義。由於它們的使用案例與半卡車相關，因此（半噸的）皮卡車會違反直覺地視為小型車輛。我的看法是，這就是一個糟糕的綱要，該綱要對於人類標註者來說應該很清晰，並且專家術語應該留給主題專家就好，這意味著最好使用「車輛」之類的標籤，然後添加屬性類型，如皮卡車、貨車等。必須向每個人澄清，「大型」是用於所謂特定於使用案例的意義，即相對於半卡車較大，會留下太多錯誤空間。

追蹤每張影像的空間品質和錯誤

為了管理品質，而追蹤預期的錯誤數以及正常範圍，如表 9-1 所示。

表 9-1　影像上常見像素的正常範圍和標註錯誤（在以影像作為媒體形式的情況下）

預期錯誤數	正常範圍和備註
每張影像上的錯誤像素數	• 就像素而言，可能多達 1,000 個像素。 • 一般而言，目標為 200 或更少，但通常會出現超過 800 像素的錯誤。 • 需要設置準確度閾值。例如，有時 QA 會嘗試修復一條線上的單一像素，但這並不是有效利用時間的方法。
每張影像上的錯誤標註數	• 通常預期每張影像不超過 0.02 個錯誤。 • 每張影像中的 0.1 個錯誤會引起嚴重警報。 • 實際上，這意味著對於每 50 張影像，其中可能有超過 500 個實例，應該只會有 1 個錯誤。 請注意，會為此設置高於特定像素值的閾值。因此舉例來說，可能仍然需要小於 50 個像素或 50% 變化的「修正」，以較大者為準；但就該度量而言，這不計為「錯誤」。

供應商的品質水準從 47% 到 98% 不等，具體取決於標籤。一般來說，隨著顧客的更加努力，其自我審核率可以達到 98% 以上。總體而言，超過 98% 幾乎必定是落在會有不同意見或是猜測的範疇，並且超出從影像中實際可以決定的範圍。

通常，資料量和錯誤之間存在關係，一般情況下，資料量越高，相對錯誤越低。從理論上講，這可能是因為標註者對資料更加熟悉，並自我修正。

我有兩個主要的觀點：

- 令人訝異的是，至少對我來說，使用這種方法來追蹤品質是可能的。
- 就空間相關工作而言，98% 或以上是「完美」的。

車道線的綱要需要代表現實世界。X 公司經常遇到車道線問題。雖然影像無法重現，但從視覺上看，我認為部分問題在於車道線非常不明確。例如，車道線出現時帶有一點黑色線條（而非白色）、有塗漆的線條，以及存在油漆「鬼影」但沒有實際油漆的線條。我的看法是，在這種情況下，綱要與原始資料沒有好好對齊。要迭代出一些常見的情況並不難，但相反地，他們會責怪標註團隊，而非修復綱要。

迴歸和有針對性的努力並不總是能解決特定問題

繼續車道線的例子，他們發現有針對性的注意並不會自動解決問題。例如，在每週回顧中，他們會凸顯問題區域，而該問題可能在下一週變得更加嚴重。

為了凸顯例如車道線的錯誤，他們使用一種比較格式，會複製影像，並在第二張影像上顯示修復內容。這方法效果還不錯，但錯誤的程度很難理解，因為縮放 / 裁剪率是可變的，這意味著有時錯誤看起來很小，但實際上並不是，反之亦然。包含某種迷你地圖或縮放百分比可能有助於緩解這一問題。

過於關注複雜的指令而不是修復綱要

這個專案中反覆出現的主題是未能修復綱要，而是試圖透過越來越具體、複雜和令人困惑的指令來解決問題，如表 9-2 所示。

表 9-2 隨時間變化的標籤說明對比與作者評論

初始指令	問題	第二個指令	作者的評論
「不要標記褪色的車道線。」	模型對具有褪色車道線的影像感到困惑。	「無論如何都標記所有車道線。」	標記所有的線，並在褪色的線上放置一個「褪色」的屬性。如果需要，降低總體體積以確保達到關鍵的品質閾值。
「即使看不到也要標記所有側護板。」	模型過於預測側護板。	「只標記能看到的。」	只標記您能看到通常是最好的預設起點。
從「植被」中標記出草地和雜草等不同的植物	標註者容易混淆「植被」與草地和雜草等植物的形式。	未提及。	要搞清楚聚合定義、和特定東西為何。反過來，以「植被」為頂級標籤，以「草地、雜草」為屬性。

他們還遇到可行駛的道路表面與背景不同的問題，例如，可以看見但無法從目前位置使用的道路。同樣地，在概念上這並不很難理解；即使簡單地看，也可以是兩個不同的事物，但他們沒有改變綱要，而是不斷擴大指令集，讓它實際上變成一個數百頁的 Wiki，這真的很瘋狂！沒錯，好的指令很重要，但比不上擁有良好的綱要。一定要嘗試修正綱要中的問題，而不是更改指令，一個類比是「修正網站上的表單，而不是添加更多有關使用該表單方式的指令。」

嘗試在細微的特定於領域案例中達到「完美」時的取捨

其中一個主題是在想要達成高品質的同時，又不希望花費太多時間進行相對較小的修正。有一次，他們設置成如果所使用的縮放倍數大於 4 倍時，就不應修正。

他們未能將純粹可觀察的資訊，和人類以概念式添加的事物區分開來。例如，一個人可能會猜測在路邊有一個郵箱或「x」物品，因此將其標記為郵箱；但在不考慮語境的情況下，可觀察影像會顯示那只是一個看不到任何東西的黑暗區域。

另一個爭議處是，有時「在視覺上您能看到的內容」，會認為要包含幾乎完整的駕駛體驗，連對當地法律瞭解也不例外。譬如說，為了確定是一條道路還是路肩，有時必須知道線的顏色和類型的意義，以及在道路表面大於合理範圍，且其中一部分認定為路肩的情況下，道路的預期寬度為何。

尤其是在細微的情況下，很難確定一個固定的解決方案，因為在許多情況下它們似乎具隨意性。一般來說，似乎很難以合理的品質管理成本達到高準確度，尤其是在邊界和細微的情況下。以下會更仔細看看這些細微情況的例子。

理解細微的情況

在存在遮蔽的情況下，具有連續的標籤會認為是可以的（覆蓋掉視覺證據要求）。然而，訣竅在於每個範圍都必須包含已知資訊，例如，一條從左側開始可見的車道、一輛卡車擋住、然後再次可見，這樣是可以的；但只看得到起點或終點的車道，則會認定為不可以。

區分容易混淆的事物之間造成很多問題；以下是兩個範例：

- 「有鋪砌」與「未鋪砌」。這聽起來更為含糊，例如，石頭路是否可視為「有鋪砌」？車道是位於白色實線路面或路肩的右側嗎？例如在加州，許多情況下這個問題的答案是不明確的，例如雙轉彎車道。

- 「地形」（terrain）與「路肩」的區別多重定義且定義不清。例如，許多道路的路肩本質上也是地形，因此該術語可多重定義。與其他標籤相交的護欄部分也面臨類似問題，例如，護欄插入地面的那幾個像素，標記為「護欄」或「護欄基座」可能會更理想，因為您無法在不撞到護欄的情形下進入那個空間！

追蹤「逐像素」錯誤的價值似乎很有疑義，因為它與類別高度相關，例如，地形具有比欄杆多 100 倍的像素。似乎只有在限定於相同類別時，該方法才有用。

按類別來堆疊排名錯誤，確實能凸顯最常見的錯誤，但實際價值似乎仍然有限。

從錯誤中學習

此處將總結一些錯誤，並試著提出更好的方法。

妥善定義遮擋。一般而言，遮擋的定義不夠清晰，例如，一個透明的圍欄應該稱為底層類別，更好的選擇是擁有兩個標籤。常常讓人困惑的事情是，人們認為對於給定的空間「槽位」（slot）只能有一個標籤，這是不對的，您可以有重疊的標籤，只需要指定遮擋或 Z 軸順序；這反過來可以由 ML 系統預測。所以在這種情況下，應該有一個標籤「圍欄」，它還可以帶有「前景」或「最為可見」的屬性；然後有第二個標註「道路」，其中包含「背景」的屬性。

擴展綱要。使用過於廣泛的類別定義。例如，卡車上裝載的 RV 是否是「大型車輛」？通常情況下是的，但不適用於他們的特定於領域，如半掛車大小區域。

更好的辦法是擁有一套更多樣化的標註類別，例如使用標籤和屬性，允許標註者盡可能精確地標註，然後將這些標註與您想要訓練的任何標籤建立關聯。因此，標註者應該一樣標註「RV」就好，然後系統可以將其映射到「大型車輛」，如果這就是您想要訓練的方式。試圖用指令修正過於廣泛的類別，就像是把方塊硬塞進圓孔。

記住空案例。「視野範圍之外的事物」很難標註，這是很普遍的主題。那個在攝影機的極端邊緣的灰色和綠色模糊區域是植被還是建築物？我不知道。一般來說，似乎缺少「未知」或「空」類別。

另一個例子是背景中的綠色山丘和「植被類別」的區別。綠色山丘通常會視為植被，但根據要求，因為它們超出視覺明顯範圍的知識而位於較遠處，應將這些山丘標記為背景。

忽略語言障礙的假設。請記住，標註者可能不是英語的母語使用者，因此像是「虛線」與「點線」這樣的區別，可能會因翻譯或缺乏背景知識而模糊不清。另外，根據我看到的大多數影像，在使用的解析度下，「虛線」和「點線」是模棱兩可的，因此人們可能會有不同的解釋，這意味著這可能是一個不好的類別名稱。雖然當地或內部的專業人士可能不存在英語語言障礙，但專業知識和特定於領域的術語本身就會形成一種語言障礙，因此這個問題仍然存在。

不要過分關注空間資訊。有時，會過於關注某些類別類型的空間位置。例如，對於一個廣告牌，即非法律規定的道路標誌，他們會期望支撐柱與「標誌」本身有不同的標註。我不確定這對機器學習模型來說是否為必需的，但這很可能會使每個標誌的標註時間增加 10 倍，且使品質保證更加困難。我個人認為，這也會讓模型的預測變得更加困難，因為它本來可以是一個定界框問題，卻不必要地變成了一個分割問題。

大型科技公司的挑戰

這項研究是從高處俯瞰，探討訓練資料對於整個組織的廣泛影響。假設有一家名為「Y 公司」的虛構公司，是消費電子產品的領先製造商，並擁有一個龐大的 AI 組織。

Y 公司擁有許多才華橫溢的人才，但其訓練資料的生產相較於競爭對手落後，儘管在許多其他領域都是最好的，但他們的 AI 產品與這一領域的其他產品相比並不具競爭力。他們已決定做出些改變以修正其組織結構，雖然這些改變的結果尚未顯現，但我認為促成這些改變的原因，和想改變的願望，凸顯一些重要的訓練資料教訓。

為了設置背景，Y 公司遵循將整體問題分解為多個子問題，並由各個小團隊專注於特定領域的教科書式範例。例如，有資料工程（基礎設施）團隊、標註團隊和資料科學團隊等。

以下來仔細看看他們的結構和遇到的一些挑戰。

兩個標註軟體團隊

因為領域的廣泛性，Y 公司設有兩個不同的標註軟體團隊。

各別負責整個端到端標註過程，包括軟體工具，一個團隊負責某些介面類型，如影像；另一個團隊則負責不同類型，如音訊。各團隊的責任如表 9-3 所示。

表 9-3　兩個標註軟體團隊執行相似任務

團隊一	團隊二	是否重疊？
音訊介面	影像介面	否
匯入／匯出	匯入／匯出	是
儲存抽象化	儲存抽象化	是
人類工作流程	人類工作流程	是
自動化	自動化	是
第三方整合	第三方整合	是
排程，一般運算	排程，一般運算	是
使用者管理，整體管理	使用者管理，整體管理	是
硬體基礎設施	硬體基礎設施	是
更多……	更多……	是

看出差異了嗎？

他們意識到這些團隊正在做非常相似的工作，只有表面層次的使用者介面不同。顯然，讓多個軟體團隊做基本上相同的事情，不是最好的選擇，想想那 95% 以上的重疊。經過許多努力後，他們開始一個多年期專案以合併這些系統。

但等等，您可能會說，這樣做必定有合理的理由吧？音訊的整合必定不同於影像吧？這個論點在整體系統設計的語境中，是將水果與水果車混為一談了。

整體的資料匯入系統，以及圍繞標籤、屬性、儲存介面卡等共享原則的大方向整合概念，就是水果車；自然會有不同格式的特定資料類型，就像是水果的類型。您只要設置一個路線、一個駕駛員，這樣一次就可以運送不同類型的水果。

轉到使用現成系統的情境，對於一個非常大的設置來說，聚焦於音訊實例的硬體配置可能與聚焦於影像的實例不同。但那是一個配置細節，而不是每個團隊對硬體做出完全獨立的新設計決策。

長格式（long-form）媒體類型，如影片或 3D，以及某些更簡單的影像類型，對於人類任務確實存在一些實際差異。但這回到了使用者介面客製化和相對較小的改變，任務管理、使用者管理等的核心原則仍然保持不變。

再次強調，回過頭來看，這似乎很明顯，但如果專案一開始就是以資料科學的「快速完成」命令啟動，並且明顯地只定義了狹窄的資料類型、標籤或使用者量等，這些問題就相對容易忽視。

混淆媒體類型

簡單來說，擁有兩個相似的平台很昂貴。

由於這在事後看來似乎非常明顯，我將解釋這在 Y 公司發生的事。主要是 UI 關注點與平台需求之間的混淆所致。

當這些專案啟動時，很少會將標註介面（即 UI）視為一個平台（*platform*）。人們對面對終端使用者的介面，如影像、音訊等過於專注，而忘記背後的大量工作。

這裡的明確緩解步驟是首先考慮訓練資料平台，其次考慮它所使用的特定介面。目前的趨勢是平台會支援所有流行的介面，所以如果您正在購買現成的平台，這可能已經解決了。

為什麼平台概念會起作用？因為，正如我所展示的，所有媒體類型都有類似的基礎挑戰。無論是影像、影片還是其他東西，都需要資料匯入、儲存、人類工作流程、標註介面、自動化、整合、與訓練的連接等等。特定於媒體類型的介面是標註介面領域的子問題。

不可查詢

Y 公司有專門的團隊負責流程的不同層面。

不幸的是，在這種情況下，不同的層面定義來自資料科學步驟，而沒有考慮到訓練資料的中心地位。

這對資料科學來說很為難，因為許多關於物件的元資料在查詢時無法存取。本質上，這意味著它們必須查詢每個物件、獲取並檢查，以便建構資料集，如圖 9-1 所示。

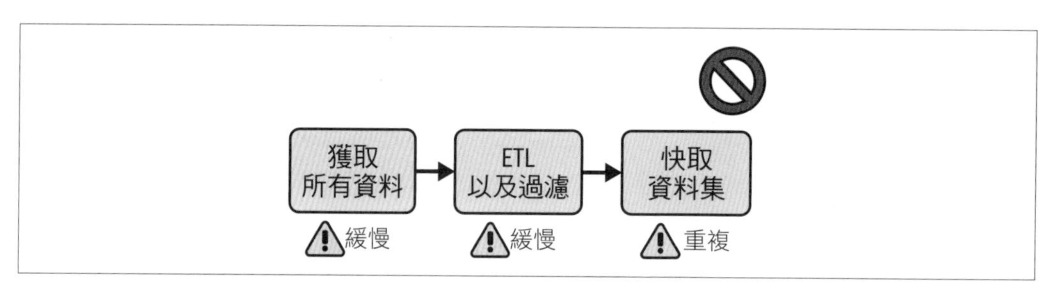

圖 9-1　Y 公司緩慢且容易出錯的 ETL 過程

從實際的角度來看，這有幾個重要的影響：

- 大多數由匯入團隊設計的安全控制通常會輕易遭破壞。原本應該在幾年後刪除的資料，會以資料集的名義在資料科學團隊中保存更長的時間。
- 想像有數千萬至數億條紀錄，在這個規模下，不可能快速更新，這意味著他們可能需要提取和儲存一百萬條紀錄，以便獲得其中想要的幾千條。
- 這對儲存團隊造成巨大的突發負載問題，因為他們預計要支援絕對龐大的即時存取需求，想像小於一萬每秒查詢數（QPS）且超過 500 種模式。

雖然某種程度上的「載入提取和轉換」（loading extract and transform），或者這些概念的各種順序排列都是標準作業，但在 Y 公司的案例中，這已過度且沒有清晰的附加價值。更好的方法是讓預測和原始媒體資料更直接地轉移到一個已知格式，並從共享的已知格式和邏輯，甚至是實體位置中提取和查詢。

針對標註和原始媒體有不同團隊

為了實際獲得原始資料，資料科學團隊需要與兩個不同的團隊溝通。首先，他們需要從標註團隊獲得標註資料，然後通常需要單獨從儲存團隊獲得原始媒體，這不可避免地導致諸如合併紀錄或互相推諉的問題。他們可能擁有標註的 ID，但沒有原始資料，反之亦然。刪除是另一個大問題，一個紀錄可能在一個系統中遭到刪除，但仍然存在於另一個系統中。

這意味著圖 9-1 中顯示的過程有時會進一步複製，或者必須建立額外的過程來作為兩者之間的中介或合併它們，如圖 9-2 所示。這也導致了反向的問題，例如，訓練資料團隊需要相關聯並載入預測，然後將它們與原始媒體合併。

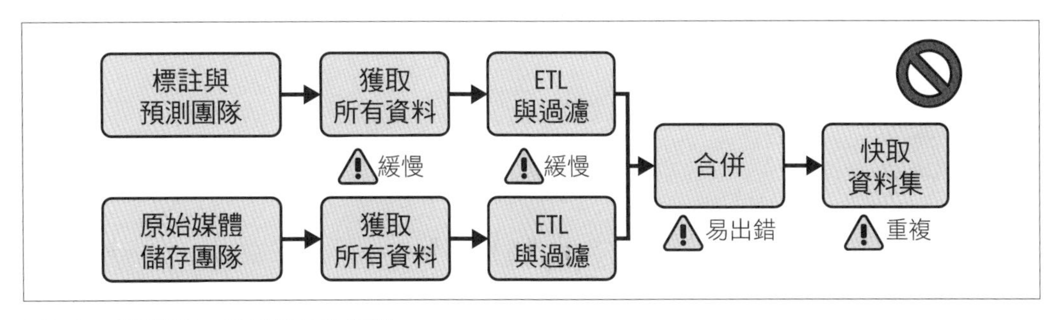

圖 9-2　多團隊進一步加劇 ETL 過程

造成這樣問題的部分原因是沒有清晰的上游，沒有明確的資料流也沒有明確的生產者和消費者。

這導致了主要問題，在 Y 公司基本上都尚未解決：

- 資料科學被迫「貪婪地」提取資料，以確保它們實際上能夠獲得資料。基本上，它們不「信任」上游系統，因此經常快取資料。平心而論，對於原始儲存團隊來說，它們並沒有做錯什麼，只是不能控制標註過程。這是一個組織上的錯誤，沒有單一團隊可以獨自解決。
- 標註（團隊）必須使用儲存區作為存取資料的不必要代理，它們通常也會快取資料。

向紀錄系統前進

很明顯，人們希望轉向更統一的方法，即單一紀錄系統。

例如，訓練資料團隊可以直接存取儲存層，而不是不必要的代理。在案例研究時，Y 公司正在評估此訓練資料的資料庫作為紀錄系統，關鍵概念可見圖 9-3。

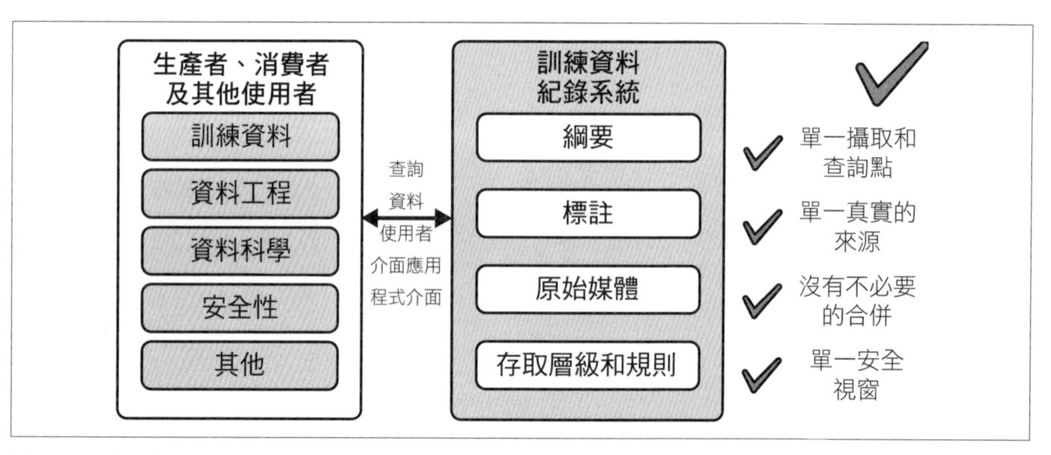

圖 9-3 訓練資料紀錄系統的使用者和目標

標註和原始媒體處於共享狀態。這意味著，當擷取資料，例如生產級預測時，該表達法會以與標註團隊相同的方式框定。以原始儲存方式保存的紀錄，將直接由標註存取。

這同時也改變了報告關係。概念上，現在可以有一個由訓練資料來生產，和資料科學來消費的流程。實際上，這並不意味著有一條從訓練資料通向資料科學的龐大資料管道，更應該將其視為一種通知。資料科學可以追蹤訓練資料生產的活動，但當它們拉取資料時，其來源與標註所寫入的來源相同。

要理解訓練資料成為這些系統重心的原因，請考慮以下規格：

- 資料科學必須持續匯出資料以便使用。
- 格式、隱私規則、資料和組織常常變化，有時每小時或每天改變。
- 資料科學消費訓練資料，並產生由訓練資料所消費的預測。

忽略整體情境

儘管 Y 公司有許多奇特的特定事物作為頂層的「命名概念」，但訓練資料在過去並非其中之一。這種混淆是問題的核心；沒有一個關於訓練資料的整體概念，每個團隊都在進行自己的資料處理流程時，都沒有「大局觀」。當訓練資料成為一個明確的概念時，擁有此概念的紀錄系統這種樣式就變得更加明顯。這將原本一團糟的情況，轉變為先前顯示的圖 9-3 情形。

這也有助於建立明確的流程，例如從輸入到訓練資料的生產者，再到資料科學的消費者。對於本書細心的讀者來說，一個需要考慮的關鍵點是，雖然從概念上來看，訓練資料是生產者而資料科學是消費者，但在大型組織中，還有許多其他的流程和迴圈需要考慮。例如，資料工程可能會有生產預測，這些預測又會回饋到訓練資料中。安全團隊可能希望對資料有一個「單一窗口」。所有這些都相對直觀，只要有一個單一的紀錄系統。

解決方案

解決方案包含兩個階段：

1. 看到大局，認識訓練資料的思維方式，並觀察多個團隊之間的重疊。
2. 朝著紀錄系統的方向前進，以對齊多個團隊。

雖然新方向仍在進行中，但公司預期這項變革將產生重大影響：

- 現在有了單一真實來源，包括資料輸入和查詢點：資料科學團隊可以存取資料的最新版本。資料科學團隊需要查詢資料、形成命名資料集或建立不可變版本等事項，都需要優先考慮。這減少試圖爭取資料所必須承受的痛苦額外負擔，將其轉變為一個順暢的流程。這裡的一個類比就像是查詢資料庫，而不是必須以 FTP 傳輸，然後再重構。
- 不再需要不必要的合併：資料在輸入時就會捕獲，從一開始就支援標註，這意味著對標註的需要再次成為優先考量點，這消除了標註團隊需要建立自己方法的需求。要說清楚的是，仍然可以有一組人員在處理實際的介面，但他們使用的是由訓練資料系統定義的存取方法，而不是在系統建立自己的次要資料輸入流程。

這也創造了更線性的報告關係。如果需要新的資料生產，可以清楚地定義和推理它，而不是必須在三個或更多些微對立的團隊之間進行含糊的協調。

解釋一下迴圈

這樣並不會減損預標記（或其他互動）、迭代改進等作業，可以想像生產者與消費者之間，或是輸入與輸出之間存在一個迴圈，可能更有幫助。前述的圖表是「展開」的，以清晰顯示關鍵的關係。

在迴圈中的人類

有時資料需要即時或以其他方式由人類評分，這點會造成混淆。在真正需要這樣做的情況下，要假設資料科學或資料工程團隊已經意識到這一點，並且在某種程度上仍然必須透過他們。例如，僅因為一名人類標註者監督一個資料點，並不意味著該確切的輸出就會是終端使用者所看到的，通常還需要執行其他一些過程來轉換該輸出。例如，標註者可能會修正一個標籤，但最終產品並不會展示標籤，而是展示彙總統計或警報等。可能有從標註直接進行技術整合的情況，但前述圖表更體現了人類組織的精神。

這裡的最終影響是資料重複性很高。我的觀點是，部分問題是未將訓練資料定義為一個明確的概念。相反地，Y 公司過於狹隘地專注於利益相關者的目標，而沒有考慮到公司更廣泛的背景。

圍繞訓練資料調整團隊的案例

我們在這個案例研究中涉及很多內容，來回顧一下我們的發現。一家科技公司為流程的不同層級設有專門團隊，例如「攝取」團隊，這意味著公司內的不同團隊經常會將其視為不可靠的來源，並為自己的使用囤積資料，這也意味著經常要規避攝取團隊設計的大多數安全控制措施。原本應在幾年內刪除的資料會在資料科學團隊的資料集下存留更長時間，現在有一種想要開始朝著更統一方法前進的傾向，也就是由同一系統來管理資料集的組織和匯入識別。

一個粗略的類比是關於微服務（microservice）的陳腔濫調，其中三個不同的團隊都有 300 毫秒的速度目標要達成，但是當顧客實際使用時，服務需要相互通訊許多次，這意味著系統的實際輸入 / 輸出變成 5 至 10 秒或更長。[2] 訓練資料也發生類似情況，每個團隊都提供與其他團隊目標關聯不大的服務目標，例如，資料科學會關心資料集等級的存取和查詢。但如果資料是由匯入團隊以不可查詢的方式提供的，則資料科學必須首先獲取所有資料。請記住，在這個規模上，談論的可是數百個節點，所以這是一項重大的運算。

從這件事中可以汲取幾個教訓。其中之一是，過於獨立地對待每一層的堆疊，比將其視為單一的端到端過程還要糟糕。

這裡的主要教訓是將訓練資料視為一個一級的命名概念，然後再依靠訓練資料該擁有一個紀錄系統這樣的常規概念。該公司正在這樣做，已經合併兩個團隊，並持續推動對聚焦於訓練資料概念來說，擁有一個由多個團隊使用的紀錄系統方向前進。

保險科技新創公司的教訓

這個故事講述的是訓練資料對一家小型新創公司造成的影響。

一家著名的保險科技新創公司使用事故照片來改善自動化理賠流程，我與該團隊的首席工程師商討這次失敗，主要結論如下。

生產資料會與訓練資料匹配嗎？

首先也是最重要的一點，保險理賠師還沒準備好採用人工智慧。這立即帶來了技術上的影響，他們會拍攝「糟糕的照片」。雖然一些訓練是使用高解析度的照片，有些情況下是環繞著影片，但他們在生產中必須使用的照片品質要低得多。

2 例如，輸入→ A → B → A → C → B →輸出

不幸的是，在最初的生產嘗試失敗後，就沒有足夠的政治信譽來投入更多努力。如果在宣布系統準備好投入生產之前，對預期的生產照片有更深入的了解，或許可以避免這一切。

使用更經典的系統來類比，生產資料的可用性需要在系統的最初架構階段考慮。如果您將其留到使用者接受階段，將會有大麻煩；這不是您可以在最後一刻修正的幾個 UI 頁面，這是系統的核心。

主要教訓是要確保生產資料與訓練資料相匹配。

太晚才引入訓練資料軟體

首席工程師多年來一直在推動使用商業訓練資料軟體，但高層主管忽視他的努力，因為當時的焦點在他們新穎的資料擴增方法上。

專案進行大約兩年後，當擴增方法很顯然地沒有奏效時，執行長重新審視這個問題，並提出新的指導方針，要求調查訓練資料軟體。但此時為時已晚，不過教訓卻很清楚：在專案初期就應該導入訓練資料軟體。許多新創公司試圖跳過標註來「戰勝」系統，但據我所知，尚未有一家成功。

故事

以下是 4 個關於真實應用中訓練資料的簡短故事。雖然不是完整的案例研究，但也提供了有趣且有用的軼事，以幫助您規劃工作，包括：

- 「靜態綱要阻礙了自駕車公司的創新」
- 「新創公司未改變綱要而浪費了努力」
- 「事故預防新創公司錯過以資料為中心的方法」
- 「運動新創公司成功使用預標記」

「靜態綱要阻礙了自駕車公司的創新」

這個故事講述一家大型自駕車公司，以及缺乏對訓練資料認識所造成的影響。一家著名的自駕車公司使用靜態標籤。像是「汽車」或「灌木叢」對系統來說是一個靜態概念，這意味著每當他們想要新增一個標籤時，都需要很多努力。

相比之下，另一家公司對標籤採取更以資料為中心的方法，允許更順暢地導入例如「偵測插隊」（Cut-off Detection），即一位駕駛在行駛中，有另一位駕駛「超車」這樣的概念。雖然這當然是一個很複雜的問題，但使用靜態命名概念的汽車製造商錯過許多上市期限，而採用更靈活標籤方法的公司今天已經有車輛上路。從中學到的教訓是：建立思維模型、工具和流程，以便能夠靈活地使用您的訓練資料。根據情況需要來探索和更改標籤綱要，一個靈活且不斷發展的綱要，是任何現代訓練資料專案的必需品。

要更理解這個問題的一個關鍵障礙是，由於組織結構的運作方式，訓練資料團隊僅專注於基礎架構，並受制於其他團隊對其產品的定義，包括像「汽車」這樣具體預定義的綱要名稱。

當時，其他團隊的需求圍繞著有效率地將資料提供給訓練系統的方法，而不是與他們合作制定靈活和動態的綱要。這種跨團隊對訓練資料的認識和討論不足，會導致模型預測的靈活性不足，技術也更廣泛地停滯不前。

這是一個經典的例子，說明在日常工作中過於忙碌時無法嘗試新事物，如圖 9-4 所示。這很有提醒效果，告訴我們即使目前的想法和解決方案看起來似乎可以運作，也不要過於執著於此。相反地，最好擁有以訓練資料優先的思維方式。

圖 9-4　卡通影像展示過於專注於日常工作而非創新

「新創公司未改變綱要而浪費了努力」

這個故事是一家公司保持大約兩年相同的相當簡單綱要，主要是頂層標籤。每天，10 多名標註者都會勤勉地從頭開始標註新的例子，大部分時間甚至沒有預標記。他們沒有真正的基準，而無法意識到這樣有多糟！如果模型在幾個月的標註例子後，仍然無法偵測到某些東西，則再多一百萬個例子可能也無濟於事。

仔細檢視他們的資料後，很明顯地可以看出來，他們在不同影像中所標註的物體 X 看起來完全不同，這表示他們實際上是在混淆模型，而不是幫助它。我們透過增加數十個新的屬性群組來改善情況，幫助他們專注於模型表現。

「事故預防新創公司錯過以資料為中心的方法」

這個故事關注一家中型新創公司的影響力，它付出努力，想從原本生產預防事故的行車紀錄器公司進一步成長，該公司曾經「昂首高飛」，但後來停滯不前。

該公司沒有採用以資料為中心的方法，公司的標註者很少，而工程師團隊相對龐大，這表示他們將很多努力投入到解決問題的傳統「工程」方法中，而這些問題如果有一些標註就能輕易解決；因為他們支付給工程師的薪水，大約是標註者的 20 倍以上，這尤其是個問題，看起來就像是缺乏對訓練資料思維的認識。

關於工具，公司收購另一家擁有自家開發的標註工具小型新創公司為副業。可以想像，這不是多強大的工具，但他們對它充滿信心，不願意更換為更現代工具。這個差距似乎來自於對訓練資料的大局，和訓練資料系統紀錄跨功能重要性的缺乏理解。

在使用案例上，他們過於專注於標註方法的類型，例如影像分割，而非使用案例。他們有充足機會，藉由向現有定界框添加更深層次的屬性，來擴展現有使用案例，但因為過於關注空間偵測的問題，而錯失了這個機會。

總體來說，公司目前的發展藍圖缺乏內部熱情，產品創新的缺乏是其中的一部分。考慮到他們的產品極度依賴影像使用案例，如從前方道路到駕駛員監控等，沒有深入採用訓練資料的方法很明顯會錯失機會。

這告訴我們幾件事：

- 如果您的工程團隊與標註者的比例過高，不是件好事，這代表您可能沒有使用以資料為中心的方法。
- 自行開發訓練資料工具通常不是最佳選擇；應該從開源工具開始，並在此基礎上建構，最好理想地回饋一些貢獻。
- 使用表 7-5 中的使用案例標準，來更理解和界定使用案例。

「運動新創公司成功使用預標記」

一家運動資料分析公司成功地利用預標記的影片資料，有效地將方框繪製時間基本上降低到接近於 0，這樣標註者就可以將時間用於直接為應用程式增加價值的屬性上。這項努力在時間上是以年計算的。

我舉這個簡短故事為例，是為了指出使用自動化有可能取得成功。此外，隨著時間的推移，大部分的努力都花在了標註和序列 / 事件預測上，而不是空間位置。

訓練資料的學術方法

之前的所有研究和故事都來自產業界，最後想以談論一個名為 Kaggle TSA 競賽的學術挑戰來結束本章。

Kaggle TSA 競賽

2017 年，一個資料科學競賽平台 Kaggle，舉辦有史以來規模最大的全球競賽：獎金 150 萬美元，共有 518 隊來自世界頂尖智慧的團隊參賽。我也參與這次比賽，所以可以從參與者的角度來分享。直到今天，這仍然是吸引最多關注的一場競賽之一。

官方主題是「提高美國國土安全部威脅識別演算法的準確度」，技術概念是在機場安檢中，以 3D 毫米波掃描儀的資料偵測威脅，如圖 9-5 所示，資料以每次掃描 64 張影像的預處理切片提供，這意味著一般來說，大多數人會將其視為普通的 RGB 影像。主要目標是當給定一組新的掃描資料時，能夠非常精確地偵測出威脅的存在及其位置，預測目標包括定位到 17 個位置區域中的 1 個。然而，這些區域是抽象的，並不反映任何現有的空間訓練資料。

下次在機場時，如果您看一下這些掃描器旁的顯示器，可能會看到它大多是空的，只有一個通用的「OK」，或者在一個通用人體模型上的一個方框。在這種情況下，「OK」表示有非常高的信心，指出沒有任何東西存在。特定位置上的方框意味著「可能沒有什麼，但還不夠確信到無需進一步檢查」。大多數人都會得到通過允許，達成這個目標意味著需要非常可靠的演算法，具有非常低的偽陽性或偽陰性率，以提高處理效率以及乘客體驗。

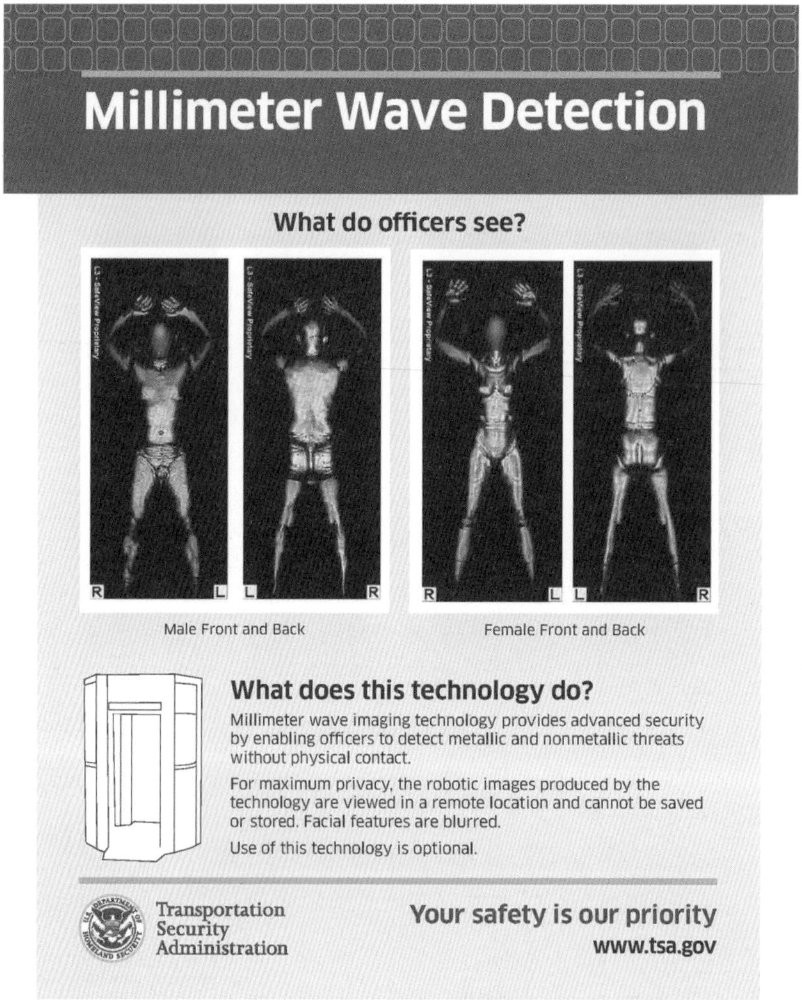

圖 9-5　毫米波偵測的概念性概述，和來自公共領域的範例影像；該影像屬美國公有領域（*https://oreil.ly/B91iH*））

關鍵在於訓練資料

訓練資料才是關鍵所在，每一種頂尖的方法都圍繞著它，獲勝的策略主要是圍繞資料擴增，許多排名靠前的方法使用了用來捕捉空間資料的新興人工標註。為了讓大家知道競賽的激烈程度，有一位參賽者因為在成千上萬的分類中包含一個錯誤分類，而錯失 10 萬美元的獎金位置。

話雖如此，排名前 10% 的大多數方法，在表現上其實相當接近，獲勝者大多從事以比賽為主的工作，如多模態集成（multimodal ensemble）模型。進一步來說，在這種情況下，僅僅透過為其建立訓練資料標註，就有可能獲得高排名。一種方法是使用定界框來手動標註資料，即超出所提供的資料。這些新標註的空間資料讓我能建立一個極其簡單的模型設置，一個用來預測是否存在威脅，另一個則預測威脅來自身體哪個部位。

為了嘗試定義這個背景，雖然眾所周知真正贏得 Kaggle 競賽通常取決於非常特定的事物，而這些一般與資料科學本身有關的，例如模型參數等，但在這個案例中，它與模型的關係要小得多。我讀過的所有獲獎作品都很隨性說明他們使用的實際模型架構，這與大多數其他情況有本質上的不同，在那些情況下，模型選擇和特徵選擇調整等最為重要。

專注於訓練資料揭示商業效率的方法

這類競賽的一個常見批評是，獲勝方法對實際使用來說是不切實際的，它們通常涉及的計算量比合理範圍大許多，或者過度擬合競賽問題的特定表述方式。

對我來說，最主要的覺醒時刻發生在 2017 年，當時我意識到只要使用一個「現成的」物件偵測器，就可以在幾天內擊敗或至少匹敵幾乎所有其他方法，唯一真正的不同在於訓練資料，這幾乎就像是能使用的合法作弊碼。

將這轉回到商業效率上，這意味著不需要將每個資料集視為這種無限的科學研究計畫，而可以將其簡化為需要多少標註工作的計算，再加上一些合理的估計量來訓練模型。雖然這忽略了很多，但從根本上來說到今天仍然成立，並且是這項蜂擁而至的技術商業興趣核心。

學習教訓與錯誤

直到某個點為止，添加新的訓練資料就像是魔法一般能夠提升表現。然而過了一段時間，它會到達遞減效益的階段。以下是我學到的一些教訓，也反映如果今天要為一個生產系統做不同事情的話，我的做法為何。

我只標註大方向的「威脅」類別，這意味著很難知道改進模型以應對特定類型威脅的辦法。對已經覆蓋得很好的案例添加更多訓練資料幫助不大，例如，我記得有些類別比其他類別要困難得多。我手動轉移努力，專注於表現最差的樣本，然而，這一切都只是臨時的，如果憑藉現在所知道的，我會建立一個直接處理這些案例的綱要，這樣，就可以統計性地知道每個案例的覆蓋程度，而不是依靠「直覺」。換句話說，這個的生產版本將需要更詳細的綱要。

壞的訓練資料是極其且不成比例地有害。過了一段時間，我意識到有時會包含進一張沒有適當標籤的影像，或者標籤不一致或放置錯誤。我在意識到它們造成多麼負面的影響後修正了這些錯誤。有個正面的經驗法則是，1 個壞範例必須用 3 個以上的正確範例來抵消。

許多文章和書籍都在講述提升模型效能的方法。我想特別再次強調，所有這些都圍繞著訓練資料。不管您使用什麼類型的模型訓練過程；前述教訓在某種程度上都仍然適用。

總結

從這些案例研究中，我希望您能得到一些關鍵概念和建議：

- 靜態綱要限制了創新。靈活且不斷成長的綱要對訓練資料來說至關重要。
- 生產環境中的原始資料應與訓練資料集中的原始資料相似。在系統設計初期就應考慮這一點。
- 新創公司常犯的一個錯誤是，認為他們可以透過「工程解決方案」來解決問題，而不是使用以訓練資料為中心或以資料為中心的方法。
- 對於大型組織而言，以圍繞訓練資料的系統紀錄來對齊團隊，比起緩慢、重複且容易出錯的「各自為政」方式要好。
- 壞例子可能會對模型造成不成比例的損害。追蹤發生在特定綱要屬性內的問題，以從錯誤中學習，並更輕鬆地持續改進訓練資料。
- 深思熟慮的綱要、工作流程和品質保證設計，對於整體成功至關重要。

唯一不變的主題是，現實世界中的訓練資料細緻且複雜，希望這些經驗能帶給您一些洞見，以應用於自己的情境中。

索引

※ 提醒您：由於翻譯書排版的關係，部份索引名詞的對應頁碼會和實際頁碼有一頁之差 。

符號

A

B

C

D

E

F

G

H

I

J

K

L

M

N

O

P

Q

R

S

T

U

V

W

關於作者

Anthony Chaudhary 是 Diffgram Training Data Management 軟體的主要工程師，也是 Diffgram Inc. 的創始人。在這之前，他曾是 Skidmore, Owings & Merrill 的軟體工程師，並與他人共同創立 DriveCarma.ca。

出版記事

本書封面上的動物是黑尾草原犬鼠（black-tailed prairie dogs，學名 Cynomys ludovicianus）。牠們實際上是一種地松鼠，但因居住的棲息地及其警告呼叫聲音類似狗吠，而得到草原犬鼠的名稱。

黑尾草原犬鼠是一種小型哺乳動物，體重約在 2 到 3 磅（約 900 到 1300 克）之間，長度在 14 到 17 英寸（約 36 到 43 公分）之間，大部分皮毛是淺褐色，腹部較輕，尾巴尖端則是黑色的，這也是名字的由來。牠們有短而圓的耳朵，相對於身體大小來說，眼睛相對較大；腳有著長爪，非常適合挖掘地洞。

黑尾草原犬鼠如其名，生活在北美大平原的各種草地和草原中，棲息地通常包括平坦、乾燥及植被稀疏的土地，如矮草草原、混合草原、薄荷和沙漠草地；廣泛分布於美國和加拿大的洛磯山脈以東，一直到墨西哥的邊境。

黑尾草原犬鼠目前還不是瀕危物種，但牠們是一種關鍵物種。由於覓食習慣和身為潛在獵物，牠們對植被、脊椎動物和無脊椎動物的多樣性產生影響。已有證據顯示，有牠們棲息的草地，比沒有牠們的草地具有更高的生物多樣性。在大量棲息地破壞之前，牠們曾經是北美草原犬鼠中數量最龐大的物種。O'Reilly 書籍封面上的許多動物都面臨瀕臨絕種的危機；牠們都是這個世界重要的一份子。

封面插圖由 Karen Montgomery 繪製，基於《哺乳動物的自然歷史》中的一幅黑白雕刻。

機器學習的訓練資料

作　　者：Anthony Chaudhary
譯　　者：楊新章
企劃編輯：詹祐甯
文字編輯：王雅雯
設計裝幀：陶相騰
發 行 人：廖文良

發 行 所：碁峰資訊股份有限公司
地　　址：台北市南港區三重路 66 號 7 樓之 6
電　　話：(02)2788-2408
傳　　真：(02)8192-4433
網　　站：www.gotop.com.tw
書　　號：A767
版　　次：2024 年 08 月初版
建議售價：NT$780

國家圖書館出版品預行編目資料

機器學習的訓練資料 / Anthony Chaudhary 原著；楊新章譯. -- 初版. -- 臺北市：碁峰資訊, 2024.08
面；　公分
譯自：Training data for machine learning.
ISBN 978-626-324-871-7(平裝)
1.CST：機器學習
312.831　　113010673